21世纪高职高专规划教材·机械专业基础课系列

液压与气压传动

主　编　雷　萍　孙晓辉
副主编　张金明　丑幸荣
主　审　张宝忠

中国人民大学出版社
·北京·

前　　言

本书是为高职高专机电一体化、模具设计与制造、数控技术类专业编写的液压与气压传动教学用书。本书在编写过程中，针对目前高职院校学生的实际情况，改变理论部分的编写方式，在保证必要基本知识的前提下，削减了大量烦琐的公式推导和计算，降低了教材的难度。本书采用模块化编写的方式，便于实现理论和实训的一体化教学。

全书分液压传动和气压传动两部分内容，共17个模块。每个模块都设有教学目的、建议学时、思考与练习。本书主要介绍了液压与气压传动的液体力学基础；液压与气压传动元件的结构、工作原理及应用；液压与气压传动基本回路和典型系统的组成与分析；液压系统的使用与维护；气压传动系统设计等。本书力求语言简练，条理清晰，深入浅出，难点分散。在编写过程中以实用性和指导性为原则，简要介绍理论知识，强调基本训练，加强分析问题和解决问题能力的训练，突出高职高专的办学特色，并力求切实起到帮助学生灵活运用知识，培养学生解决实际问题能力的目的。

本书由雷萍、孙晓辉担任主编，张金明、丑幸荣担任副主编，张宝忠主审。模块1、4、11、12由丑幸荣编写；模块2、3、5、6、7由雷萍编写；模块8、9、10由张金明编写；模块13～17由孙晓辉编写；液压传动部分的思考与练习由雷萍编写，气压传动部分的思考与练习由孙晓辉编写。全书由雷萍统稿。

本书可作为高等职业技术院校、高等专科学校、函授学院、成人教育学院等机电一体化、模具设计与制造、数控技术类专业的教学用书，也可供有关工程技术人员参考。

由于编者水平有限，书中难免存在缺点和不妥之处，恳请广大读者批评指正。

编　者

2010年4月

目　录

第一部分

液 压 传 动

液压与气压传动是以流体（液压油或压缩空气）为工作介质进行能量转化和控制的一种传动形式。液压和气压传动的基本原理相似。

模块1　液压与气压传动系统的基本工作原理和组成

【教学目的】

1. 掌握液压传动和气压传动的基本工作原理和组成；

2. 了解液压传动和气压传动的优缺点。

【建议学时】

2学时。

一、液压传动和气压传动的基本工作原理

(一) 液压传动系统的基本工作原理

现以图1—1所示的液压千斤顶为例，简述液压传动的工作原理。

如图1—1所示，当向上抬起杠杆时，小活塞向上运动，小液压缸1下腔容积增大，形成局部真空，于是油箱4中的油液在大气压作用下，通过吸油管推开单向阀3进入小活塞下腔，此时单向阀2关闭，从而完成吸油。当向下压杠杆时，小活塞下降，其下腔的密封容积减小，油受挤压，油压升高，单向阀3关闭，单向阀2打开，小活塞下腔的油液经管道进入大液压缸6的下腔，大活塞向上移动，举起重物，从而完成一次压油。如此不断上下扳动杠杆，就可以不断地把油液压入大液压缸中，从而使重物逐渐升起，达到举重的目的。当杠杆停止动作时，大液压缸下腔的油液压力使单向阀关闭，从而保证重物不会自行下落。当工作结束时，打开截止阀5，大液压缸下腔的油液通过管道流回油箱4，大活塞在重物和自重的作用下向下移动，回到原始位置。

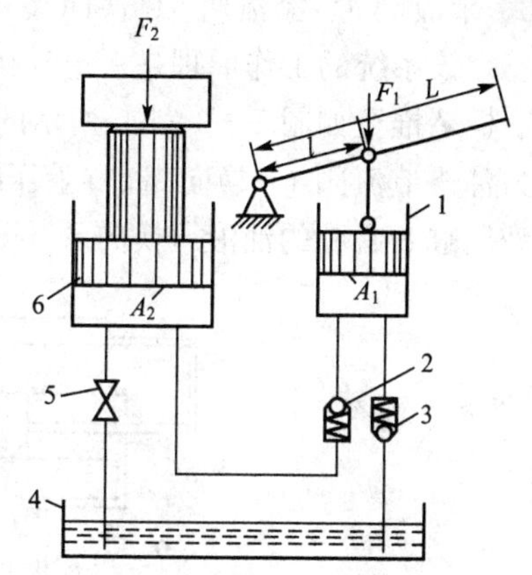

图1—1　液压千斤顶工作原理

由液压千斤顶的工作过程可知，小液压缸1和单向阀2、3构成手动液压泵，完成吸油和压油，实现将杠杆的机械能转换为油液的压力能。大液压缸构成执行元件，实现将油液的压力能转化为机械能。

在这里大、小液压缸组成了最简单的液压传动系统，实现了力和运动的传递。

1. 力的传递

根据帕斯卡定律"平衡液体内某一点的液体压力等值地传递到液体内各处"，则手动液压泵的压力 p_1 应等于大液压缸中的液体压力 p_2，即

$$p_1=\frac{F_1}{A_1}=p_2=\frac{F_2}{A_2} \tag{1—1}$$

由上式可见，如果 F_1 或 F_2 等于零，则压力 p_1、p_2 也必然为零，所以说就负载和压力二

者来说，负载是第一性的，压力是第二性的。有了负载，液体才会有压力，并且压力的大小决定于负载。这是液压传动工作原理的一个很重要的概念：液压传动中液体压力决定于负载。

2. 运动的传递

当向下移动小活塞时，不考虑泄漏和液体的可压缩性，其排出的液体体积应等于进入到大液压缸的液体体积。设小活塞位移为 s_1，大液压缸活塞位移为 s_2，则

$$s_1A_1=s_2A_2 \tag{1—2}$$

这些动作是在事件 t(s) 内完成的，小活塞移动速度 $v_1=\frac{s_1}{t}$，大液压缸移动速度 $v_2=\frac{s_2}{t}$，则

$$v_1A_1=v_2A_2 \tag{1—3}$$

单位时间内从手动液压泵排出油液的体积，称为流量，即 $q=v_1A_1$，则

$$v_2=\frac{v_1A_1}{A_2}=\frac{q}{A_2} \tag{1—4}$$

由此可见，执行元件大液压缸的运动速度决定于进入液压缸的流量。这是液压传动工作原理的另一个重要概念：活塞的运动速度只决定于输入流量的大小，而与外负载无关。

从上面的讨论可以看出，与外负载相对应的参数是压力，与运动相对应的是流量。可见，压力和流量是液压传动中两个最基本的参数。

（二）机床工作台液压系统

如图 1—2 所示为机床工作台液压系统的结构及原理图。它由油箱 1、过滤器 2、液压泵 3、节流阀 4、溢流阀 5、换向阀 6、手柄 7、液压缸 8 以及连接元件油管、接头等组成。

该系统的工作原理是：电动机带动液压泵 3 旋转，液压泵从油箱通过过滤器吸油，当手柄 7 推至如图 1—2（b）所示的位置时，P 与 A 相通，B 与 T 相通，液压泵 3 输出的压力油→节流阀 4→换向阀 6→液压缸 8（左腔），推动活塞 9 带动工作台 10 向右移动。这时液压缸 8 右腔的油液→换向阀 6→油箱 1。

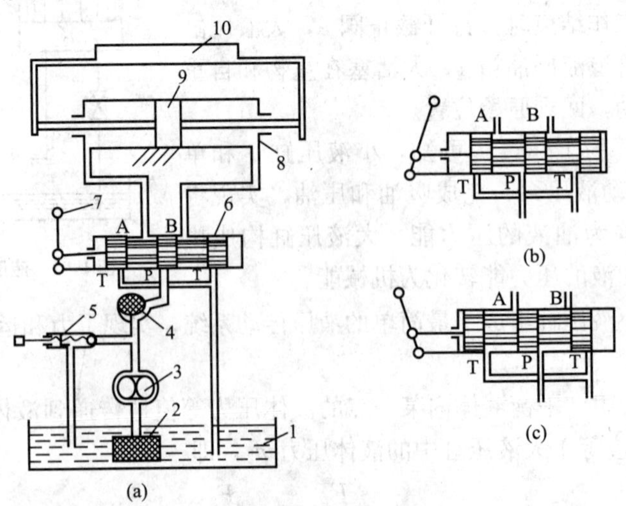

图 1—2　机床工作台液压系统

1—油箱；2—过滤器；3—液压泵；4—节流阀；5—溢流阀；6—换向阀；7—手柄；8—液压缸；9—活塞；10—工作台

当手柄 7 推至如图 1—2（c）所示的位置时，P 与 B 相通，A 与 T 相通，液压泵 3 输出的压力油→节流阀 4→换向阀 6→液压缸 8（右腔），推动活塞 9 带动工作台 10 向左移动。这时液压缸 8 左腔的油液→换向阀 6→油箱 1。

当手柄 7 处于如图 1—2（a）所示位置时，P 与 A、B、T 均不通，液压缸 8 无油进入，工作台静止不动。

由此可见，换向阀 6 可以改变压力油的通路，使液压缸不断换向实现工作台的往复运动。

工作台的运动速度由节流阀 4 来调节。改变节流阀 4 的开口大小，可以改变进入液压缸的流量，从而控制液压缸活塞的运动速度。

工作台运动时要克服阻力，克服切削力和相对运动间表面的摩擦力等，因此需要液压缸产生足够的推力，而这个推力是由液压缸中油液压力所产生的，油液压力的最大值是由溢流阀来调节和控制的。溢流阀的作用是调节和稳定系统的最大工作压力，并溢出定量泵多余的油液。

图 1—2 中过滤器 2 起滤油作用。

如图 1—3 所示为机床工作台液压系统的职能符号图。结构原理图直观性好，容易理解，但图形复杂，绘制困难。为了简化原理图的绘制，系统中各元件可采用符号来表示，这些符号只表示元件的职能，不表示元件的结构和参数。目前我国的液压与气压系统图采用 GB/T 786.1—1993 所规定的职能符号绘制。

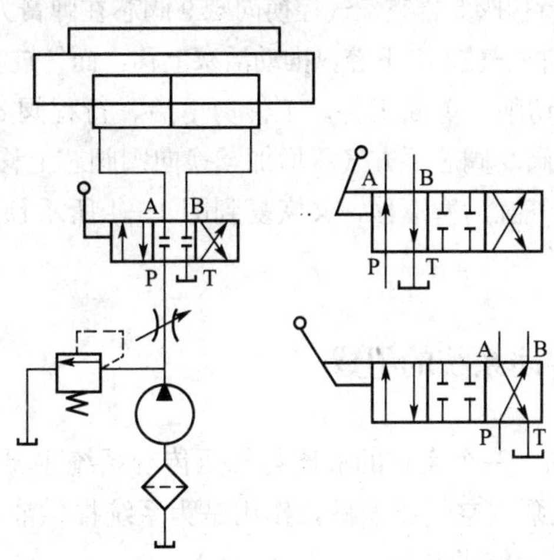

图 1—3　机床工作台液压系统（用职能符号表示）

（三）气压传动系统的基本工作原理

如图 1—4 所示为气动剪切机的工作原理图。它由空气压缩机 1、冷却器 2、油水分离器 3、储气罐 4、分水滤气器 5、减压阀 6、油雾器 7、行程阀 8、气控换向阀 9、气缸 10 等组成。

图 1—4 所示位置为剪切前的预备状态，空气压缩机 1 输出的压缩空气→冷却器 2→油水分离器 3→储气罐 4→分水滤气器 5→减压阀 6→油雾器 7→气控换向阀 9→部分气体进入气控换向阀 9 下方，推动阀芯至上位，使气体经过气控换向阀 9 进入气缸 10 上腔。缸活塞下移，剪切机的剪口张开，处于预备工作状态。

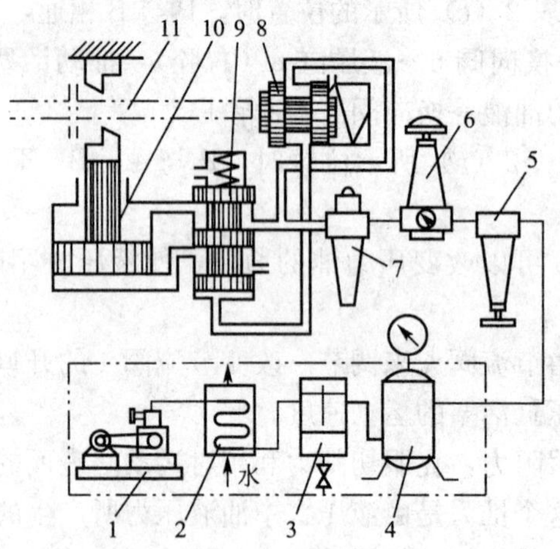

图 1—4　气动剪切机

1—空气压缩机；2—冷却器；3—油水分离器；
4—储气罐；5—分水滤气器；6—减压阀；
7—油雾器；8—行程阀；9—气控换向阀；
10—气缸；11—工件

当送料机构将工件 11 送入剪切机并到达预定位置时，工件将行程阀 8 压下，此时气控换向阀 9 阀芯下腔的气体经行程阀 8 排空，气控换向阀 9 阀芯在弹簧力的作用下处于下位，此时压缩空气经气控换向阀 9 进入气缸 10 下腔，推动活塞上移，而气缸上腔气体经气控换向阀 9 排空。此时活塞上移，剪刀切削刃剪断工件。工件剪下后，行程阀 8 在弹簧力的作用下复位，将排气口堵死，气控换向阀 9 阀芯下方气压增加，换向阀阀芯上移，使气路换向，气缸上腔进压缩空气，下腔排气，气缸活塞下移，又恢复到图 1—4 所示预备状态，为下一个循环做好准备。

二、液压与气压传动系统的组成

由上述系统实例可见，一个完整的液压与气压传动系统主要由以下几部分组成：

（1）动力元件：液压泵或空气压缩机，作用是为系统提供液压油或压缩空气，实现原动机的机械能向流体的压力能的转换。

（2）执行元件：液压缸、液压马达或气缸、气动马达，作用是带动工作部件运动，实现流体的压力能向工作部件的机械能的转换。

（3）控制元件：方向阀、压力阀、流量阀，作用是控制流体流动的方向、压力、流量。

（4）辅助元件：油箱、过滤器、油管以及分水滤气器、油雾器、蓄能器等，作用是保证系统正常工作。

三、液压与气压传动的优缺点

与机械传动和电力拖动相比较，液压与气压传动具有的优缺点列于表 1—1 中。

表 1—1　液压传动和气压传动的优缺点

	液压传动	气压传动
优点	(1) 在同等功率情况下，体积小，重量轻，结构紧凑； (2) 能实现无级调速，调速范围大； (3) 传动平稳，反应快，冲击小； (4) 调节简单，操作方便； (5) 易于实现过载保护，自润滑，寿命长； (6) 易于实现标准化、系列化、通用化，易于设计、制造和推广使用。	(1) 工作介质是空气，取之不尽、用之不竭，成本低； (2) 流动阻力小，损失小，易于集中供气和远距离输送； (3) 动作迅速，反应快，调节维护简单方便； (4) 工作环境适应性好，特别适合在易燃、易爆、多尘、潮湿等恶劣工作环境中工作； (5) 具有过载保护功能。
缺点	(1) 油液易泄漏，且可压缩，不能保证严格的传动比； (2) 损失大，效率低，不宜做远距离传动； (3) 对油温和负载变化敏感，不宜在低、高温度下工作； (4) 元件制造精度高，成本高； (5) 出现故障不易追查原因，不宜迅速排除。	(1) 空气可压缩性大，不宜实现准确的速度控制和很高的定位精度，传动稳定性差； (2) 压缩空气压力低，用于输出动力较小的场合； (3) 排气噪声大。

四、液压与气压传动的应用和发展

液压传动从 17 世纪帕斯卡提出静压传递原理、1795 年世界上第一台水压机诞生，已有了 200 多年的历史，但由于没有成熟的液压传动技术和液压元件，且工艺制造水平低下，故其发展缓慢，几乎停滞。气压传动早在公元前就有了应用，埃及人采用风箱产生的压缩空气助燃。

20 世纪 30 年代，由于工艺制造水平提高，开始生产液压元件，并首先应用于机床。20 世纪 50～70 年代，工艺水平有了很大提高，液压与气压传动技术也迅速发展，国民经济各个领域，从蓝天到大海，从军用到民用，从重工业到轻工业，到处都有液压与气压传动技术，且其水平高低已成为一个国家工业发展水平的标志。如：火炮跟踪、炮塔稳定、海底石油探测平台固定、煤矿矿井支承、矿山用的风钻、火车的刹车装置、液压装载、起重、挖掘、轧钢机组、数控机床、多工位组合机床、全自动液压车床、液压机械手等。

随着液压机械自动化程度的不断提高，液压元件应用数量急剧增加，元件小型化、系统集成化是必然的发展趋势。特别是近年来，液压技术与传感技术、微电子技术密切结合，出现了许多如电液比例控制阀、数字阀、电液伺服液压缸等机电（液）一体化元器件，使液压技术在高压、高速、大功率、节能高效、低噪声、长使用寿命、高度集成化等方面取得了重大的发展。同时，液压元件和液压系统的计算机辅助设计（CAD）、计算机辅助试验（CAT）和计算机实时控制也是当前液压技术的发展方向。

思考与练习

1.1　什么是液压传动？试述液压传动的工作原理。

1.2　液压传动系统由哪些部分组成？各部分的功用分别是什么？

1.3 气压传动与液压传动相比，具有哪些优点和缺点？

1.4 液压千斤顶如图 1—1 所示。千斤顶的小活塞直径为 15mm，行程为 10mm，大活塞直径为 60mm，重物 F_2 为 48 000N，杠杆比为 $L : l=750 : 25$，试求：

(1) 杠杆端施加多少力才能举起重物？

(2) 此时密封容积中的液体压力等于多少？

(3) 杠杆上下运动一次，重物的上升量为多少？

模块 2　液体力学基础

【教学目的】

1. 掌握液压油的性质和选用；
2. 掌握液体静力学的基本方程；
3. 掌握液体动力学的三个基本方程（连续性方程、伯努利方程和动量方程）；
4. 了解管道中液流的特性，掌握流动损失计算；
5. 了解薄壁小孔、细长孔及缝隙流的液流特性，掌握薄壁小孔、细长孔的流量计算。

【建议学时】

8 学时。

一、液压油

(一) 液压油的性质

1. 密度

单位体积液体的质量称为液体的密度，通常用 ρ（kg/m³）表示，即

$$\rho=\frac{m}{V} \tag{2—1}$$

式中，m 为液体的质量；V 为液体的体积。

密度是液体的一个重要参数。密度的大小随着液体的温度、压力的改变会产生一定的变化，但变化量一般较小，可以忽略不计。一般液压油的密度约为 900kg/m³。

2. 液体的可压缩性

液体在压力作用下使体积减小的性质称为液体的可压缩性。其大小可用液体的压缩系数 k 表示，即

$$k=-\frac{1}{\Delta p}\frac{\Delta V}{V} \tag{2—2}$$

式中，Δp 为压力变化量；ΔV 为体积变化量；V 为原有体积。

上式中因为压力增大时，液体体积减小，因而 Δp 和 ΔV 的符号始终相反，为保证 k 为正值，式中应添加一个负号。

k 的倒数称为液体的体积弹性模量，用 K 表示，即

$$K=\frac{1}{k}=-\frac{V\Delta p}{\Delta V} \tag{2—3}$$

K 表示产生单位体积相对变化量所需要的压力增量，它表示液体抵抗压缩的能力。K 值越大，可压缩性越小。常温下，纯净液压油的弹性模量为 $(1.4\sim2.4)\times10^9$Pa，钢的弹性模量为 2.1×10^{11}Pa，一般在中低压系统中可认为液压油是不可压缩的。当液压油中混入气体或是在高压系统，则压缩性显著增加，并将严重影响液压系统的工作性能。可见应

尽量避免油液中混入空气。

3. 黏性

液体在外力作用下流动时，由于液体与固体壁面间的吸附力以及分子间内聚力的存在，流动受到牵制，这种相互牵制的力称为液体内摩擦力或黏性力，液体流动时呈现的这种性质称为黏性。液体只有在流动或有流动趋势时才会呈现黏性，液体静止时不呈现黏性。

实验测定结果表明，液体流动时相邻流层间的内摩擦力 F 与接触面积 A 和速度差 du 成正比，而与层间距离 dz 成反比，如图 2—1 所示，即

$$F=\mu A\frac{du}{dz} \tag{2—4}$$

或

$$\tau=\mu\frac{du}{dz} \tag{2—5}$$

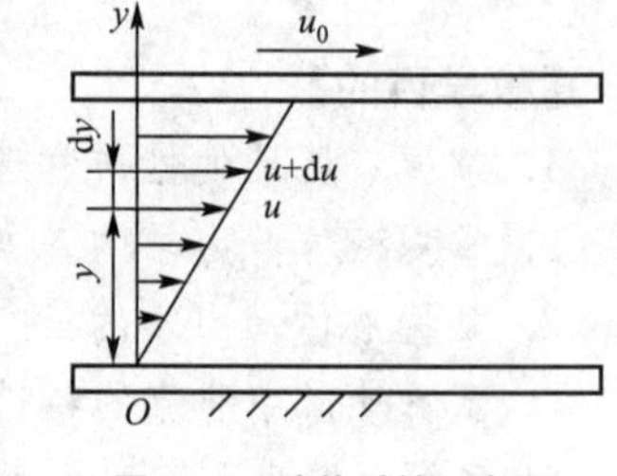

图 2—1 液体黏性示意图

式中，μ 为液体黏性系数（动力黏度）；$\frac{du}{dz}$ 为速度梯度，流层间相对速度对流层距离的变化率；τ 为单位面积上的摩擦力，或称为内摩擦切应力。式 2—5 称为牛顿内摩擦定律。

黏性的大小用黏度表示。常用的黏度有三种，即动力黏度、运动黏度和相对黏度。

（1）动力黏度 μ。

动力黏度 $\mu=\frac{F}{\frac{du}{dz}A}$，即液体在单位速度梯度下流动时，流层间单位面积上产生的内摩擦力，单位为 Pa·s（帕·秒）。

（2）运动黏度 ν。

运动黏度 $\nu=\frac{\mu}{\rho}$ 是动力黏度与密度的比值，单位为 m^2/s。现在还在用的单位有 St（池）、cSt（厘池），$1cSt\ (mm^2/s)=10^{-2}St\ (cm^2/s)=10^{-6}m^2/s$。

运动黏度没有明确的物理意义，但通常用运动黏度表示在 40℃下液压油的牌号。如 L-HL32，表示普通液压油在 40℃时的运动黏度的平均值为 32cSt。

（3）相对黏度。

相对黏度又称为条件黏度，它是采用特定黏度计在规定的条件下测量出来的黏度。由于测量仪器和条件不同，各国相对黏度的含义也不同，中国、德国和俄罗斯采用的是恩式黏度（°E）；英国采用的是雷氏黏度（R）；美国采用的是赛氏黏度（SSU）。

恩式黏度（°E）因用恩式黏度计测量而得名。即以 200mL 液体在 40℃时通过一特定容器上 $\phi 2.8$mm 小孔流出所需要的时间 t_1 与同体积的蒸馏水在 20℃时通过同样小孔流出时间 t_2 之比，为该液体在 40℃时的恩式黏度值。

$$°E=\frac{t_1}{t_2} \tag{2—6}$$

恩式黏度与运动黏度的换算关系为

$$\nu=\left(7.31°E-\frac{6.31}{°E}\right)\times 10^{-6}m^2/s \tag{2—7}$$

液体的黏度对温度的变化十分敏感，当温度升高时，黏度将显著降低。同时液体的黏

度也随压力变化，压力增加液体的黏度将增大，但是压力在32MPa以下时变化很小，可以忽略不计。

(二) 液压油的种类及选用

1. 液压油的种类

液压油主要有石油型、合成型和乳化型三大类。液压油的主要品种及其性质列于表2—1中。

表2—1 工作介质的主要类型及其性质

性能 \ 种类	可燃型液压油			抗燃型液压油			
	石油型			合成型		乳化型	
	通用液压油	抗磨液压油	低温液压油	磷酸酯液	水—乙二醇液	油包水液	水包油液
密度/kg·m^{-3}	850～900			1 100～1 500	1 040～1 100	920～940	1 000
黏度	小～大	小～大	小～大	小～大	小～大	小	小
黏度指数Ⅵ≥	90	95	130	130～180	140～170	130～150	极高
润滑性	优	优	优	优	良	良	可
防腐蚀性	优	优	优	良	良	良	可
闪电/℃≥	170～200	170	150～170	难燃	难燃	难燃	不燃
凝点/℃≥	−10	−25	−35～−45	−20～−50	−50	−25	−5

石油型液压油是以全损耗系统用油（旧称机械油）为原料，精炼后按需要加入适当添加剂而成的。这类液压油润滑性好，但抗燃性差。

2. 液压油的选用

首先根据液压系统的环境和工作条件选用液压油的类型，类型确定后再选择液压油的牌号。选择时一般考虑以下几个方面：

(1) 工作压力。工作压力高的液压系统宜选用黏度较大的液压油，以减少泄漏。反之，可选用黏度较小的液压油。

(2) 环境温度。环境温度较高时，宜选用黏度较大的液压油。

(3) 运动速度。液压系统执行元件运动速度较高时，宜选用黏度较低的液压油，以减小液流的摩擦阻力，从而减小液流的功率损失。

另外，也可根据液压泵的类型及工作条件选择液压油的黏度。各种液压泵使用的液压油黏度范围如表2—2所示。

表2—2 各种液压油适用的黏度范围

液压泵类型		黏度（40℃）/($10^{-6}mm^2/s$)	
		环境温度5℃～40℃	环境温度40℃～80℃
叶片泵	$p<7\times10^6Pa$	30～50	40～75
	$p\geq7\times10^6Pa$	50～70	55～90
齿轮泵		30～70	95～165
轴向柱塞泵		40～75	70～150
径向柱塞泵		30～80	65～240

二、液体静力学基础

液体静力学是研究静止液体的力学规律的。静止液体是指液体内部质点间没有相对运动。至于盛放液体的容器，不论它是静止的或是运动的，都没有影响。

（一）静压力及其特性

静止液体在单位面积上所受的法向力称为静压力。它相当于物理学中的压强。即

$$p=\frac{F}{A} \tag{2—8}$$

式中，F 为法向作用力；A 为作用面积。

我国采用法定计量单位 Pa 计量压力，$1\text{Pa}=1\text{N/m}^2$。液压系统中压力的单位习惯用 MPa，$1\text{MPa}=10^6\text{Pa}$。

液体静压力有两个重要特性。

（1）方向性：液体静压力垂直于承压面，其方向和该面的内法线方向一致。

（2）同值性：静止液体内任一点所受到的压力在各个方向上都相等。

（二）静压力基本方程

1. 静压力基本方程

液体在容器内处于静止状态，为求任意深度 h 处的压力 p，可以假想从液面往下选取一个垂直小液柱作为研究对象。设液柱的底部面积为 ΔA，高为 h，如图 2—2 所示。由于液柱处于平衡状态，于是有

$$p\Delta A=p_0\Delta A+\rho gh\Delta A$$

两边同除 ΔA 则得

$$p=p_0+\rho gh \tag{2—9}$$

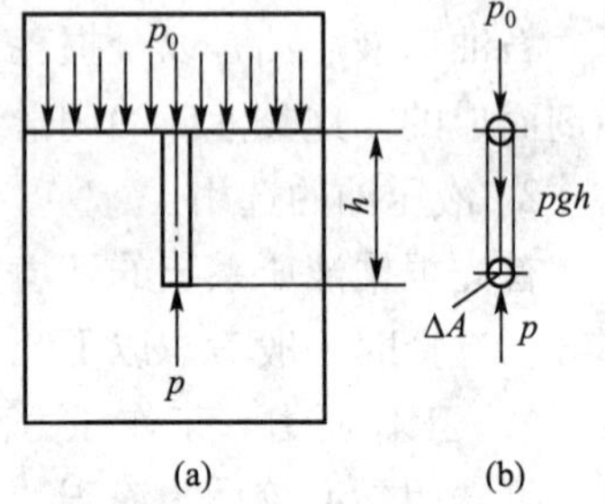

图 2—2　重力作用下的静止液体

上式称为液体静压力基本方程。由上式可知，重力作用下的静止液体，其压力分布特征如下：

（1）静止液体内任一点的压力由两部分组成：一部分是液面上的压力，另一部分是该点以上液体自重形成的压力。但液面上只受大气压力 p_a 作用时，则液体内任意一点的压力为

$$p=p_a+\rho gh \tag{2—10}$$

（2）静止液体内压力随液体深度变化呈直线规律分布。

（3）离液面深度相同的各点组成了等压面，此等压面为一水平面。

如果取 x 轴为相对高度的起始点，则式 2—9 可写成

$$p=p_0+\rho g(Z_0-Z)$$

$$\frac{p}{\rho g}+Z=\frac{p_0}{\rho g}+Z_0=\text{常数} \tag{2—11}$$

式中，$\frac{p}{\rho g}$为单位重量液体的压力能；Z为单位重量液体的位能。

式2—11的物理意义是：静止液体中任意一点单位重量液体的位能和压力能之和为一常量，位能和压力能之间可以相互转换。

2. 压力的表示方法

压力的表示方法有两种：绝对压力和相对压力，如图2—3所示。以绝对零压力为基准所表示的压力，称为绝对压力；以当地大气压为基准所表示的压力，称为相对压力。大多数测压仪器因外部均受大气压作用，测量的压力都是相对压力，所以相对压力也称为表压。绝对压力和相对压力的关系如下：

绝对压力＝大气压力＋相对压力

当绝对压力小于大气压力时，比大气压力小的那部分值称为真空度。所以

真空度＝大气压力－绝对压力

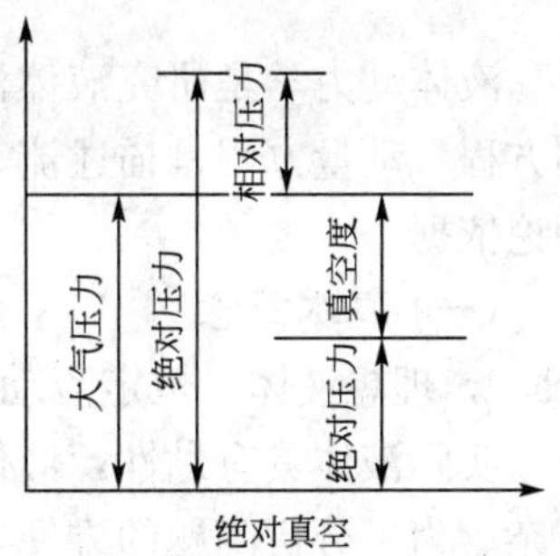

图2—3 绝对压力、相对压力和真空度

3. 静止液体内压力的传递

由静力学基本方程可知，静止液体中任意一点处的压力都包含了液面上的压力p_0，这就说明在密闭容器中的静止液体，由外力作用所产生的压力可以等值传递到液体内部各点。这就是帕斯卡定律，或称静压传递原理。前述液压千斤顶就是典型的帕斯卡定律应用的实例。

4. 液体对固体壁面的作用力

液体和固体壁面接触时，固体壁面将受到液体静压力的作用。当固体壁面为一平面时，液体压力在该平面上的总作用力F等于液体压力p与该平面面积A的乘积，其作用方向与该平面垂直，即

$$F=pA \tag{2—12}$$

当固体壁面为一曲面时，液体压力在该曲面x方向上的作用力F_x等于液体压力p与曲面在该方向投影面积A_x的乘积，即

$$F_x=pA_x \tag{2—13}$$

上式适合任何曲面，下面以液压缸缸筒的受力情况为例加以证明。

例2—1 液压缸缸筒如图2—4所示，缸筒半径为r，长度为l。试求液压油液对缸筒右半壁内表面在x方向上的作用力F_x。

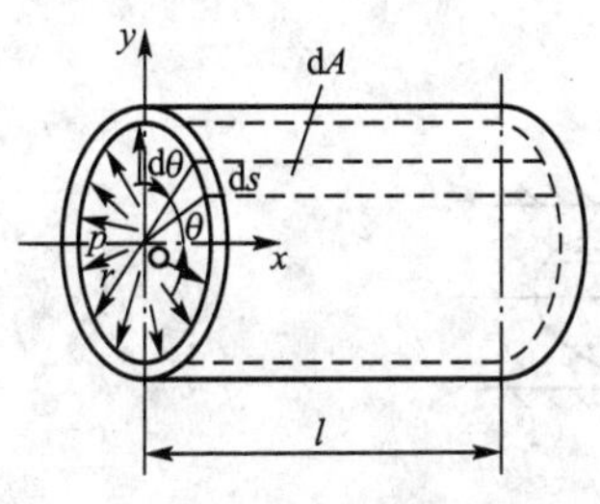

图2—4 压力油液作用在缸筒内壁面上的力

解：在壁面上取一微小面积$\mathrm{d}A=l\mathrm{d}s=lr\mathrm{d}\theta$，则液体作用在$\mathrm{d}A$面积上的力$\mathrm{d}F$为

$$\mathrm{d}F_x=\mathrm{d}F\cos\theta=p\mathrm{d}A\cos\theta=plr\cos\theta$$

上式积分后得

$$F_x=\int_{-\frac{\pi}{2}}^{\frac{\pi}{2}}\mathrm{d}F_x=\int_{-\frac{\pi}{2}}^{\frac{\pi}{2}}plr\cos\theta\mathrm{d}\theta=2lrp=pA_x$$

式中，A_x为缸筒在x方向上的投影面积。

同理可求液压油液作用在左半壁 x 反方向的作用力 $F'_x=pA_x$，其方向与 F_x 相反，即 $F'_x=-F_x$，显然液压油液作用在缸筒内壁的合力为零。

三、液体动力学

液体动力学是研究液体流动时流速和压力的变化规律。流动液体的连续性方程、伯努利方程、动量方程是描述流动液体力学规律的三个基本方程。它是液压技术分析和计算的理论依据。

（一）基本概念

1. 理想液体、恒定流动

实际液体具有黏性，液体的黏性对流动会产生影响，若考虑这些影响，将使问题变得复杂。为了分析问题的方便，开始可先假设液体没有黏性，然后再考虑黏性的影响，并通过实验验证等方法对已得出的结果进行修正或补充。这种方法同样可以用来处理液体的可压缩问题。一般把既无黏性又不可压缩的假想液体称为理想液体。理想液体的密度可看做是常数。

液体流动时，如液体中任何一点的压力、速度和密度都不随时间变化，则液体的流动称为恒定流动（也称定常流动）。反之，若液体中任一点处的压力、速度和密度中有一个随时间变化，就称为非恒定流动（也称非定常流动）。如图 2—5（a）所示为恒定流动，如图 2—5（b）所示为非恒定流动。

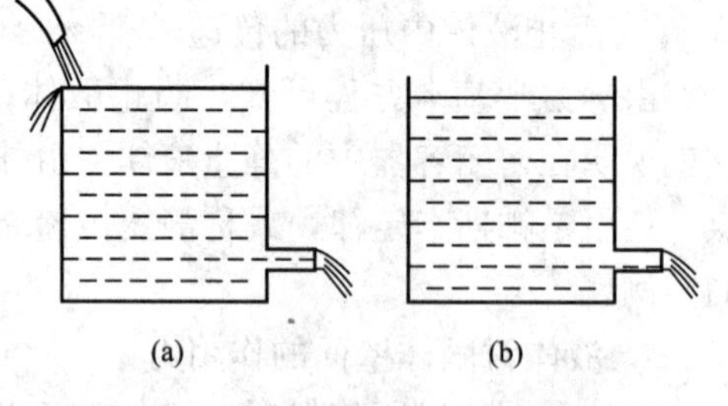

图 2—5　恒定流动和非恒定流动

2. 通流截面、流量和平均流速

液体在管道中流动时，其垂直于流动方向的截面为通流截面。

单位时间内流过某一通流截面的液体体积称为流量，用 q 表示，单位为 m^3/s。用流量定义可知

$$q=\frac{V}{t} \tag{2—14}$$

当液流通过如图 2—6 所示的微小通流截面 dA 时，液体在该断面上各点的速度 u 可以认为是相等的，所以通过微小通流截面的流量为

$$dq=u\,dA$$

则流过整个通流截面 A 的流量为

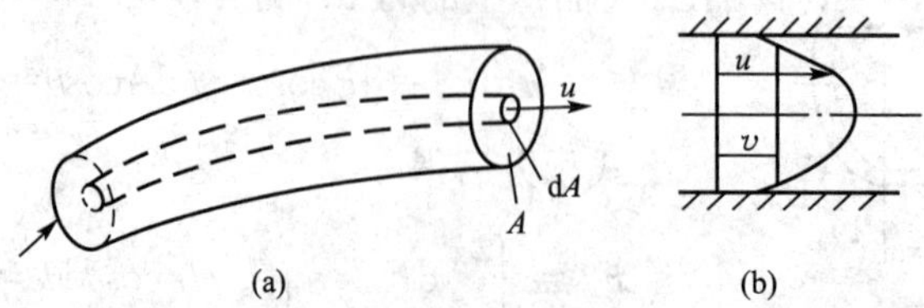

图 2—6　液体流量和平均流速

$$q=\int_A u\mathrm{d}A$$

对实际液体的流动，在整个通流截面上各点的速度 u 是不相等的，速度的分布规律也不易确定，按照上式计算流量是困难的。在工程实际使用中，可以采用平均流速 v 来简化分析计算。平均流速 v 是假设通过某一通流截面上各点的流速分布是均匀的，液体以均布流速流过通流截面的流量等于以实际流速流过的流量，即

$$q=\int_A u\mathrm{d}A=vA$$

由此可得通流截面 A 上的平均流速为

$$v=\frac{q}{A} \tag{2—15}$$

3. 层流、紊流、雷诺数

液体有两种流动状态：层流和紊流。这是英国科学家雷诺通过实验得到的，这就是雷诺实验。其实验装置如图 2—7 所示。

层流时，液体质点在管道中沿轴向方向流动，没有横向运动，质点互不混杂，层次分明地流动。

紊流时，液体各质点做不规则紊乱运动，质点具有横向的脉动速度，也具有纵向的脉动速度。

实验证明，液体在圆管中的流动状态不仅与管内的平均速度 v 有关，还和管道直径 d 及液体的运动黏度 ν 有关。实际上，判定液流状态的是上述三个参数组成的一个雷诺数 Re，即

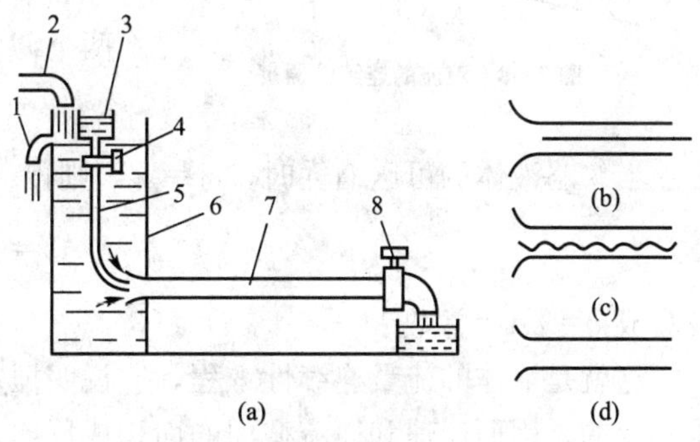

图 2—7　雷诺实验装置

1—溢流管；2—进水管；3—水杯；4—开关；5—细导管；6—水箱；7—玻璃管；8—阀门

$$Re=\frac{vd}{\nu} \tag{2—16}$$

Re 是无量纲数，液流由层流转变为紊流时的雷诺数和由紊流转变为层流时的雷诺数是不同的，后者数值较前者小，一般都用后者作为判断液流状态的依据，称为临界雷诺数，记为 Re_c。当液流的实际雷诺数 Re 小于临界雷诺数 Re_c 时为层流，反之为紊流。常见液流管道的临界雷诺数由实验求得，如表 2—3 所示。

表 2—3　常见液流管道的临界雷诺数

管道形式	Re_c	管道形式	Re_c
光滑金属圆管	2 300～2 320	带环槽的同心环状缝隙	700
橡胶软管	1 600～2 000	带环槽的偏心环状缝隙	400
光滑的同心环状缝隙	1 100	圆柱形滑阀阀口	260
光滑的偏心环状缝隙	1 000	锥阀阀口	20～100

对于非圆管道，Re 可用下式计算：

$$Re=\frac{4vR}{\nu} \tag{2—17}$$

式中，R 为通流截面的水力半径，它等于液流的有效截面积和它的湿周（通流截面上与液体接触的固体壁面的周长）x 之比，即

$$R=\frac{A}{x} \tag{2—18}$$

水力半径的大小反映管道通流能力的大小。水力半径大，意味着液流和管壁的接触周长小，管壁对液流的阻力小，通流能力大。

（二）连续性方程

连续性方程是质量守恒定律在流体力学中的一种表现形式。

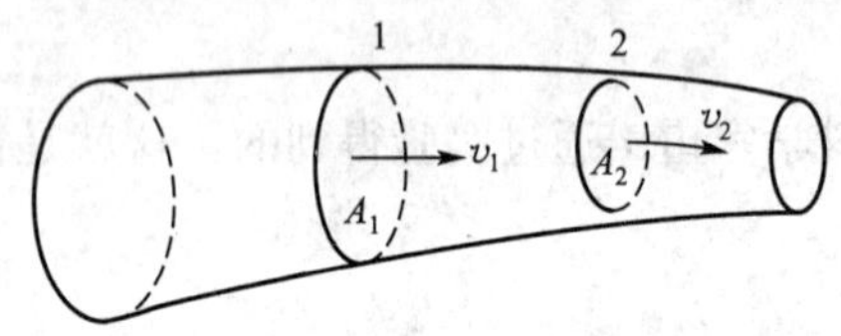

图 2—8 液流的连续性原理

如图 2—8 所示，液体在管道中做恒定流动。任取两个通流截面 1、2，其面积分别为 A_1、A_2，在该两截面处液体密度和平均速度分别为 ρ_1、v_1 和 ρ_2、v_2，根据质量守恒定律，在单位时间内流过两个截面的液体质量流量相等，即

$$\rho_1 v_1 A_1=\rho_2 v_2 A_2$$

当忽略液体的可压缩性时，$\rho_1=\rho_2$，则得

$$v_1 A_1=v_2 A_2 \tag{2—19}$$

或写成 $q=vA=$常数。

这就是液体的流量连续性方程，它说明恒定流动中流过各截面的不可压缩流体的流量是不变的。因而流速和通流截面的面积成反比。

（三）伯努利方程

伯努利方程是能量守恒定律在流体力学中的一种表达形式。

1. 理想液体的伯努利方程

理想液体因无黏性，有不可压缩性，因此在管内稳定流动时没有能量损失，同一管道每一截面的总能量都是相等的。

对于静止液体，单位重量液体的总能量为单位重量液体的压力能 $\frac{p}{\rho g}$ 和位能 z 之和；对于流动液体，除以上两项外，还有单位重量液体的动能 $\frac{\frac{1}{2}mv^2}{mg}=\frac{v^2}{2g}$。

在图 2—9 中任取两个截面 A_1 和 A_2，它们距基准水平面的距离分别为 z_1 和 z_2，断面平均流速分别为 v_1 和 v_2，压力分别为 p_1 和 p_2。根据能量守恒定律有

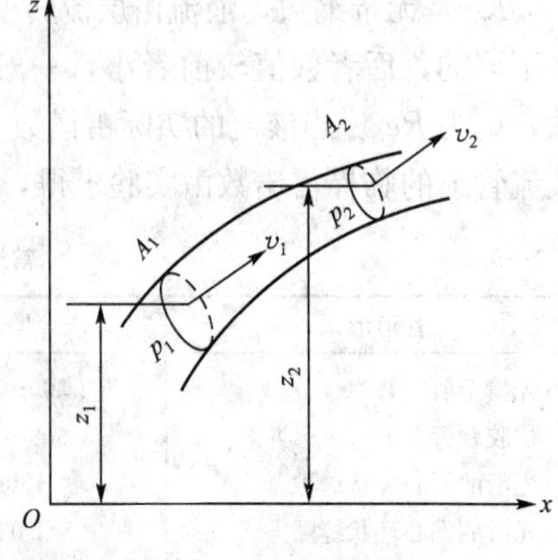

图 2—9 伯努利方程

$$\frac{p_1}{\rho g}+z_1+\frac{v_1^2}{2g}=\frac{p_2}{\rho g}+z_2+\frac{v_2^2}{2g} \tag{2—20}$$

因两个截面是任意选取的，因此上式可改写为

$$\frac{p}{\rho g}+z+\frac{v^2}{2g}=常数 \tag{2—21}$$

以上两式即为理想液体的伯努利方程，其物理意义为：在管内做稳定流动的理想液体具有压力能、位能和动能三种能量，在任一截面上这三种能量都可以互相转换，但其总和却保持不变。

【自我检查题】 应用连续性方程和伯努利方程分析图2—10中变截面水平管道各个截面压力的大小。设管道通流截面面积 $A_1>A_2>A_3$。

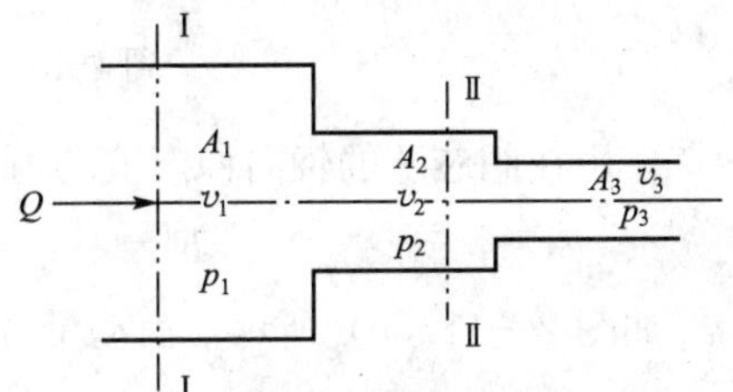

图2—10 变截面管道中的压力与流速

2. 实际液体伯努利方程

实际液体具有黏性，当它在管中流动时，为了克服内摩擦力需要消耗一部分能量，所以实际液体的伯努利方程为

$$\frac{p_1}{\rho g}+z_1+\frac{v_1^2}{2g}=\frac{p_2}{\rho g}+z_2+\frac{v_2^2}{2g}+h_w \tag{2—22}$$

式中，h_w为水头高度表示的能量损失。

（四）动量方程

在液压传动中，要计算液流作用放在固体壁面上的力，需要应用动量方程。

由动量定理可知，作用在物体上的外力等于物体在单位时间内的动量变化率，即

$$\sum F=\frac{\mathrm{d}(mv)}{\mathrm{d}t}=\frac{mv_2-mv_1}{\Delta t} \tag{2—23}$$

对于做恒定流动的液体，当忽略液体的可压缩性时，可将 $m=\rho q\mathrm{d}t$ 代入上式，并考虑平均流速代替实际流速会产生误差，引入动量修正系数 β，则上式可写为

$$\sum F=\rho q(\beta_2 v_2-\beta_1 v_1) \tag{2—24}$$

式中，F 为作用在液体上的所有外力的矢量和；v_1、v_2 为流入和流出过流断面的平均流速矢量；β_1、β_2 为动量修正系数$\left(层流时\ \beta=\frac{4}{3}、紊流时\ \beta=1，为简化计算一般均取\ 1\right)$；$\rho$ 为液体的密度；q 为液体的流量。

式2—24为矢量方程，使用时应根据具体情况将式中的各个矢量分解为指定方向的投影值，列出指定方向的动量方程。如在 x 方向的动量方程可写成

$$\sum F_x=\rho q\ (\beta_2 v_{2x}-\beta_1 v_{1x}) \tag{2—25}$$

特别注意，在工程上往往需要的是固体壁面所受到的液流作用力，即$\sum F$ 的反作用力 $\sum F'$（称为稳态液动力）。

例2—2 求如图2—11所示滑阀阀芯所受到的轴向稳态液动力。

解：取滑阀进、出油口之间的液体为控制体。

如图2—11（a）所示，由动量方程可知，作用在液体上的轴向作用力为

$$F=\rho q(\beta_2 v_2\cos\theta-\beta_1 v_1\cos 90^\circ)=\rho q\beta_2 v_2\cos\theta\ （方向向右）$$

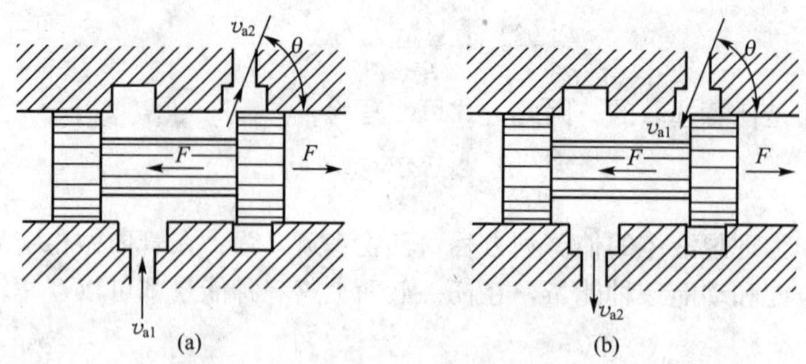

图 2—11　滑阀阀芯上的轴向稳态液动力

作用在阀芯上的轴向稳态液动力为

$$F'=-F=-\rho q\beta_2 v_2\cos\theta \text{（方向向左）}$$

如图 2—11（b）所示，由动量方程可知，作用在液体上的轴向作用力为

$$F=\rho q(\beta_2 v_2\cos 90^\circ-\beta_1 v_1\cos\theta)=-\rho q\beta_1 v_1\cos\theta \text{（方向向左）}$$

作用在阀芯上的轴向稳态液动力为

$$F'=-F=\rho q\beta_1 v_1\cos\theta \text{（方向向右）}$$

由此可知，在上述情况下，作用在滑阀阀芯上的稳态轴向液动力，总是使阀门趋于关闭。

四、液体流动时的压力损失

实际流体是有黏性的，流动时要损耗一部分能量，这种能量损耗表现为压力损失。能量损耗转变为热量，使液压系统的温度升高。可见在设计液压系统时，如何减小压力损失是非常重要的。

液体在流动时产生的压力损失可分为两种：一种是液体在等径直管中流动时因摩擦而产生的压力损失，称为沿程压力损失；另一种是由于管道的截面突然变化，液流方向改变或其他形式的液流阻力（如控制阀阀口）而引起的压力损失，称为局部压力损失。

（一）沿程压力损失

经理论推导，液体流经直径为 d 的直管时，在管长 l 上的压力损失 Δp_λ 表达式为

$$\Delta p_\lambda=\lambda\frac{l}{d}\frac{\rho v^2}{2} \tag{2—26}$$

式中，λ 为沿程阻力系数；v 为液流的平均流速；ρ 为液体的密度。

液体在直管中做层流流动时，理论值取：$\lambda=\frac{64}{Re}$，但实际上流动中还存在着油温变化等问题，因此油液在金属管道中流动时宜取 $\lambda=\frac{75}{Re}$。

液体在直管中做紊流流动时，由于管壁附近有一层流边界层，它在 Re 较低时厚度较大，把管壁的表面粗糙度掩盖住，使之不影响液体的流动，像液体流过一根光滑管一样（水力学上称为水力光滑管），这时 λ 仅与 Re 有关，而与表面粗糙度无关，即 $\lambda=f(Re)$。当 Re 增大时，层流边界层厚度变薄，当它变薄到小于管壁表面粗糙度时，管壁的表面粗

糙度就突出在层流边界层以外，对液体的压力损失产生影响（水力学上称为水力粗糙管），这时的 λ 将和 Re 以及管壁的相对表面粗糙度 $\frac{\Delta}{d}$（Δ 为管壁的绝对表面粗糙度，d 为管的内径）有关，即 $\lambda=f\left(Re,\ \frac{\Delta}{d}\right)$。当管流的 Re 再进一步增大时，λ 仅与相对表面粗糙度 $\frac{\Delta}{d}$ 有关，即 $\lambda=f\left(\frac{\Delta}{d}\right)$，这时就称管流进入了它的阻力平方区。

圆管的沿程阻力系数 λ 的计算公式如表 2—4 所示，也可从图 2—12 中查得。

表 2—4　　圆管的沿程阻力系数 λ 的计算公式

流动区域		Re 范围		λ 的计算公式
层流		$Re<2\ 300$		$\lambda=\frac{64}{Re}$
紊流	水力光滑管区	$Re<22\left(\frac{d}{\Delta}\right)^{\frac{8}{7}}$	$3\ 000<Re<10^5$	$\lambda=0.316\ 4Re^{-0.25}$
			$10^5\leqslant Re\leqslant 10^8$	$\lambda=0.308(0.842-\lg Re)^{-2}$
	水力粗糙管区	$22\left(\frac{d}{\Delta}\right)^{\frac{8}{7}}\leqslant Re<597\left(\frac{d}{\Delta}\right)^{\frac{9}{8}}$		$\lambda=\left[1.14-2\lg\left(\frac{\Delta}{d}+\frac{21.25}{Re^{0.9}}\right)\right]^{-2}$
	阻力平方区	$Re\geqslant 597\left(\frac{d}{\Delta}\right)^{\frac{9}{8}}$		$\lambda=0.11\left(\frac{\Delta}{d}\right)^{0.25}$

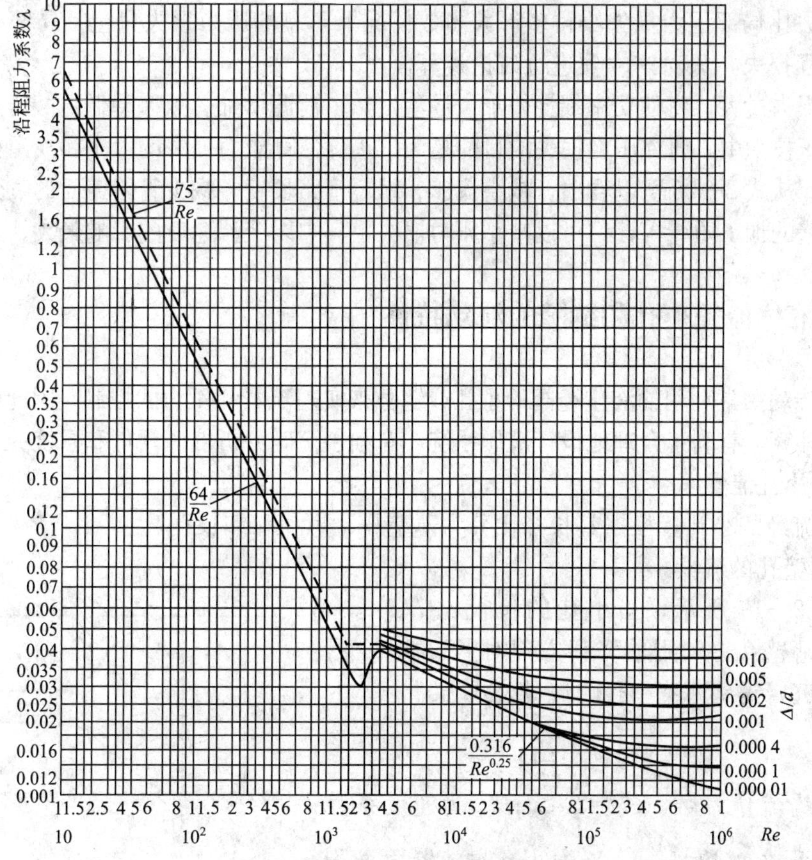

图 2—12　沿程阻力系数 λ 曲线图

管壁表面粗糙度Δ的值，在粗估时，橡胶软管取 0.03mm，钢管取 0.04mm，铜管取 0.001 5mm～0.01mm，铝管取 0.001 5mm～0.06mm，铸铁管取 0.25mm。

（二）局部压力损失

局部压力损失是液体流经阀口、弯管、通流截面变化等处所引起的压力损失。液流通过这些地方时，由于它的方向和流速发生变化，在这些地方扰动、搅拌，形成气穴、旋涡、尾流，或使边界层剥离，使液体的质点相互撞击，从而产生了较大的能量损耗。

局部压力损失与液流的动能直接相关，它一般可以用下式计算：

$$\Delta p_\zeta=\zeta\frac{\rho v^2}{2} \tag{2—27}$$

式中，ζ为局部阻力系数，一般通过实验来测定；v为液体的平均流速，一般情况下均指局部阻力下游处的流速。

（三）管路中的总压力损失

液压系统的管路通常由若干段管道组成，其中每一段又串联诸如弯头、控制阀、管接头等形成的局部阻力装置。管路系统总的压力损失等于直管中的沿程压力损失 Δp_λ及所有局部压力损失 Δp_ζ的总和。即

$$\Delta p=\sum\Delta p_\lambda+\sum\Delta p_\zeta=\sum\lambda\frac{l}{d}\frac{\rho v^2}{2}+\sum\zeta\frac{\rho v^2}{2} \tag{2—28}$$

在液压传动中，管路一般都不长，而控制阀、弯头、管接头等的局部阻力则较大，沿程压力损失比局部压力损失小得多。大多数情况下，总的压力损失只包括局部压力损失和长管的沿程损失，只对这两项进行讨论计算。

压力损失过大，将使功率损耗增加、油液发热、泄漏增加、效率降低，液压系统性能变坏。在液压技术中，研究压力损失的目的是为了正确估算压力损失的大小和找出减小压力损失的途径。从式 2—26 可以看出，减小流速、缩短管路长度、减少管路截面的突然变化、提高管路内壁的加工质量等，都可以减小压力损失，其中以液流速度的影响最大。

五、液体流经小孔和缝隙的流动特性

液压传动中常利用油液流经阀的小孔或缝隙来实现流量和压力的控制，因此研究小孔和缝隙流量计算，有利于合理地设计液压系统，有利于正确分析液压元件和系统的工作性能。

（一）小孔流量

液体流经的小孔，根据其长径比分为薄壁孔、短孔和细长孔。

1. 薄壁孔的流量

如图 2—13 所示，当小孔的长径比 $l/d\leqslant0.5$ 时，称为薄壁孔。利用伯努利方程对通过薄壁小孔液流的研究，得到薄壁小孔的流量公式为

$$q=C_qA_T\sqrt{\frac{2}{\rho}\Delta p} \tag{2—29}$$

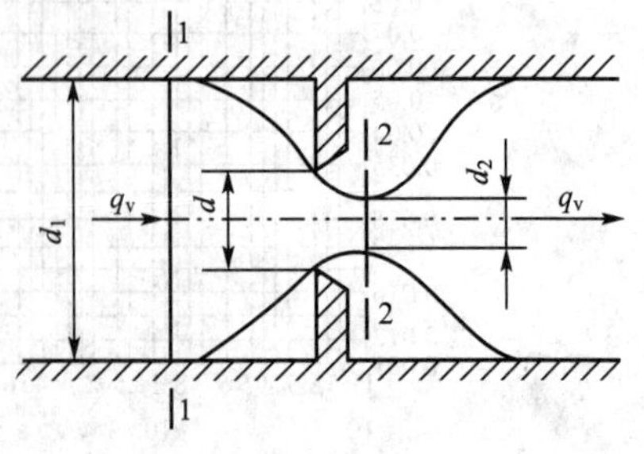

图 2—13　薄壁小孔液流

式中，C_q为流量系数，$C_q=C_cC_v$；C_v为速度系数；C_c为收缩系数，$C_c=\frac{A_2}{A_T}$；A_T为小孔过流断面面积，

$A_T=\frac{\pi}{4}d^2$（d 为小孔直径）。

C_q、C_v、C_c的数值可由实验确定。当液流完全收缩（对于薄壁圆孔，当孔前通道直径与小孔直径之比$\frac{d_1}{d}\geqslant 7$ 时，流束的收缩作用不受孔前通道内壁的影响，这时的收缩称为完全收缩）时，$C_c=0.61\sim0.63$，$C_v=0.97\sim0.98$，$C_q=0.6\sim0.62$；当液流不完全收缩$\left(当\frac{d_1}{d}<7 时，孔前通道对液流进入小孔起导向作用，这时的收缩称为不完全收缩\right)$时，$C_q=0.7\sim0.8$。

薄壁孔由于流程很短，沿程阻力非常小，流量受黏度影响小，对油温变化不敏感，且不易堵塞，宜做节流器用。

2. 短孔的流量

当小孔的长径比 $0.5\leqslant l/d\leqslant 4$ 时，称为短孔。短孔加工比薄壁孔容易，实际应用较多。短孔的流量公式依然是式 2—29，但流量系数 C_q不同，一般为 $C_q=0.82$。

3. 细长孔的流量

当小孔的长径比 $l/d>4$ 时，称为细长孔。液流在细长孔中的流动一般为层流，其流量计算可应用圆管层流流量公式 $q=\frac{\pi d^4\Delta p}{128\mu l}$。细长孔的流量与油液的黏度有关，当温度变化而引起油液黏度变化时，流经细长孔的流量也发生变化。另外，细长孔较易堵塞。

（二）缝隙流量

在液压元件和液压设备中，常见的缝隙有两种，即两个平行平面形成的缝隙和内、外圆柱表面形成的环状缝隙。液体流经这些缝隙时就会造成泄漏，泄漏是由压差和间隙造成的。缝隙中的流动一般为层流。

1. 固定平行平板缝隙

液体在两固定平行平板间流动是由压差引起的，也称为压差流动。如图 2—14 所示为固定平行平板缝隙液流，其缝隙高为 δ，长度为 l，宽度为 b，通常 δ 比 l 和 b 小得多。缝隙两端压力分别为 p_1 和 p_2，则缝隙两端的压差 $\Delta p=p_1-p_2$。经理论推导得到流体流经该固定平行平板缝隙的流量为

$$q=\frac{b\delta^3\Delta p}{12\mu l} \qquad (2—30)$$

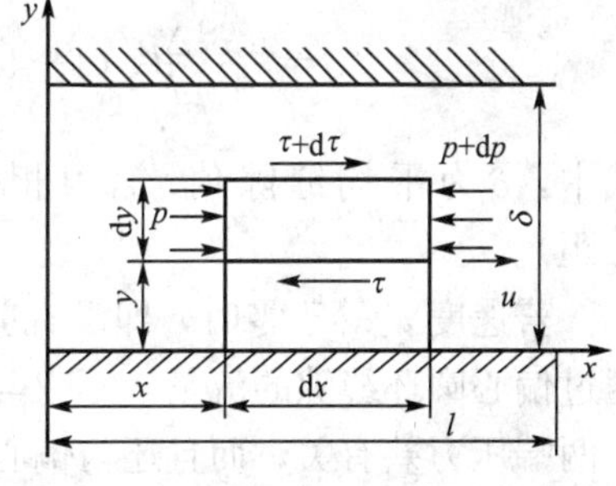

图 2—14 固定平行平板缝隙的液流

由式 2—30 可知，在压差作用下，流过固定平行平板的流量与缝隙 δ 的三次方成正比，从而表明液压元件内缝隙的大小对泄漏的影响很大。

2. 相对运动平行平板缝隙

由图 2—14 可知，一平板固定，另一平板以速度 u_0 作相对运动，由于液体的黏性，缝隙间的液体产生流动，称为剪切流动。这种情况下，通过此缝隙的流量为

$$q=\frac{b\delta}{2}u_0 \qquad (2—31)$$

式中，b 为缝隙宽度；δ 为缝隙高。

值得注意的是，通常情况下相对运动平行平板缝隙中的液体既有压差流动，又有剪切流动。所以通过缝隙的流量为压差流量和剪切流量的代数和，即

$$q=\frac{b\delta^3\Delta p}{12\mu l}\pm\frac{b\delta}{2}u_0 \tag{2—32}$$

式中，平板运动速度与压差作用下液体流向相同时取“+”号，反之取“-”号。

3. 同心圆环缝隙

如图 2—15 所示为两个同心圆柱面间的环状缝隙，如将它展开，则可视为平面间缝隙，以 πd 代替式 2—32 中的 b 来进行计算，可得液体通过两同心圆柱面间环状缝隙的流量公式

$$q=\frac{\pi d\delta^3\Delta p}{12\mu l}\pm\frac{\pi d\delta}{2}u_0 \tag{2—33}$$

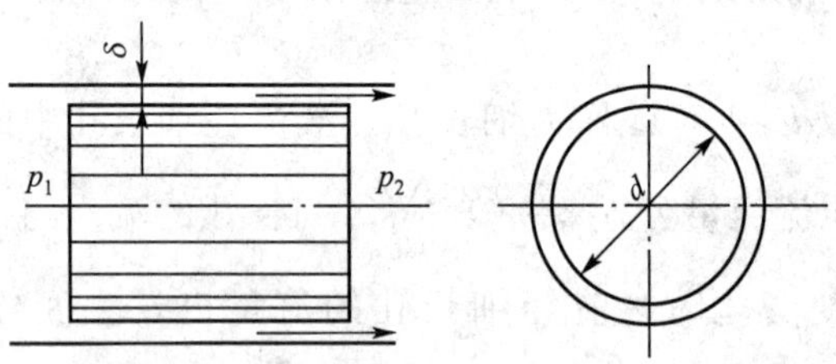

图 2—15　同心圆环缝隙的液流

4. 偏心圆环缝隙

两圆柱面形成的环状缝隙，有时会产生偏心，而形成月牙形的偏心环状缝隙，如图 2—16 所示。液体流过偏心圆环缝隙的流量公式为

$$q=\frac{\pi d\delta^3\Delta p}{12\mu l}(1+1.5\varepsilon^2)\pm\frac{\pi d\delta}{2}u_0 \tag{2—34}$$

式中，δ 为平均缝隙值；ε 为相对偏心率，$\varepsilon=e/\delta$（e 为偏心距）。

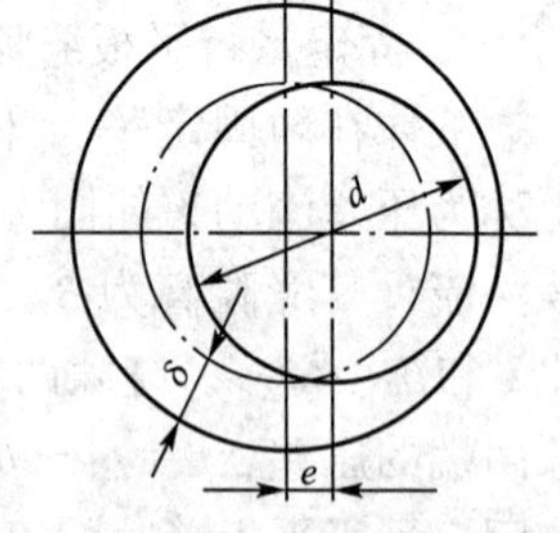

图 2—16　偏心圆环缝隙

若速度 u_0 等于零时，即没有剪切流动，只有压差流动，其通过偏心圆环缝隙的流量，不仅与油液黏度、平均缝隙值、缝隙两端压力差有关，而且还与偏心距 e 有关。

当 $e=0$ 时，$\varepsilon=0$，其流量为同心圆环缝隙流量，随着 e 值增大，流量也增大。当 $e=\delta$ 时，偏心圆环缝隙的压差流量为同心圆环缝隙的压差流量的 2.5 倍。由此可知，圆环缝隙的偏心会使泄漏增大。

六、液压冲击和气穴现象

在液压传动中，液压冲击和气穴现象对液压系统的正常工作会产生不利的影响，因此需要了解这些现象的成因，并采取措施加以防治。

（一）液压冲击

在液压系统中，由于某种原因引起油液的压力在某一瞬间突然急剧上升，形成很高的压力峰值，这种现象称为液压冲击。

1. 产生液压冲击的原因

（1）液压冲击多发生在液流突然停止运动时，例如迅速关闭阀门，液体的流动速度突然降为零。这时液体受到挤压，使液体的动能转换为液体的压力能，于是液体的压力急剧升高，从而引起液压冲击。

（2）急速改变运动部件的速度，如液压缸作高速运动突然被制动，油液封闭在两腔中，由于惯性力的作用，液压缸仍继续向前运动，因而压缩回油腔的液体受到挤压，瞬时压力急速升高，从而引起液压冲击。

（3）由于液压系统中某些元件反应动作不够灵敏，也会造成液压冲击。例如，溢流阀在超压时不能迅速打开，形成压力的超调量；限压式变量液压泵在油温升高时，不能及时减少输油量等，都会造成液压冲击。

2. 液压冲击的危害

产生液压冲击时，液压系统的瞬时压力峰值有时比正常工作压力高好几倍，因此引起设备振动和噪声，影响系统正常工作；液压冲击还会损坏液压元件、密封装置，甚至使管子爆裂；由于压力增高，系统中的某些元件（如顺序阀和压力继电器等）也可能产生误动作，因而造成工作中的事故。

3. 减小液压冲击的措施

（1）缓慢开、关阀门，减小冲击波的强度。

（2）限制管路中液流的流速。

（3）用橡胶软管或在冲击源处设置蓄能器，以吸收液压冲击的能量。

（4）在液压元件中设置液压缓冲装置，如液动换向阀的节流元件和液压缸的缓冲装置等。

（5）在容易出现液压冲击的地方，安装限制压力升高的安全阀。

（二）气穴现象

在液压系统中，由于某种原因会产生低压区（如流速很大的区域压力会降低）。当压力低于空气分离压力时，溶于液体中的空气就游离出来，以气泡的形式存在于液体中，使原来充满管道的液体出现了气体的空穴，这种现象称为气穴现象。

当液压系统中出现气穴现象时，大量的气泡破坏了液流的连续性，造成流量和压力脉动。气泡随液流进入高压区时又急剧破灭，以致引起局部压力冲击，发出噪声并引起振动。当附着在金属表面上的气泡破灭时，它所产生的局部高温和高压会使金属剥蚀，这种由气穴造成的腐蚀作用称为气蚀。气蚀会使液压元件的工作性能变坏，并大大地缩短其使用寿命。

气穴多发生在阀口和液压泵的进口处。由于阀口通道狭窄，液流的速度增大，压力大大下降，造成气穴产生。若泵的安装高度过高，吸油管直径太小，吸油阻力太大或泵的转速过高，造成进口处真空度过大，亦会产生气穴。此外，当液流流经节流部位时，流速增高、压力降低，在节流部位前后压差达到一定程度时，即会产生气穴。根据这些情况，减小和预防气穴产生的措施如下：

（1）液压泵的吸油管直径不能过小，并应限制液压泵吸油管中油液流速，降低吸油高度。

(2) 液压泵转速不能过高，以防吸油不充分。

(3) 管路尽量平直，避免急转弯及窄狭处。

(4) 节流口压力降要小，一般控制节流口前后的压差比 $p_1/p_2<3.5$。

(5) 管路密封要好，防止空气渗入。

(6) 为了提高零件的抗气蚀能力，可采用抗气蚀能力强的金属材料（铸铁的抗气蚀能力较差，青铜较好），降低零件表面粗糙度值。

思考与练习

2.1 20℃时水的动力黏度 $\mu=1.008\times10^{-3}\text{Pa}\cdot\text{s}$，密度 $\rho=1\,000\text{kg/m}^3$，求在该温度下水的运动黏度 ν；40℃时机械油的运动黏度 $\nu=20\text{cSt}$，$\rho=900\text{kg/m}^3$，求在该温度下机械油的动力黏度。

2.2 如图 2—17 所示为一黏度计，若 $D=100\text{mm}$，$d=98\text{mm}$，$l=200\text{mm}$，外筒转速 $n=8\text{r/s}$ 时，测得的转矩 $T=0.4\text{N}\cdot\text{m}$，试求其油液的动力黏度。

2.3 如图 2—18 所示为一液压缸，其缸筒内径 $D=120\text{mm}$，活塞直径 $d=119.6\text{mm}$，活塞长度 $L=140\text{mm}$，若油的动力黏度 $\mu=0.065\text{Pa}\cdot\text{s}$，活塞回程要求的稳定速度 $v=0.5\text{m/s}$，试求不计油液压力时拉回活塞所需的力 F。

2.4 如图 2—19 (a) 所示，U 形管测压计内装有水银，左支管与盛水的容器相连，右支管开口通大气。已知：$h_2=20\text{cm}$，$h_1=30\text{cm}$，水银密度 $\rho=13.6\times10^3\text{kg/m}^3$，求容器中 A 点的相对压力和绝对压力。

在图 2—19 (b) 中，容器内装有水，U 形管测压计内水柱高 $h_1=15\text{cm}$，水银柱高 $h_2=30\text{cm}$，求容器中 A 点的真空度和绝对压力。

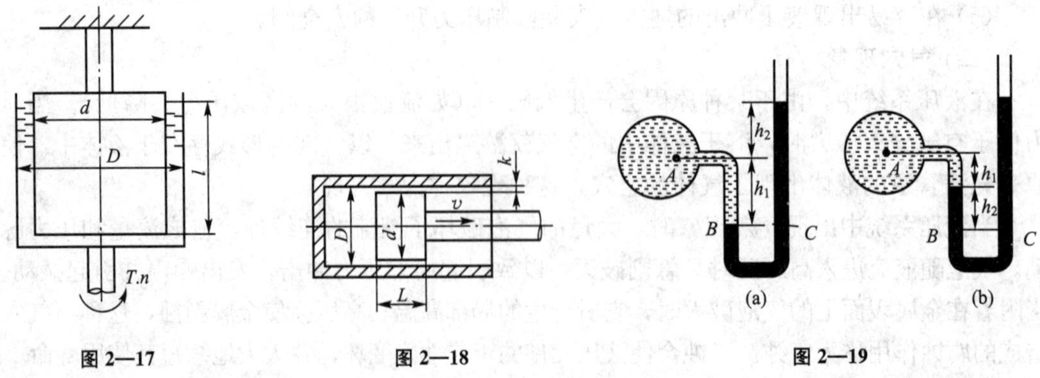

图 2—17　　图 2—18　　图 2—19

2.5 如图 2—20 所示，柱塞直径 $d=10\text{cm}$，重量 $G=200\text{N}$，浸入充满液体的密闭容器中，当其上端施加作用力 $F=91\text{N}$ 时，柱塞处于平衡状态。液体密度 $\rho=900\text{kg/m}^3$，柱塞浸入深度 $h=20\text{cm}$，求平衡状态下测压管内液柱的高度 x。

2.6 如图 2—21 所示，容器 A 中的液体的密度 $\rho_A=900\text{kg/m}^3$，B 中液体的密度 $\rho_B=1\,200\text{kg/m}^3$，$Z_A=200\text{mm}$，$Z_B=180\text{mm}$，$h=60\text{mm}$，U 形管中的测压介质为汞，试求

A、B之间的压力差。

2.7 如图2—22所示，液压缸直径 $D=150\text{mm}$，柱塞直径 $d=100\text{mm}$，液压缸中充满油液。如果柱塞上作用着 $F=50\ 000\text{N}$ 的力，不计油液的质量，试求两种情况下液压缸中的压力。

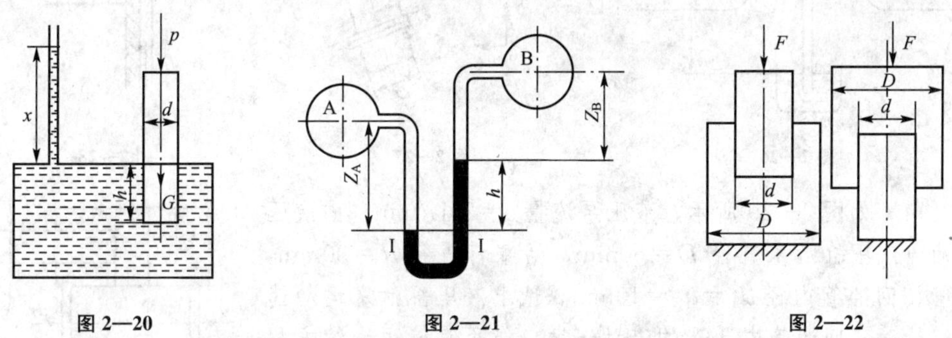

图2—20　　图2—21　　图2—22

2.8 如图2—23所示的倾斜管路，$h=11\text{mm}$，压力表上指示 $p_A=0.42\text{MPa}$，$p_B=0.35\text{MPa}$，管中流动的油液密度 $\rho=900\text{kg/m}^3$，试问油的流动方向如何?

2.9 如图2—24所示，水管由两根圆管和一段异径管接头连接而成，$d_1=200\text{mm}$，$d_2=400\text{mm}$，截面1相对压力 $p_1=0.07\text{MPa}$，截面2相对压力 $p_2=0.04\text{MPa}$，$v_2=1\text{m/s}$，截面1、2间中心高度差为1m，试判断液流方向，并计算两截面间的水头损失。

2.10 如图2—25所示，一个水深1.5m，水平截面积为3m×3m的水箱，底部接一直径 $d=200\text{mm}$，长为2m的竖直管。在水箱进水量等于出水量下做恒定流动，试求点2的压力及出流的速度，略去水流阻力。

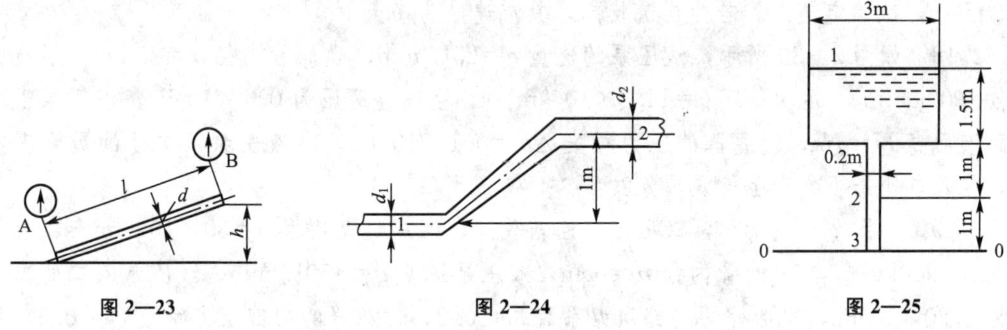

图2—23　　图2—24　　图2—25

2.11 如图2—26所示为一抽吸设备水平放置，其出口和大气相通，细管处截面积 $A_1=3.2\times10^{-4}\text{m}^2$，出口处管道截面积 $A_2=4A_1$，$h=1\text{m}$，试求开始抽吸时，水平管中所必须通过的流量 q（液体为理想液体，不计损失）。

2.12 如图2—27所示，油液以 $v_1=6\text{m/s}$ 的速度流入水平放置的弯管，已知 $\theta=60°$，入口管径 $D_1=30\text{cm}$，出口管径 $D_2=20\text{cm}$，截面1—1处的静液压力 $p_1=1.05\times10^5\text{Pa}$，截面2—2处的静液压力 $p_2=0.42\times10^5\text{Pa}$，油液密度 $\rho=900\text{kg/m}^3$。求作用于弯管上的液动力在 x 轴和 y 轴方向的分量。

2.13 将一平板探入水的自由射流之内，并垂直于射流的轴线，如图2—28所示。该平板截去射流流量的一部分 q_1，并引起 q 射流剩余部分偏转 α 角。已知射流速度 $v=30\text{m/s}$，流量 $q=30\text{L/s}$，$q_1=12\text{L/s}$，试求 α 角及平板上的作用力。

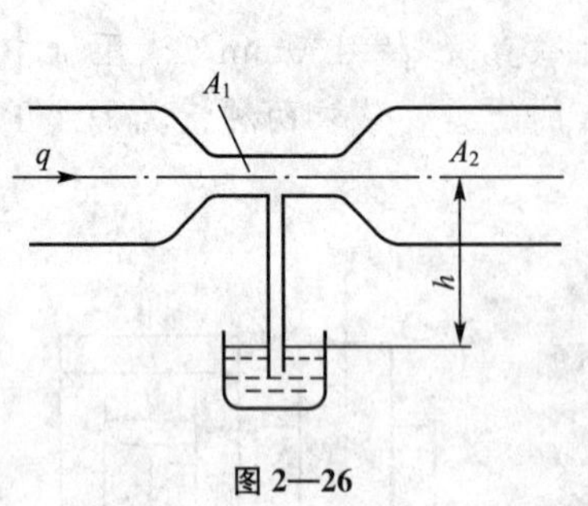

图 2—26

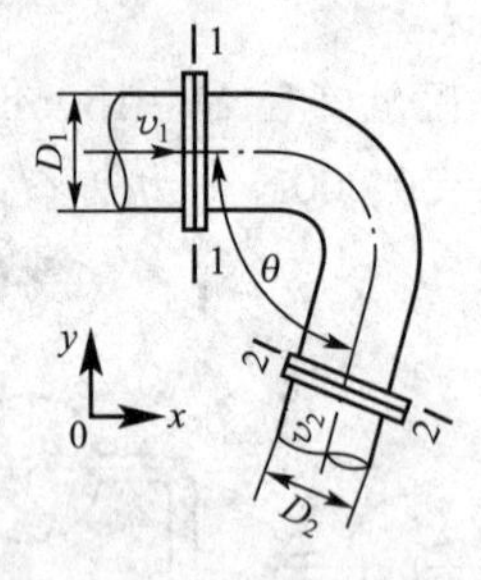

图 2—27

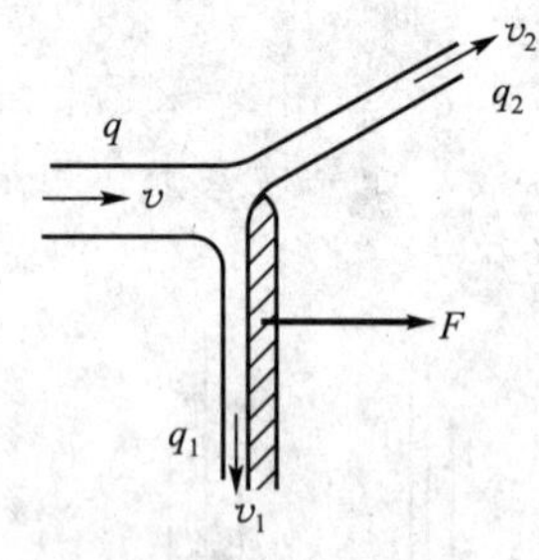

图 2—28

2.14　如图 2—29 所示，液压泵流量 $q=25\mathrm{L/min}$，向液压缸供油。液压缸活塞直径 $D=50\mathrm{mm}$，活塞杆直径 $d=30\mathrm{mm}$，进油管、回油管内径 $d_1=d_2=10\mathrm{mm}$。试求液压缸活塞运动速度及进油管、回油管中油液的流动速度。能否直接用连续方程计算进油管、回油管中油液的流动速度？

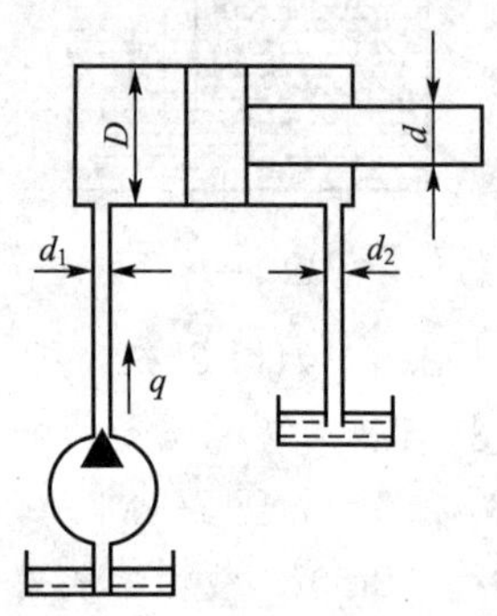

图 2—29

2.15　液体在光滑金属管道中流动，其流速 $v=3\mathrm{m/s}$，管道内径 $d=15\mathrm{mm}$，液体运动黏度 $\nu=30\times10^{-6}\mathrm{m^2/s}$，试确定液体的流动状态。

2.16　有一管径不等的串联管道，大管内径为 20mm，小管内径为 10mm，流过动力黏度 $30\times10^{-3}\mathrm{Pa\cdot s}$ 的液体，流量 $q=20\mathrm{L/min}$，液体的密度 $\rho=900\mathrm{kg/m^3}$，试求液流在两通流截面上的平均流速及雷诺数。

2.17　液体在管中的流速为 4m/s，管道内径为 60mm，液体的运动黏度为 $\nu=30\times10^{-6}\mathrm{m^2/s}$，试确定流态。若为层流状态，其流速应为多大？

2.18　如图 2—30 所示，液压泵的流量 $q=25\mathrm{L/min}$，吸油管内径 $d=25\mathrm{mm}$，油液密度 $\rho=900\mathrm{kg/m^3}$，运动黏度 $\nu=14.2\times10^{-6}\mathrm{m^2/s}$，空气分离压为 $0.4\times10^5\mathrm{Pa}$，液压泵吸油口距液面高 $H=1\mathrm{m}$，过滤器的压力损失 $\Delta p=0.1\times10^5\mathrm{Pa}$，求液压泵入口处的最大真空度。在入口处是否会产生气穴现象？

2.19　如图 2—31 所示，液压泵从油箱吸油，油液运动黏度 $\nu=30\times10^{-6}\mathrm{m^2/s}$，油液密度 $\rho=900\mathrm{kg/m^3}$，吸油管内径 $d=6\mathrm{cm}$，液压泵流量 $q=150\mathrm{L/min}$，液压泵入口处真空度为 $0.20\times10^5\mathrm{Pa}$，弯曲处的局部阻力系数 $\zeta_1=0.2$，过滤器的局部阻力系数 $\zeta_2=0.5$，不计管路沿程压力损失，求液压泵吸油高度 H。

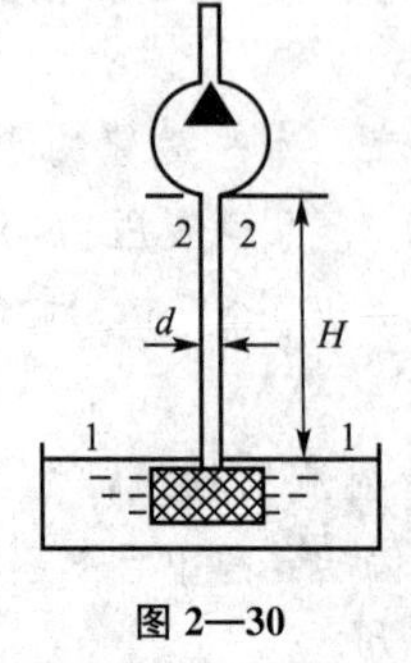

图 2—30

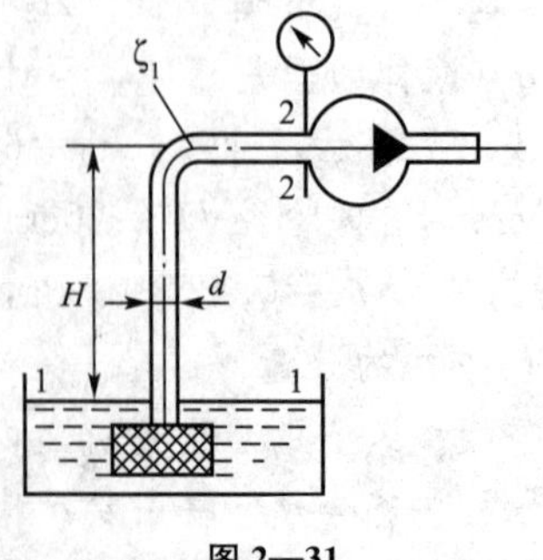

图 2—31

2.20 求如图2—32所示的两并联管路中的流量各为多少？已知总流量 $q=25\text{L/min}$，$d_1=50\text{mm}$，$d_2=100\text{mm}$，$l_1=30\text{m}$，$l_2=50\text{m}$。假设沿程阻力系数 $\lambda_1=0.04$ 及 $\lambda_2=0.03$，并取油液密度 $\rho=900\text{kg/m}^3$，则并联管路中的总压力损失等于多少？

2.21 连接两水池的水平管道，如图2—33所示，$d=150\text{mm}$，$l=50\text{m}$，在 $l_1=40\text{m}$ 处装一阀门，水流做恒定出流。$H_1=6\text{m}$，$H_2=2\text{m}$，设管道的 $\lambda=0.03$，$\zeta_{进}=0.5$，$\zeta_{阀}=4.0$，$\zeta_{出}=1.0$，试求管中流量。

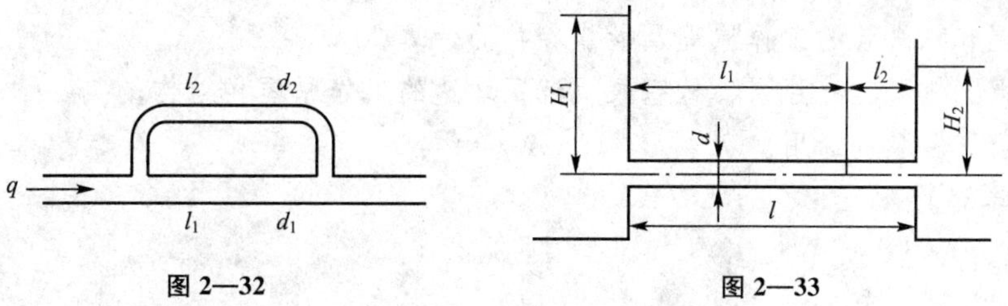

图2—32 图2—33

2.22 直径为6mm的薄壁小孔两端的压降为7MPa，试计算通过该小孔的油液流量。系数取 $C_q=0.6$，$\rho=900\text{kg/m}^3$。

2.23 有一薄壁节流小孔，通过流量 $q=25\text{L/min}$ 时，压力损失为0.3MPa，求节流孔的通流面积。系数取 $C_q=0.61$，$\rho=900\text{kg/m}^3$。

2.24 如图2—34所示，已知液压泵的供油压力 $p_P=3.2\text{MPa}$，薄壁小孔节流阀Ⅰ的开口面积 $A_{v1}=2\text{mm}^2$，薄壁小孔节流阀Ⅱ的开口面积 $A_{v2}=1\text{mm}^2$，试求活塞向右运动的速度等于多少？活塞面积 $A=1\times10^{-2}\text{m}^2$，油的密度 $\rho=900\text{kg/m}^3$，负载 $F=16\ 000\text{N}$，油液的流量系数 $C_q=0.6$。

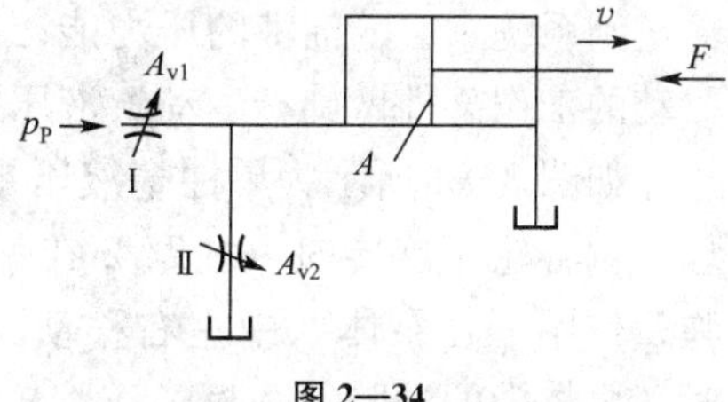

图2—34

模块3 液 压 泵

【教学目的】

1. 掌握容积式泵的工作原理及性能参数的计算；

2. 掌握齿轮泵、叶片泵、柱塞泵及液压马达的工作原理和结构；

3. 了解液压泵的选用。

【建议学时】

6学时。

一、概述

（一）液压泵的基本工作原理

液压泵是一种能量转换装置，它把驱动它的原动机（一般为电动机）的机械能转换成输送到系统中去的油液的压力能；而液压马达则把输入油液的压力能转换成机械能，使其驱动的工作部件做旋转运动。液压泵和液压马达都是容积式的。

如图3—1所示为单柱塞液压泵的工作原理。偏心轮1旋转时，柱塞2在偏心轮1和弹簧作用下在泵体3中左右移动。柱塞右移时，泵体中的油腔（密封工作腔）容积变大，产生真空，油液便通过单向阀4吸入；柱塞左移时，泵体中的油腔容积变小，已吸入的油液便通过单向阀5输出到系统中去。由此可见，泵是靠密封工作腔的容积变化进行工作的，而输出流量的大小是由密封工作腔的容积变化大小来决定的。

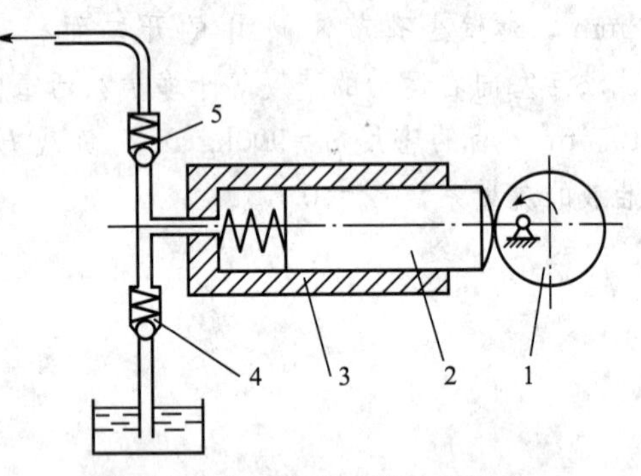

图3—1 单柱塞液压泵的工作原理

1—偏心轮；2—柱塞；3—泵体；4，5—单向阀

综上所述，液压泵工作的基本条件如下：

（1）在结构上能形成密封的工作容积。

（2）密封工作容积能实现周期性的变化，密封工作容积由小变大时与吸油腔相通，由大变小时与排油腔相通。

（3）吸油腔与排油腔必须相互隔开。

液压马达是一种执行元件，从原理上说，向容积式泵中输入压力油，就可使轴转动，成为液压马达。大部分容积式泵可用做液压马达，但在结构细节上还是有一些不同。

（二）液压泵的分类和图形符号

液压泵（液压马达）按其在每转一圈所能输出（所需输入）油液的体积可否调节而分

成定量泵（定量马达）和变量泵（变量马达）两类；按结构形式可以分为齿轮式、叶片式和柱塞式三大类。液压泵的图形符号如图 3—2 所示。

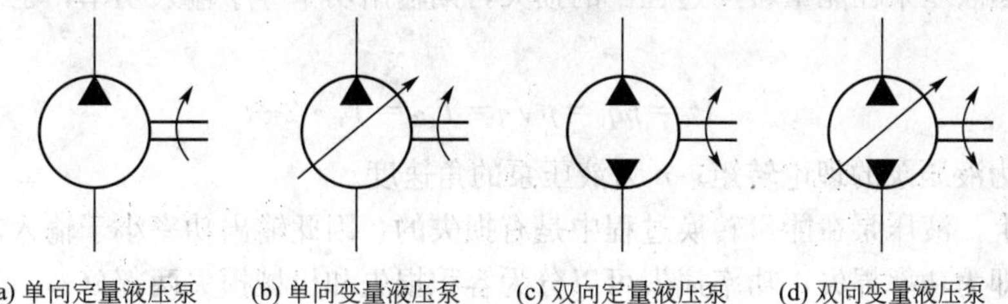

(a) 单向定量液压泵　(b) 单向变量液压泵　(c) 双向定量液压泵　(d) 双向变量液压泵

图 3—2　液压泵的图形符号

（三）液压泵的性能参数

1. 工作压力、额定压力、最高压力

液压泵的工作压力是指泵实际工作时输出油液的压力。工作压力由系统负载决定，若负载增加，泵的工作压力随之升高，负载减小，泵的工作压力降低。

液压泵的额定压力是指液压泵在正常工作条件下，按试验标准规定连续运转，正常工作时的最高工作压力，即在液压泵铭牌或产品样本上标出的压力。

液压泵的工作压力随负载的增加而增加，当工作压力增加到液压泵本身的强度允许值和允许的最大泄漏量时，液压泵的工作压力就不能再增加了。这时液压泵的工作压力为最高工作压力，也就是按试验标准规定，允许短暂运行的最高压力。

考虑液压泵在工作中应有一定的压力储备，并有一定的使用寿命和容积效率，通常它的工作压力应低于额定压力。

2. 排量和流量

排量是指在不考虑泄漏的情况下，泵轴每转一圈所排出油液的体积，用 V 表示，其常用单位为 mL/r。液压泵的排量取决于液压泵密封腔的几何尺寸，不同的泵因结构参数不同，排量也不一样。

理论流量是指在不考虑泄漏的情况下，液压泵在单位时间内所排出的油液体积，用 q_t 表示，单位为 L/min。排量和理论流量之间的关系为

$$q_t = V \cdot n \tag{3—1}$$

式中，n 为液压泵的转速；V 为液压泵的排量。

实际流量是指液压泵在实际工作时，在单位时间内所排出的油液体积，用 q 表示，单位为 L/min。由于液压泵在工作中存在泄漏损失，所以液压泵的实际流量总是小于理论流量。即

$$q = q_t - \Delta q \tag{3—2}$$

Δq 为泵的泄漏量，它与泵的工作压力 p 有关，随工作压力 p 的增高而加大。泵的流量与压力之间的关系为

$$\Delta q = k_1 p \tag{3—3}$$

额定流量是指液压泵在额定转速和额定压力下工作时实际输出的流量，用 q_0 表示。泵的产品样本或铭牌上标出的流量为泵的额定流量。

3. 功率和效率

液压泵由电机驱动，输入量是转矩和转速（角速度），输出量是液体的压力和流量；如果不考虑液压泵在能量转换过程中的损失，则输出功率等于输入功率，也就是它们的理论功率是

$$P_t = pq_t = pVn = T_t\omega = T_t \cdot 2\pi n \tag{3—4}$$

式中，T_t为液压泵的理论转矩；n为液压泵的角速度。

实际上，液压泵在能量转换过程中是有损失的，因此输出功率小于输入功率。两者之间的差值即为功率损失，功率损失可以分为容积损失和机械损失两部分。

容积损失是因内泄漏、气穴和油液在高压下的压缩（主要是内泄漏）而造成的流量损失。输出压力增大时，泵实际输出的流量 q 减小。泵的容积损失可用容积效率 η_V 来表征，即

$$\eta_V = \frac{q}{q_t} = \frac{q_t - \Delta q}{q_t} = 1 - \frac{\Delta q}{q} \tag{3—5}$$

机械损失是指因摩擦而造成的转矩损失。对液压泵来说，驱动泵的转矩总是大于其理论上需要的转矩，设转矩损失为 ΔT，则泵实际输入转矩 $T = T_t + \Delta T$，用机械效率 η_m 来表征泵的机械损失时，有

$$\eta_m = \frac{T_t}{T} = \frac{T_t}{T_t + \Delta T} = \frac{1}{1 + \frac{\Delta T}{T_t}} \tag{3—6}$$

液压泵的总效率 η 是其输出功率与输入功率之比，有

$$\eta = \frac{P_o}{P_i} = \frac{pq}{T \cdot 2\pi n} = \frac{pV}{2\pi T} \times \frac{q}{Vn} = \eta_m \eta_V \tag{3—7}$$

二、齿轮泵

齿轮泵是液压系统中常用的液压泵，在结构上可分为外啮合式和内啮合式两类。

(一) 外啮合齿轮泵的工作原理

如图 3—3 所示为外啮合齿轮泵的工作原理。在泵的壳体内有一对外啮合齿轮，齿轮两侧有端盖罩住。壳体、端盖和齿轮的各个齿槽组成了许多密封工作腔。当齿轮按如图 3—3所示方向旋转时，右侧吸油腔由于相互啮合的轮齿逐渐脱开，密封工作腔容积逐渐增大，形成部分真空，油箱中的油液被吸进来，将齿槽充满，并随着齿轮旋转，把油液带到左侧压油腔中。在压油区一侧，由于轮齿在这里逐渐进入啮合，密封工作腔容积不断减小，油液便被挤出去。吸油区和压油区是由相互啮合的轮齿以及泵体分隔开的。

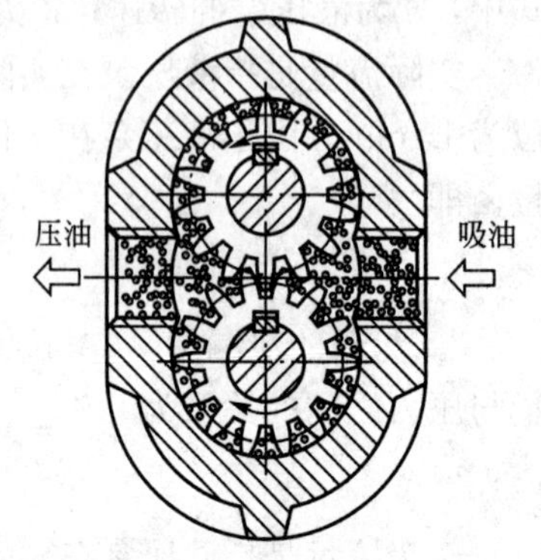

图 3—3　外啮合齿轮泵的工作原理图

综合齿轮泵的结构，对齿轮泵的工作原理归纳如下：

(1) 由齿轮泵的前后盖、泵体和两个齿轮组成若干个密封工作腔。

(2) 当两齿轮脱离啮合时，齿间密封容积由小变大，形成局部真空，油箱中的油被吸入齿间，为吸油过程；当啮合时，齿间密封容积由大变小，齿间油液被挤出，为压油过程。

(3) 两轮齿的啮合线，把吸、压油腔严格分开，起配油作用。

(二) 排量、流量计算和流量脉动

外啮合齿轮泵排量的精确计算应依据啮合原理来进行，近似计算时可认为排量等于它的两个齿轮的齿间槽容积之总和。

设齿间槽的容积等于轮齿的体积，则当齿轮齿数为 z、节圆直径为 D、齿高为 h（应为扣除顶隙部分后的有效齿高）、模数为 m、齿宽为 b 时，泵的排量 V 为

$$V=\pi Dhb=2\pi zm^2b \tag{3—8}$$

考虑到齿间槽容积比轮齿的体积稍大些，所以通常取

$$V=6.66zm^2b \tag{3—9}$$

齿轮泵的实际输出流量为

$$q=6.66\pi zm^2bn\eta_V \tag{3—10}$$

式中，n 为液压泵的转速，r/min；η_V 为泵的容积效率。

式 3—10 所表示的流量是齿轮泵的平均流量。实际上，由于齿轮啮合过程中压油腔的容积变化率是不均匀的，因此齿轮泵的瞬时流量是脉动的。

(三) CB-B 型齿轮泵存在的问题和结构特点

1. 困油现象

齿轮泵一般用的是渐开线齿轮，为了使齿轮泵能连续平稳工作，必须使齿轮啮合的重叠系数 $\varepsilon>1$，以保证工作的任一瞬间至少有一对齿轮在啮合，于是总会出现两对齿轮同时啮合的情况。这时，就在两对啮合的齿轮之间产生一个和吸、压油腔均不相通的闭死容积，称为困油区，使留在这两对齿轮之间的油液困在这个封闭的容积内。随着齿轮的转动，困油区的容积大小发生变化，如图 3—4 所示。当容积缩小时（由图 3—4 (a) 过渡到图 3—4 (b)），由于无法排油，困油区内的油液受到挤压，压力急剧升高；随着齿轮的继续转动（由图 3—4 (b) 过渡到图 3—4 (c)），困油区容积又逐渐变大，由于无法补油，困油区形成局部真空。这种需要排油时无处可排，而需要被充油时，又无法补充的现象就叫做困油现象。

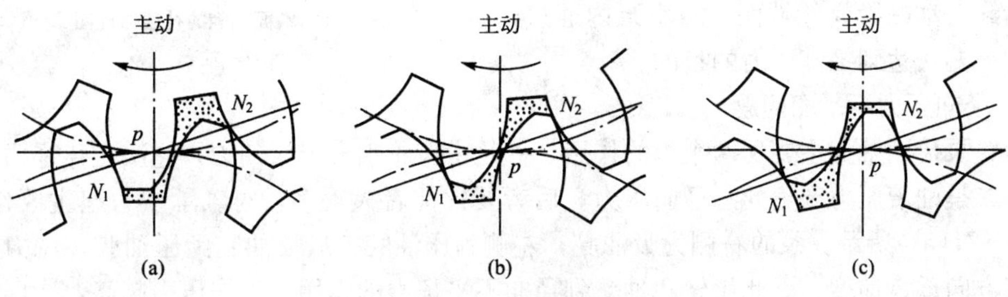

图 3—4 齿轮泵的困油现象

齿轮泵的困油现象对泵的工作有很大的危害。由于油液的压缩性很小，而且困油区

又是一个密封容积，所以被困油液受到挤压后，就从零件配合表面的缝隙中强行挤出，使齿轮和轴承受到很大的附加载荷，同时产生功率损失，还会使油温升高。当困油区容积变大时，困油区形成局部真空，油液中的气体被析出，以及油液气化产生气泡，进入液压系统，引起振动和噪声。此外，还使泵的流量减少，造成瞬时流量的波动性增加。

困油现象的本质是因为困油区是密封的、容积是变化的，若能设法使困油区的密封容积在变化其大小的过程中能与吸油腔或压油腔相通，便可消除困油现象。

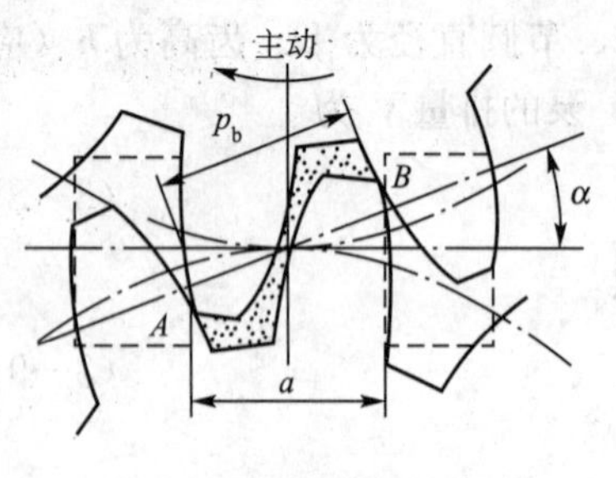

图 3—5　齿轮泵困油卸荷槽

消除困油的方法通常是在齿轮泵两侧盖板上开卸荷槽（如图 3—5 中的虚线所示）。当困油区容积变小时，使困油容积与通向排油腔的卸荷槽相通，将困油区中的油液排出；当困油区容积变大时，则通过另一卸荷槽，使困油容积与吸油腔相通，实现补油。

2. 泄漏

外啮合齿轮高压腔的压力油，可通过三条途径泄漏到低压腔。

(1) 通过齿轮两端面和侧盖板之间的轴向间隙泄漏。通过这种端面间隙的泄漏量最大，其泄漏量占总泄漏量的 70%～80%，压力越高，泄漏就越严重，这是目前影响齿轮泵压力提高的主要原因。

(2) 通过泵体内孔和齿顶圆间的径向间隙泄漏。其泄漏量占总泄漏量的 15%～20%。

(3) 通过齿轮啮合线处的间隙泄漏。这种泄漏量较小。

通过端面间隙的泄漏量，最大可占总泄漏量的 70%～80%。因此，普通齿轮泵的容积效率较低，输出压力也不容易提高。要提高齿轮泵的压力，首要的问题是要减小端面泄漏。一般采用齿轮端面间隙自动补偿的方法。如图 3—6 所示为端面间隙的补偿原理。利用特制的通道把泵内压油腔的压力油引到轴套外侧，产生液压作用力，使轴套压向齿轮端面。这个力必须大于齿轮端面作用在轴套内侧的作用力，才能保证在各种压力下，轴套始终自动贴紧齿轮端面，减小泵内通过端面的泄漏，达到提高压力的目的。

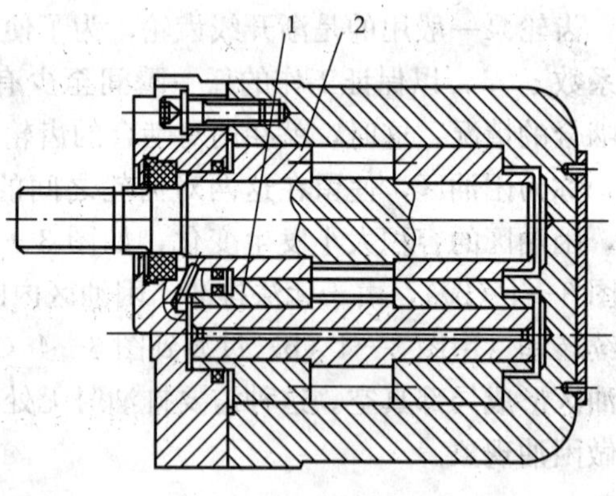

图 3—6　端面间隙的补偿原理图

1，2—轴套

3. 径向压力不平衡问题

齿轮泵传动轴上主要受两个力的作用，一是由齿轮啮合产生的力，它决定传递力矩的大小，二是油液压力产生的总径向压力。后者要比前者大得多，对轴承受力起主要作用，如图 3—7 (a) 所示。泵的右侧为吸油腔，左侧为压油腔。从吸油腔到压油腔，压力沿齿轮旋转方向逐齿递增，因此齿轮和轴受到径向不平衡力的作用。工作压力越高，径向不平衡力也越大。其结果加速了轴承磨损，降低了轴承的寿命，甚至使轴承变形，造成齿顶与泵体内壁的摩擦等。

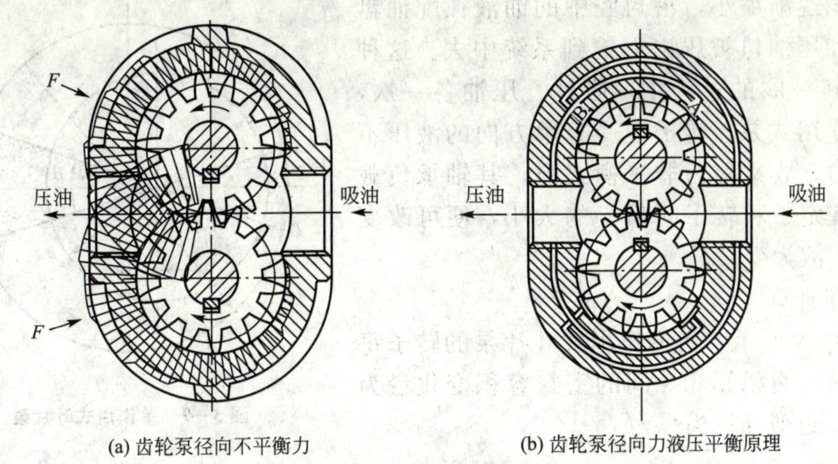

图 3—7 齿轮泵的径向力

为了解决径向力不平衡问题，CB－B 型齿轮泵采用缩小压油腔的方法，以减少液压力对齿顶部分的作用面积来减小径向不平衡力，所以泵的吸油口径比压油口径大。

也有的齿轮泵采用如图 3—7（b）所示的结构，在泵体上开 A 腔和 B 腔，A 腔和高压腔相通，用来和高压腔形成压力平衡。B 腔与低压腔相通，它的作用是把经过 A 腔的齿轮间的高压油卸压和把高压油泄漏过来的油卸压。如果没有 B 腔，齿轮的径向力平衡仍是不能解决的。A、B 两腔的位置是对称布置的，当液压泵反转时，A 腔和 B 腔的作用恰好相反，开了径向压力平衡槽后，作用在轴承上的径向力大大减小，但泄漏增大，容积效率降低。

三、叶片泵

叶片泵分为单作用式叶片泵和双作用式叶片泵两种，前者为变量泵，后者为定量泵。

(一) 单作用式叶片泵

1. 工作原理

如图 3—8 所示为单作用式叶片泵的工作原理。泵由转子 1、定子 2、叶片 3、泵体 4、配油盘 5 和端盖（图中未示）等件所组成。定子的内表面是圆柱形孔。转子和定子之间存在着偏心。叶片在转子的槽内可灵活滑动，在转子转动时的离心力以及通入叶片根部压力油的作用下，叶片顶部贴紧在定子内表面上，于是两相邻叶片、配油盘、定子和转子间便形成了一个个密封的工作腔。当转子按图 3—8 所示的方向旋转时，图右侧的叶片向外伸出，密封工作腔容积逐渐增大，产生真空，于是通过吸油口和配油盘上窗口将油吸入。而在图的左侧，叶片往里缩进，密

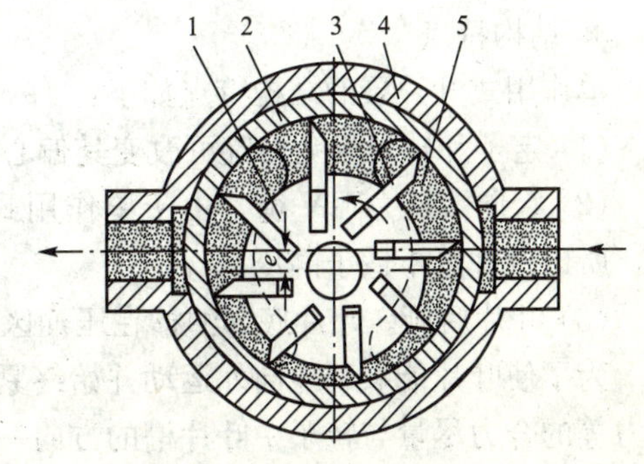

图 3—8 单作用式叶片泵的工作原理

1—转子；2—定子；3—叶片；4—泵体；5—配油盘

封腔的容积逐渐缩小，密封腔中的油液往配油盘另一窗口和压油口被压出而输到系统中去。这种泵在转子转一圈的过程中，吸油、压油各一次，故称为单作用式泵；转子上受有单方向的液压不平衡作用力，故又称为非平衡式泵，其轴承负载较大。改变定子和转子间偏心的大小，便可改变泵的排量，故为变量泵。

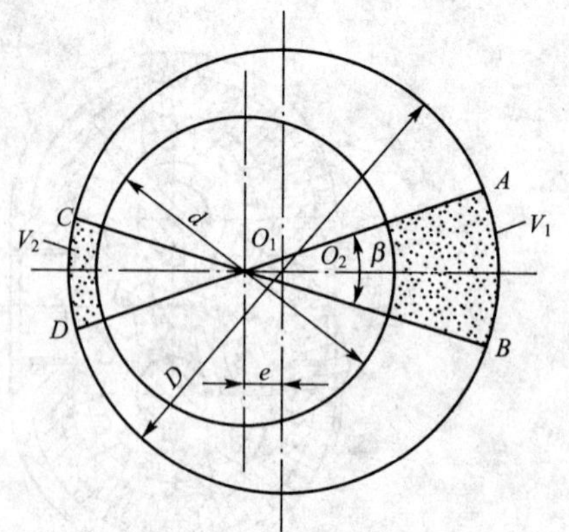

图 3—9 单作用式叶片泵

2. 流量计算

如图 3—9 所示，当单作用式叶片泵的转子每转一周时，每两相邻叶片间的密封容积变化量为 V_1-V_2，其近似计算为

$$V_1=\pi\left[\left(\frac{D}{2}+e\right)^2-\left(\frac{d}{2}\right)^2\right]\frac{\beta}{2\pi}b \tag{3—11}$$

$$V_2=\pi\left[\left(\frac{D}{2}-e\right)^2-\left(\frac{d}{2}\right)^2\right]\frac{\beta}{2\pi}b \tag{3—12}$$

$$\beta=\frac{2\pi}{Z} \tag{3—13}$$

由上三式可得出泵的排量 V 计算式为

$$V=V_1-V_2=2\pi beD \tag{3—14}$$

实际流量为

$$q=2\pi beDn\eta_V \tag{3—15}$$

式中，q 为输出流量；b 为转子宽度；e 为偏心距；D 为定子直径；n 为转子的转速；η_V 为叶片泵的容积效率。

由式 3—15 可知，单作用式叶片泵的流量与偏心距成正比，调节偏心距 e 便可调节其输出流量。由于定子和转子偏心安置，运转时其容积变化是不均匀的，因此有流量脉动。理论计算可以证明，叶片数为奇数时流量脉动较小，故单作用式叶片泵的叶片数总取奇数，一般为 13 片或 15 片。

3. 结构特点

单作用式叶片泵的结构特点如下：

(1) 定子和转子相互偏置可改变其偏心距来调节其输出流量。

(2) 径向液压力不平衡。由于单作用式叶片泵的这一特点，使泵的工作压力受到限制，所以这种泵不适于高压。

(3) 叶片后倾。叶片底部油槽在压油区与压油腔相通，在吸油区与吸油腔相通。

为了使叶片能顺利地向外运动并始终紧贴定子，必须使叶片所受的惯性力与叶片的离心力等的合力尽量与转子中叶片槽的方向一致，为此转子中叶片槽应向后倾斜一定的角度(一般为 20°～30°)。

4. 变量叶片泵的典型结构——限压式变量叶片泵

如图 3—10 所示为外反馈限压式变量叶片泵的结构图。如图 3—11 所示为其简化原理图。它是利用排油压力的反馈作用来实现流量自动调节的。转子的中心是固定的，定子可以左右移动，在限压弹簧的作用下，定子被推向右侧，使定子中心和转子中心之间有一初始偏心距，它决定了泵的最大流量。设活塞的有效面积为 A，泵的压力为 p，则活塞对定子施向右侧的反馈力为 pA。当 $pA<F_0$（弹簧预压缩力）时，定子不动，仍保持最大的偏心距，泵的流量也保持最大值；当泵的压力升高到某一值 p_B时，使 $p_BA=F_0$，p_B称为泵的限定压力（p_B可通过调节弹簧预紧力设定），这也是泵保持最大流量的最高压力；当泵的压力升高到 $pA>F_0$时，反馈力克服弹簧力把定子推向左侧，偏心距减小，泵的流量也随之减小。压力越高，偏心距越小，泵的流量也越小。当泵的压力达到某一值时，反馈力把弹簧压缩到最短，定子移动到最右端位置，偏心距减到最小，泵的实际输出流量为零，泵的压力便不再升高。

（二）双作用式叶片泵

1. 工作原理

如图 3—12 所示为双作用式叶片泵的工作原理图。其工作原理与单作用式叶片泵相似，

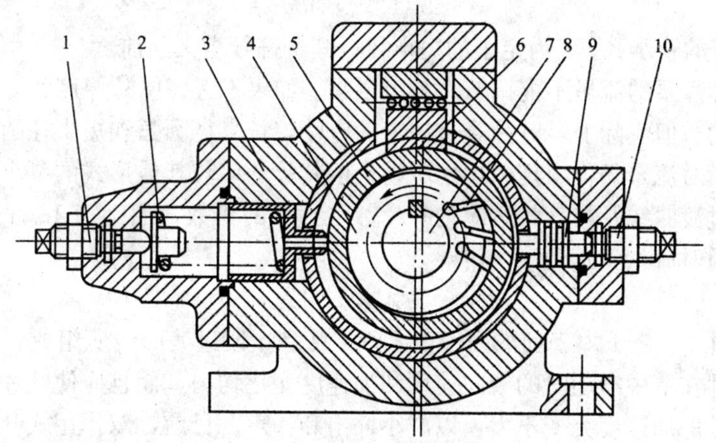

图 3—10　外反馈限压式变量叶片泵

1—预紧力调整螺钉；2—限压弹簧；3—泵体；4—转子；5—定子；6—滑块；7—泵轴；8—叶片；9—反馈柱塞；10—最大偏心调整螺钉

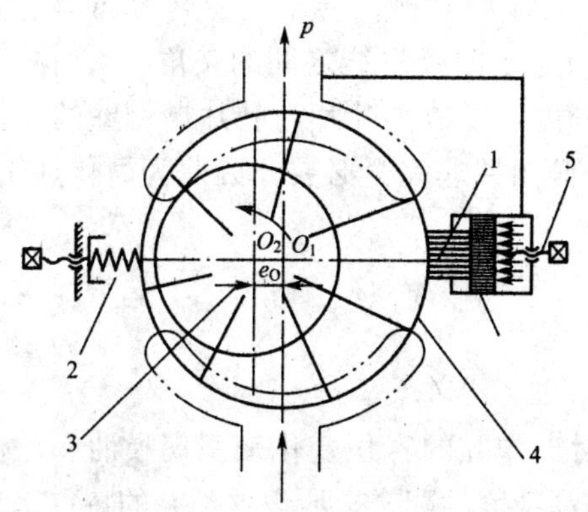

图 3—11　外反馈限压式变量叶片泵的工作原理

1—反馈液压缸；2—限压弹簧；3—转子；4—定子；5—调节螺钉

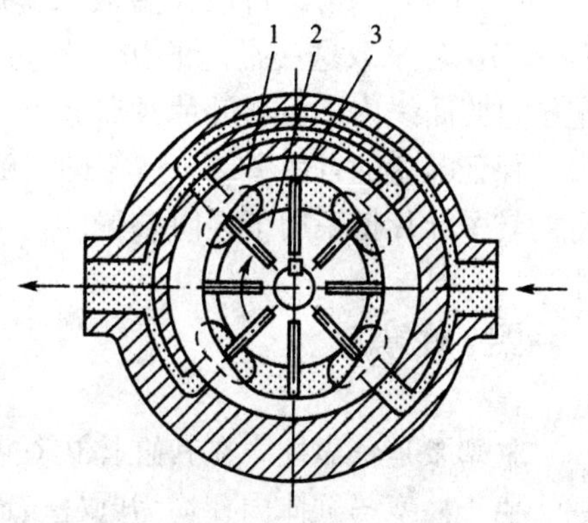

图 3—12　双作用式叶片泵的工作原理

1—定子；2—转子；3—叶片

不同之处在于双作用式叶片泵的定子内表面类似椭圆，由两大半径 R 圆弧、两小半径 r 圆弧和 4 段过渡曲线组成，且定子和转子同心。配油盘上开两个吸油窗口和两个压油窗口。当转子按图 3—12 所示的方向转动时，叶片由小半径 r 处向大半径 R 处移动时，两叶片间容积增大，通过吸油窗口吸油；当叶片由大半径 R 处向小半径 r 处移动时，两叶片间容积减小，油液压力升高，通过压油窗口压油。转子每转一周，每一叶片往复运动两次，故这种泵称为双作用式叶片泵。双作用式叶片泵的排量不可调，是定量泵。

2. 排量和流量的计算

由泵的工作原理可知，叶片泵每转一周，两叶片组成的工作腔由最小到最大变化两次。因此，叶片泵每转一周，两叶片间的油液排出量为大圆弧段 R 处的容积与小圆弧段 r 处的容积的差值的两倍。若叶片数为 z，当不计叶片本身的体积时，通过计算可得双作用式叶片泵的排量为

$$V=2\pi(R^2-r^2)b \tag{3—16}$$

泵的流量为

$$q=2\pi(R^2-r^2)bn\eta_V \tag{3—17}$$

式中，R 为定子的长半径；r 为定子的短半径；其余符号意义同前。

双作用式叶片泵的流量不能调节，是定量泵。如果不考虑叶片厚度的影响，其瞬时流量应该是均匀的。但实际上，叶片具有一定的厚度，长半径圆弧和短半径圆弧也不可能完全同心，泵的瞬时流量仍将出现微小的脉动，但其脉动率较其他形式的泵小得多，只要合理选择定子的过渡曲线及与其相适应的叶片数（为 4 的倍数，通常为 12 片或 16 片），理论上可以做到瞬时流量无脉动。

3. 结构特点

(1) 定子曲线。定子内表面的曲线由 4 段圆弧和 4 段过渡曲线所组成。理想的过渡曲线不仅应使叶片在槽中滑动时的径向速度和加速度变化均匀，而且应使叶片转到过渡曲线和圆弧交接点处的加速度突变不大，以减小冲击和噪声。目前，双作用式叶片泵一般都使用综合性能较好的“等加速—等减速”曲线作为过渡曲线。

(2) 径向作用力平衡。由于双作用式叶片泵的吸、压油口对称分布，所以转子和轴承上所承受的径向作用力是平衡的。

(3) 叶片倾角。目前大多数双作用式叶片泵的转子叶片槽沿转子的旋转方向向前倾斜 $\theta=13^\circ$，采取这一措施的初衷是为了减小叶片与定子曲线法线之间的夹角，从而减小定子过渡曲线内表面和叶片顶部接触反力的垂直分力，以减小叶片与叶片槽侧壁的摩擦力，保证叶片的自由滑动。后来的实践表明，叶片倾角并非完全必要，因此为简化加工，有的转子叶片槽采用了径向布置。

四、柱塞泵

柱塞泵是依靠柱塞在其缸体内往复运动时密封工作腔的容积变化来实现吸油和压油的。由于柱塞与缸体内孔均为圆柱表面，容易得到高精度的配合，所以这类泵的特点是泄漏小，容积效率高，可以在高压下工作。

柱塞泵按柱塞排列方向不同，可分为径向柱塞泵和轴向柱塞泵两大类。轴向柱塞泵又

分为斜盘式和斜轴式两类。

(一) 径向柱塞泵

1. 结构和工作原理

如图 3—13 所示为径向柱塞泵的工作原理图。柱塞 5 均匀地排列安装在转子 4 的径向孔中，并随同转子 4 旋转，衬套 3 和转子 4 紧密配合，并套装在配油轴 1 上，配油轴固定不动，每个柱塞底部形成密封工作容积。转子在电动机带动下连同柱塞一起旋转，柱塞靠离心力（或在低压油作用下）紧压在定子 2 的内表面上。由于转子和定子间有一偏心距 e，所以当转子按图 3—13 所示箭头方向旋转时，柱塞在上半周内向外伸出，柱塞底部的密封工作容积逐渐增大，产生局部真空，通过配油轴上的孔 a 和半槽 b 吸油，如图 3—13 (b) 所示。当柱塞旋转到下半周时，各柱塞底部的密封工作容积逐渐减小，通过半槽 c 和孔 d 排油。转子每旋转一周，每个柱塞各吸、压油一次。

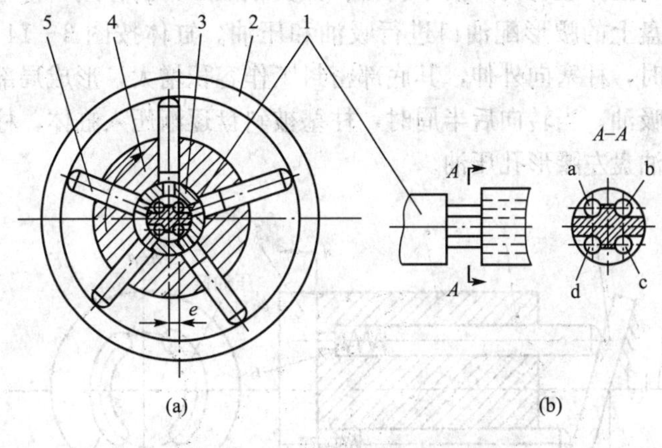

图 3—13 径向柱塞泵的工作原理图

1—配油轴；2—定子；3—衬套；4—转子；5—柱塞

综上所述，径向柱塞泵的工作原理可归纳如下：

(1) 由转子 4、柱塞 5、衬套 3 和配油轴 1 在各柱塞底部形成若干个密封工作容积。

(2) 由于转子 4 与定子 2 间存在偏心距 e，当转子旋转时，柱塞向外伸，密封工作容积由小变大，形成局部真空，为吸油过程；柱塞往里缩，容积由大到小，为压油过程。

(3) 配油轴把吸、压油腔严格分开，起配油装置的作用。

(4) 若改变定子和转子的偏心距 e，就可改变排量。若把正偏心距改变成负偏心距，可改变液流方向，变单向变量泵为双向变量泵。

2. 径向柱塞泵的特点

径向柱塞泵的优点是工作压力较高、流量大、轴向尺寸小。其缺点是径向尺寸大、结构复杂，配油轴受到很大的径向力，易于磨损，自吸能力差。

3. 径向柱塞泵的排量和流量

泵的排量为

$$V=\frac{\pi d^2}{4}\cdot 2e\cdot z=\frac{\pi d^2}{2}ez \qquad (3—18)$$

泵的实际输出流量为

$$q=\frac{\pi d^2}{2}ezn\eta_V \tag{3—19}$$

式中，d 为柱塞直径；e 为偏心距；z 为柱塞数；n 为转子的转速；η_V 为容积效率。

由于径向柱塞泵中的柱塞在缸体中移动速度是变化的，因此泵的输出流量是有脉动的，当柱塞较多且为奇数时，流量脉动也较小。

(二) 轴向柱塞泵

1. 结构和工作原理

如图 3—14 所示为斜盘式轴向柱塞泵的工作原理图，它主要由传动轴 1、斜盘 2、柱塞 3、缸体 4、配油盘 5 和弹簧 6 等组成。柱塞 3 的轴线与缸体 4 的轴线平行，并均匀地分布在缸体的圆周上。斜盘与传动轴有一夹角 θ。柱塞在弹簧或液压力的作用下保持头部和斜盘紧密接触。当缸体旋转时，由于斜盘、弹簧或液压力的作用，使柱塞在缸体内做往复运动。通过配油盘上的腰形配油口进行吸油和压油。缸体按图 3—14 所示的方向旋转时，当转向前半周时，柱塞向外伸，其底部密封工作容积增大，形成局部真空，通过配油盘的右腰形孔进行吸油；当转向后半周时，柱塞被斜盘逐渐压入缸体，柱塞底部密封工作容积减小，通过配油盘左腰形孔压油。

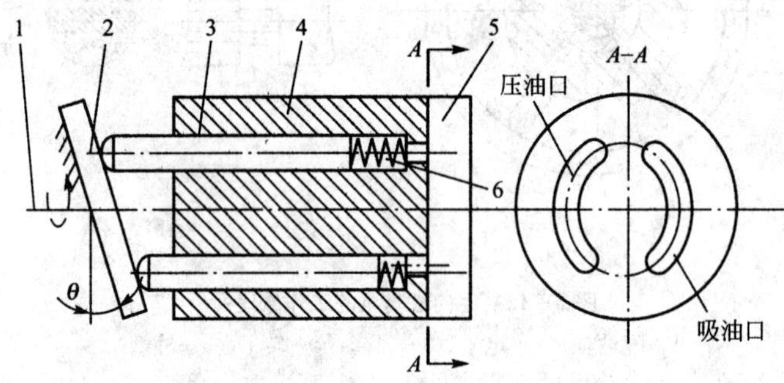

图 3—14 斜盘式轴向柱塞泵的工作原理图

1—传动轴；2—斜盘；3—柱塞；4—缸体；5—配油盘；6—弹簧

综上所述，轴向柱塞泵的工作原理可归纳如下：

(1) 由柱塞 3、缸体 4 和配油盘 5 组成若干个密封工作容积。

(2) 由于斜盘相对传动轴有一个倾角，所以当缸体旋转时，柱塞向外伸，密封工作容积由小变大，形成局部真空，为吸油过程；柱塞向里缩，密封工作容积由大变小，为压油过程。

(3) 配油盘把吸、压油腔严格区分开，起配油装置的作用。

(4) 若改变斜盘倾角，就可改变排量。若把倾角方向改变，就可改变液流方向，变单向变量泵为双向变量泵。

2. 轴向柱塞泵的特点

轴向柱塞泵的优点是工作压力高，流量范围大，因而功率大；结构紧凑，重量轻，容易实现变量。其缺点是结构复杂，材料及加工精度要求高，加工量大，价格昂贵。

3. 轴向柱塞泵的排量和流量计算

泵的排量为

$$V=z\cdot\frac{\pi d^2}{4}D\tan\theta \tag{3—20}$$

泵的流量为

$$q=z\cdot\frac{\pi d^2}{4}D\tan\theta n\eta_V \tag{3—21}$$

式中，z 为柱塞数；d 为柱塞直径；D 为柱塞孔的分布圆直径；θ 为斜盘倾角；n 为泵的转速；η_V 为容积效率。

实际上，柱塞泵的输油量是脉动的，具有不同的柱塞数，其输出流量的脉动是不同的，一般情况柱塞数较多并为奇数时，脉动率较小。故柱塞泵的柱塞数一般都为奇数，从结构和工艺考虑，常取 $z=7$ 或 $z=9$。

五、液压泵性能比较和选用

在设计液压系统时，应根据所要求的工作情况合理选择液压泵。表 3—1 列出了液压系统常用的液压泵性能比较。

表 3—1　　常用的液压泵性能比较

性能	外啮合齿轮泵	双作用式叶片泵	限压式变量叶片泵	径向柱塞泵	轴向柱塞泵	螺杆泵
输出压力	低压	中压	中压	高压	高压	低压
流量调节	不能	不能	能	能	能	能
效率	低	较高	较高	高	高	较高
输出流量脉动	很大	很小	一般	一般	一般	最小
自吸特性	好	较差	较差	差	差	好
对油污染的敏感性	不敏感	较敏感	较敏感	很敏感	很敏感	不敏感
噪声	大	小	较大	大	大	最小

当液压泵的输出流量和工作压力确定后，就可以选择泵的具体结构类型了。把已确定的 p 值和 q 值，与要选择的液压泵铭牌上的额定压力和额定流量进行比较，使铭牌上的数值小于或稍大于 p 值和 q 值即可（注意不要大得太多）。一般情况下，额定压力为 2.5MPa 时，选用齿轮泵；额定压力为 6.3MPa 时，应选用叶片泵；若工作压力更高时，就选择柱塞泵；在负载较大，并有快速和慢速工作行程时，可选用限压式变量叶片泵或双联叶片泵；应用于机床辅助装置，如送料和夹紧等不重要的场合，可选用价格低廉的齿轮泵；采用节流调速时选用定量泵；如果是大功率场合，为容积调速或容积节流调速时，应选用变量泵；中低压系统采用叶片变量泵；中高压系统采用柱塞变量泵；在特殊精密的场合，如镜面磨床等，要求供油脉动很小，可采用螺杆泵。

六、液压马达

液压马达是将液体的液压能转变为旋转运动机械能的能量转换装置，是液压系统的执行元件。

（一）液压马达的分类和应用

从理论上讲，液压泵可以作为液压马达使用，液压马达也可以作为液压泵使用。但由于在结构上的某些差异，实际使用难以互换。

液压马达分类和液压泵分类相似。按照结构的不同，液压马达可分为齿轮式、叶片式、柱塞式和其他类型。按照排量可否调节，可分为定量马达和变量马达两大类，其中变量马达又可分为单向变量马达和双向变量马达。按照转速的不同，可分为高速和低速两大类，一般认为额定转速高于 500r/min 的属于高速马达，额定转速低于 500r/min 的属于低速马达。

液压马达的应用在通常情况下，要实现机械旋转运动，而采用电动机价格便宜，供应方便。一般只有在电动机不能满足要求的特殊场合，如需要进行大范围的无级变速，或结构要求紧凑的地方，才采用液压马达。

齿轮式液压马达属于高转速、低转矩马达，但由于密封性差，容积效率低，工作压力不能太高，生产中使用不多。叶片式液压马达的容积效率较高，一般也多用在高转速、低转矩的场合。柱塞式液压马达由于效率高，多用于大功率、转矩范围大的场合，并能获得较低的转速，目前应用较多，但价格较高。

液压马达的图形符号如图 3—15 所示。

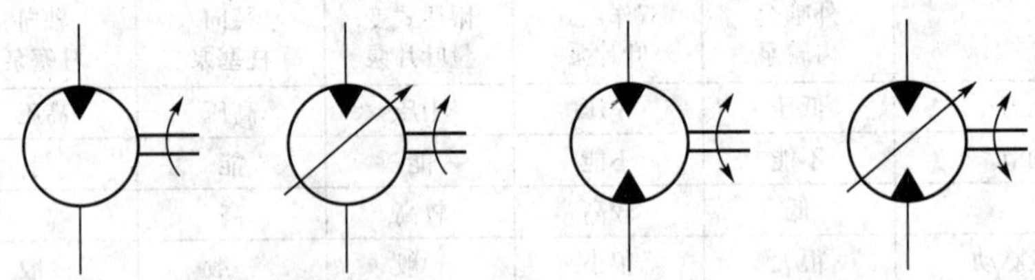

(a) 单向定量液压马达　(b) 单向变量液压马达　(c) 双向定量液压马达　(d) 双向变量液压马达

图 3—15　液压马达的图形符号

（二）液压马达的工作原理

1. 叶片式液压马达的工作原理

如图 3—16 所示为叶片式液压马达的工作原理图，这种马达由转子、定子、叶片、配油盘转子轴和泵体等组成，当压力油进入压油腔后，在叶片 3、7 和叶片 1、5 上，一面作用有压力油，另一面无压力油，由于叶片 3、7 的受压面积大于叶片 1、5，从而由叶片受力差构成的力矩推动转子和叶片顺时针旋转。当改变输油方向时，液压马达就会反转。

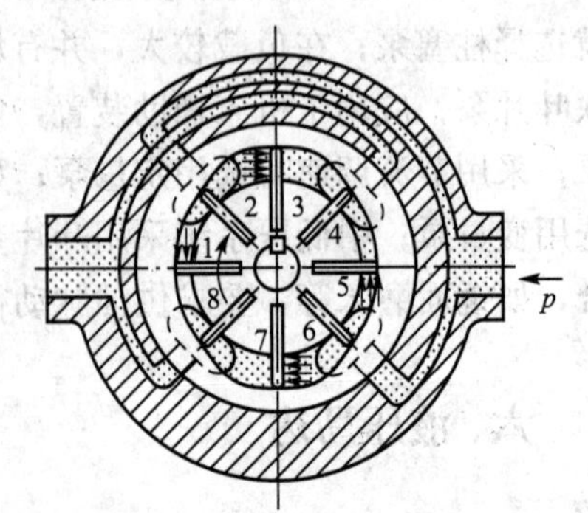

图 3—16　叶片式液压马达的工作原理图

液压马达一般都要求能正反转，因此在结构上与叶片泵有一些重要的区别，叶片式液压马达的叶片是径向放置；为保证马达的正常启动，在吸、压油腔通入叶片根部的通路上设有单向阀，使叶片底部能与压力油相通；在每个柱塞根部均设有弹簧，使叶片始终处于伸出状态，以保证密封。

2. 轴向柱塞式液压马达的工作原理

如图 3—17 所示为轴向柱塞式液压马达的工作原理图。当压力油输入时，处于高压腔中的柱塞被顶出，压在斜盘上。设斜盘作用在柱塞上的反力为 F，力 F 的轴向分力为 F_x，与柱塞上的液压力平衡。而径向分力 F_y 则使处于高压腔中的每个柱塞都对转子中心产生一个转矩，使缸体和马达轴旋转。

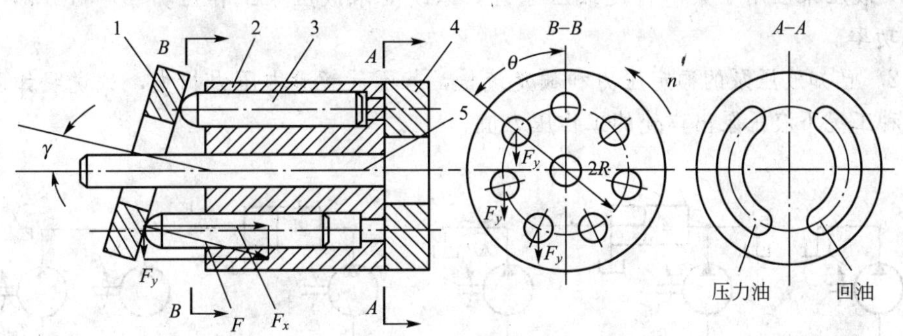

图 3—17 轴向柱塞式液压马达的工作原理图

1—斜盘；2—缸体；3—柱塞；4—配油盘

当液压马达的进、回油口互换时，液压马达将反向转动。如果改变斜盘倾角的大小，就改变了液压马达的排量；如果改变斜盘倾角的方向，就改变了液压马达的旋转方向，这时就成为双向变量液压马达。

（三）液压马达的主要性能参数

液压马达的容积效率为理论流量和实际流量之比，即

$$\eta_V=\frac{q_t}{q} \tag{3—22}$$

液压马达的实际流量 q 是液压马达的输入流量，理论流量 $q_t=Vn$。

液压马达的转速为

$$n=\frac{q}{V}\eta_V \tag{3—23}$$

液压马达的机械效率为理论转矩 T_t 和实际转矩 T 之比，即

$$\eta_m=\frac{T_t}{T} \tag{3—24}$$

液压马达理论转矩为

$$T_t=\frac{\Delta pV}{2\pi} \tag{3—25}$$

式中，Δp 为液压马达进、出口压差。

液压马达的实际转矩（输出转矩）为

$$T_t=\frac{\Delta pV}{2\pi}\eta_m \tag{3—26}$$

液压马达的总效率为

$$\eta=\eta_m\eta_V \tag{3—27}$$

思考与练习

3.1 某液压泵铭牌标示：转速 $n=1\,450\text{r/min}$，额定流量 60L/min，额定压力 8MPa，泵的总效率 $\eta=0.8$，容积效率 $\eta_V=0.9$。试求：

(1) 液压泵驱动电机功率；

(2) 液压泵应用于某一特定液压系统，系统要求液压泵工作压力 $p=4\text{MPa}$，选配驱动电机功率。

3.2 已知液压泵的额定压力和额定流量，若不计管道内压力损失，试说明如图 3—18 所示各种工况下液压泵出口处的工作压力值。

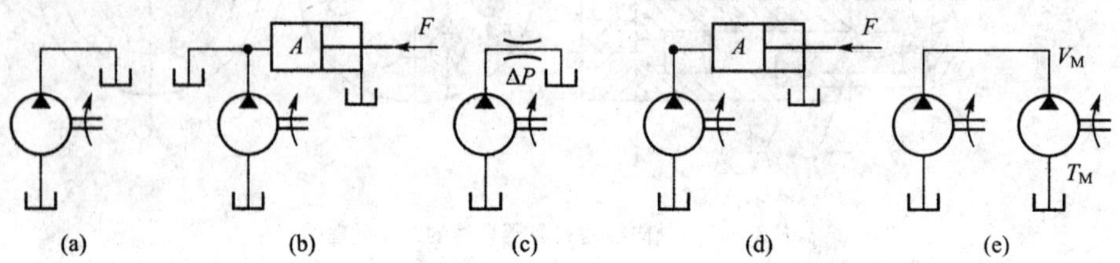

图 3—18

3.3 如图 3—19 所示的液压系统，液压缸活塞的面积 $A_1=A_2=A_3=20\times10^{-4}\,\text{m}^2$，所受的负载 $F_1=4\,000\text{N}$，$F_2=6\,000\text{N}$，$F_3=8\,000\text{N}$，液压泵的流量为 $q=10\text{L/min}$，试分析：

(1) 三个缸是怎样运动的？

(2) 液压泵的工作压力有何变化？

(3) 各液压缸的运动速度。

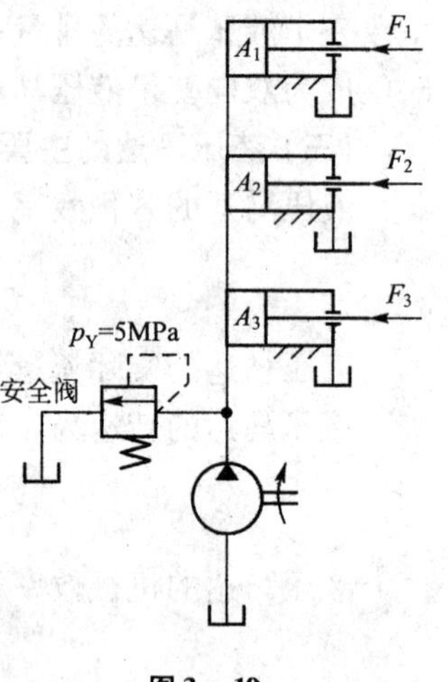

图 3—19

3.4 液压泵的额定流量为 100L/min，额定压力为 2.5MPa，当转速为 1 450r/min 时，机械效率为 0.9。由实验测得，当泵出口压力为零时，流量为 106L/min，压力为 2.5MPa 时，流量为 100.7L/min，试求：

(1) 泵的容积效率。

(2) 如泵的转速下降到 500r/min，在额定压力下工作时，泵的流量为多少？

(3) 上述两种转速下泵的驱动功率。

3.5 液压泵的输出压力为 5MPa，排量为 10mL/r，机械效率为 0.95，容积效率为 0.9，当转速为 1 200r/min 时，泵的输出功率和驱动泵的电动机功率等于多少？

3.6 设液压泵转速为 950r/min，排量 $V=168\text{mL/r}$，在额定压力 29.5MPa 和同样转速下，测得的实际流量为 150L/min，额定工况下的总效率为 0.87，试求：

(1) 泵的理论流量。

(2) 泵的容积效率。

(3) 泵的机械效率。

(4) 泵在额定工况下，所需电动机驱动功率。

(5) 驱动泵的转矩。

3.7 已知齿轮泵齿轮模数 $m=3$，$Z=15$，齿宽 $B=25\text{mm}$，转速 $n=1\,450\text{r/min}$，额定压力下输出流量 $q=25\text{L/min}$，求容积效率。

3.8 某组合机床动力滑台采用双联叶片泵 YB-40/6，如图 3—20 所示，快速进给时两泵同时供油。工作压力为 1MPa，工作进给时大流量泵卸荷（卸荷压力为 0.3MPa）(注：大流量泵输出的油通过左方的卸荷阀 3 回油箱)，由小流量泵供油，压力为 4.5MPa。若泵的总效率为 0.8，试求该双联泵所需的电动机功率。

3.9 双作用式叶片液压泵两叶片之间夹角为 $\dfrac{2\pi}{Z}$，配油盘上封油区夹角为 ε，定子内表面曲线圆弧段的夹角为 β（见图 3—21），它们之间应满足怎样的关系？为什么？

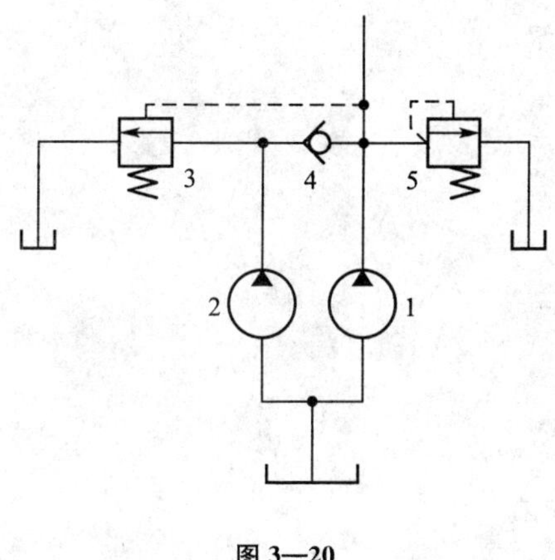

图 3—20

1，2—液压泵；3—卸荷阀；4—单向阀；5—溢流阀

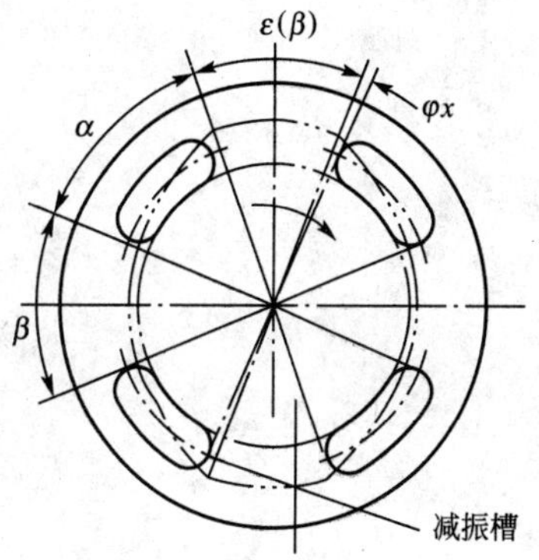

图 3—21

3.10 分析如图 3—22 所示外反馈限压式变量叶片泵 q-p 特性曲线。叙述改变 AB 段上下位置、BC 段的斜率和拐点 B 的位置的调节方法。

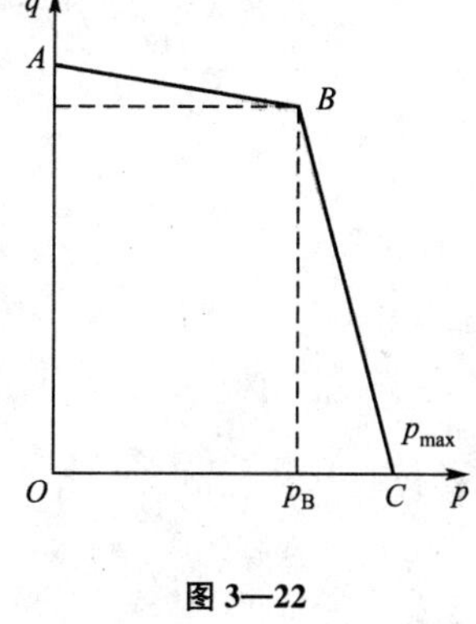

图 3—22

3.11 柱塞液压泵是否存在困油现象？

3.12 某液压马达的排量 $V=10\text{mL/r}$，供油压力 $p=10\text{MPa}$，回油压力 $p_2=0.5\text{MPa}$，供油量 $q=12\text{L/min}$，其容积效率为 0.90，机械效率为 0.80，求该马达输出转速、输出转矩和实际输出功率。

3.13 某液压马达额定排量 $V=200\text{mL/r}$，进油压力 $p_1=10\text{MPa}$，回油压力 $p_2=0$，该马达总效率为 0.7，容积效率为 0.8，求：

(1) 该马达最大输出扭矩；

(2) 转速为 50r/min 时的供油量。

3.14 如图 3—23 所示为定量液压泵和定量液压马达系统。泵输出压力 $p_p=10\text{MPa}$，排量 $V_p=10\text{mL/r}$，转速 $n_p=1\,450\text{r/min}$，机械效率 $\eta_{mp}=0.9$，容积效率 $\eta_{Vp}=0.9$，马达

排量 $V_M=10mL/r$，机械效率 $\eta_{mM}=0.9$，容积效率 $\eta_{VM}=0.9$，泵出口和马达进口间管道压力损失为 0.2MPa，其他损失不计，试求：

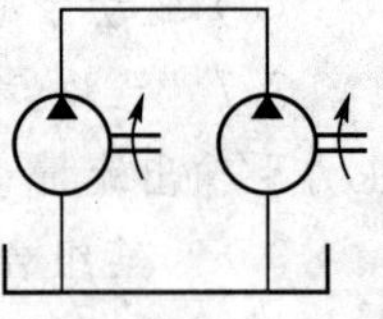

图 3—23

(1) 泵的输出功率；

(2) 泵的驱动功率；

(3) 马达输出转速、转矩和功率。

模块4 液　压　缸

【教学目的】

1. 了解液压缸的类型、特点及作用；

2. 掌握各种液压缸基本性能参数计算；

3. 了解液压缸的结构。

【建议学时】

2学时。

一、液压缸的工作原理、类型和特点

液压缸与液压马达一样，也是将液压能转变成机械能的一种能量转换装置，同为执行元件。与液压马达不同，液压缸将液压能转变成直线运动或摆动的机械能。

液压缸结构简单，工作可靠，应用广泛，种类繁多。根据结构特点分为活塞式、柱塞式、摆动式三大类；根据作用方式分为单作用式和双作用式，前者只有一个方向由液压驱动，反向运动则由弹簧力或重力完成，后者两个方向的运动均由液压实现。

(一) 活塞式液压缸

活塞式液压缸又可分单活塞杆液压缸和双活塞杆液压缸，可制成单作用式，也可制成双作用式。

1. 双活塞杆液压缸

双活塞杆液压缸的基本特点是液压缸内活塞的两端都有活塞杆，且直径相等，活塞的有效面积相等。因此，当输入液压缸两腔的流量相同时，活塞（或缸体）往复运动速度相等。在供油压力相等的条件下，活塞两个方向所产生的推力相等，即

$$v=\frac{q_V}{A}=\frac{4q_V}{\pi(D^2-d^2)} \tag{4—1}$$

$$F=(p_1-p_2)A=\frac{\pi}{4}(D^2-d^2)(p_1-p_2) \tag{4—2}$$

式中，v为活塞（或缸体）的运动速度；q_V为输入液压缸的流量；F为活塞（或缸体）上的液压推力；p_1为液压缸的进油压力；p_2为液压缸的回油压力；A为活塞的有效作用面积；D为活塞直径（即缸体内径）；d为活塞杆直径。

如图4—1（a）所示为缸体固定式结构。缸的左腔进油，推动活塞向右移动，右腔则回油，反之活塞向左移动。这种液压缸运动所占空间长度约等于活塞杆有效行程的3倍，一般用于中小型设备。如图4—1（b）所示为活塞杆固定式结构。缸的左腔进油，推动缸体向左移动，右腔回油，反之缸体向右移动。这种液压缸运动所占空间长度约等于缸体有效行程的2倍，常用于大中型设备。

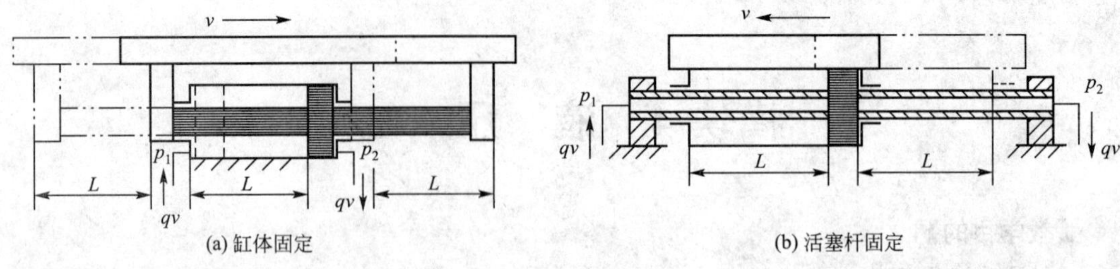

(a) 缸体固定　　(b) 活塞杆固定

图 4—1　双活塞杆液压缸

双活塞杆液压缸在工作时，一个活塞杆受力，另一个活塞杆不受力，因此活塞杆可以做得细些。

2. 单活塞杆液压缸

单活塞杆液压缸的特点是仅在液压缸的一腔中有活塞杆（见图 4—2），因此液压缸两腔的有效面积不相等，而且活塞杆直径越大，有效面积相差越大，当输入液压缸两腔的压力和流量相等时，活塞（或缸体）在两个方向上的速度和推力均不相等。

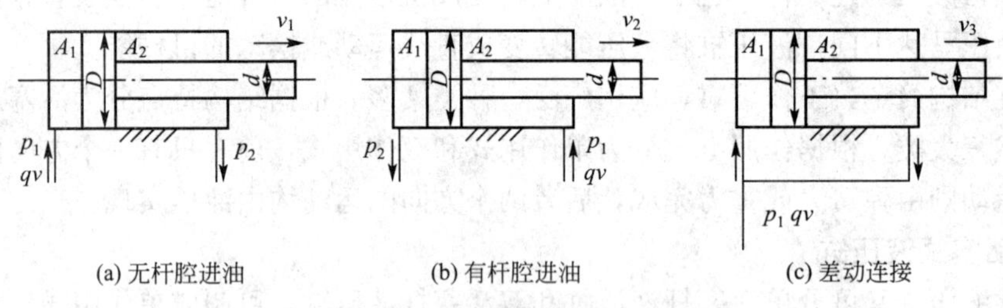

(a) 无杆腔进油　　(b) 有杆腔进油　　(c) 差动连接

图 4—2　双作用单活塞杆液压缸

活塞（或缸体）的运动速度和推力计算如下：

无杆腔活塞的有效面积为：$A_1=\frac{\pi}{4}D^2$。

有杆腔活塞的有效面积为：$A_2=\frac{\pi}{4}(D^2-d^2)$。

(1) 无杆腔进油时，如图 4—2（a）所示，活塞杆伸出的速度和推力分别为

$$v_1=\frac{q_V}{A_1}=\frac{4q_V}{\pi D^2} \tag{4—3}$$

$$F_1=p_1A_1-p_2A_2=p_1\frac{\pi}{4}D^2-p_2\frac{\pi}{4}(D^2-d^2) \tag{4—4}$$

(2) 有杆腔进油时，如图 4—2（b）所示，活塞杆缩回的速度和推力分别为

$$v_2=\frac{q_V}{A_2}=\frac{4q_V}{\pi(D^2-d^2)} \tag{4—5}$$

$$F_2=p_1A_2-p_2A_1=p_1\frac{\pi}{4}(D^2-d^2)-p_2\frac{\pi}{4}D^2 \tag{4—6}$$

(3) 差动连接使活塞杆伸出时，如图 4—2（c）所示，单杆活塞杆左右两腔都通高压油时称为“差动连接”。差动连接时只能使活塞杆伸出，输出的速度和推力分别为

$$v_3=\frac{q_V}{A_1-A_2}=\frac{4q_V}{\pi d^2} \tag{4—7}$$

$$F_3=p_1A_1-p_1A_2=p_1\frac{\pi}{4}d^2 \tag{4—8}$$

比较上述各式可知，无杆腔进油时，活塞杆伸出推力较大，速度较小；有杆腔进油时活塞杆缩回推力较小，速度较大；差动连接时活塞杆伸出速度较大，推力较小。因而，单活塞杆液压缸常用于实现机床工作台快速进给（v_3、F_3）、工作进给（v_1、F_1）和快速退回（v_2、F_2）。如果要求快进和快退速度相等，即 $v_2=v_3$，由式 4—5 和式 4—7 可得，$D=\sqrt{2}d$。

单活塞杆液压缸可以是缸筒固定，活塞杆运动；也可以是活塞杆固定，缸筒运动。无论采用哪一种形式，液压缸运动所占空间长度都是有效行程的 2 倍。

（二）柱塞式液压缸

柱塞式液压缸的特点如图 4—3 所示。一是柱塞式液压缸属于单作用式油缸，即柱塞式液压缸只能实现一个方向的运动，反向运动要靠外力；柱塞式液压缸一般成对反向布置。二是柱塞式液压缸中的柱塞和缸筒不接触，运动时由缸筒上的导向套来导向，因此缸筒的内壁不需精加工。它特别适用于在行程较长的场合。

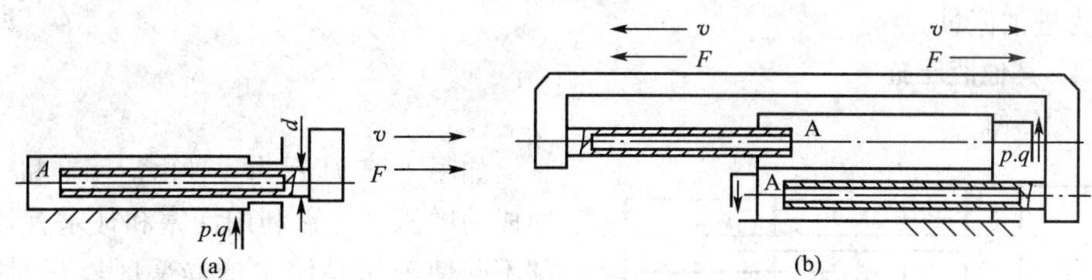

图 4—3 柱塞式液压缸

柱塞式液压缸输出的速度和推力分别为

$$v=\frac{4q}{\pi d^2} \tag{4—9}$$

$$F=p\frac{\pi}{4}d^2 \tag{4—10}$$

（三）摆动式液压缸

摆动式液压缸将输入的液压能转变为输出轴的往复摆动。常用的摆动式液压缸有单叶片式和双叶片式。它与液压马达的区别在于转速低、转角小。单叶片摆动式液压缸的转角小于 360°，双叶片摆动式液压缸的转角小于 180°，但双叶片式的传动力力矩比单叶片式的大一倍。

单叶片摆动式液压缸的工作原理如图 4—4（a）所示，当压力油从孔 A 进入时，推动叶片带动输出轴一起向逆时针方向转动，叶片另一侧的油从孔 B 排出。如压力油从孔 B 进入时，叶片向顺时针方向转动。

摆动式液压缸应用于驱动工作机构做往复摆动或间歇运动等场合。因为其密封性较差，一般只用于低压场合，如送料、夹紧和工作台回转等辅助装置。

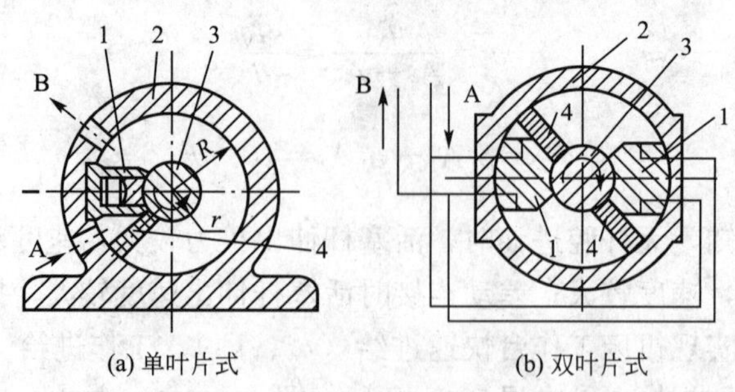

图 4—4　摆动式液压缸

1—限位挡块；2—缸体；3—传动轴；4—叶片

单叶片摆动式液压缸的输出转矩和角速度分别为

$$T=\frac{b}{2}(R^2-r^2)(p_1-p_2) \tag{4—11}$$

$$\omega=2\pi n=\frac{2q}{b(R^2-r^2)} \tag{4—12}$$

式中，b 为叶片厚度；R 为缸筒半径；r 为叶片旋转轴半径；p_1 为进油压力；p_2 为回油压力；q 为进油流量。

（四）其他液压缸

1. 增压缸

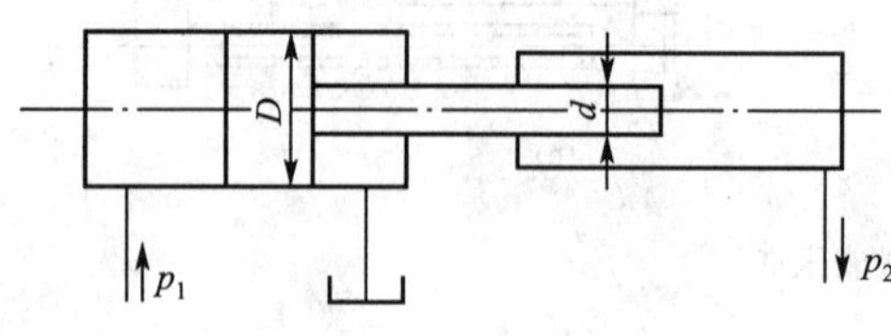

图 4—5　增压缸

如图 4—5 所示为一种由活塞缸和柱塞缸组成的增压缸，它利用活塞和柱塞有效面积的不同使液压系统中的局部区域获得高压。当输入活塞缸的液体压力为 p，活塞直径为 D，柱塞直径为 d 时，柱塞缸中输出的液体压力为高压，其值为

$$p_2=p_1\frac{D^2}{d^2} \tag{4—13}$$

2. 伸缩缸

伸缩缸由两个或多个活塞缸套装而成，前一个活塞缸的活塞是后一个活塞缸的缸筒，伸出时可获得很大的工作行程，缩回时可保持很小的结构尺寸。如图 4—6 所示为一种双作用式伸缩缸。伸缩缸逐个伸出时，有效工作面积逐次减小。当输入流量相同时，外伸速度逐次增大；当负载恒定时，液压缸的工作压力逐次增高。空载缩回的顺序一般是从小活塞到大活塞，收缩后液压缸总长度较短，结构紧凑，适用于安装空间受限制而行程要求很大的场合，例如起重机伸缩臂液压缸、自卸汽车举升液压缸等。

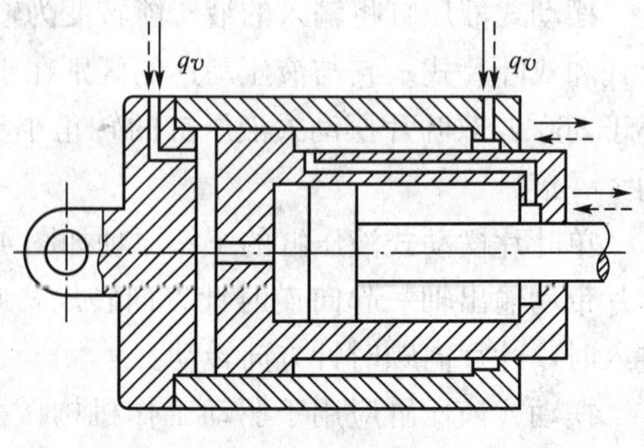

图 4—6　伸缩缸

3. 齿轮缸

如图 4—7 所示，当压力油推动活塞左右往复运动时，齿条就推动齿轮件往复旋转，从而使齿轮驱动工作部件做周期性的往复旋转运动。齿轮缸多用于自动线、组合机床等的转位或分度机构中。

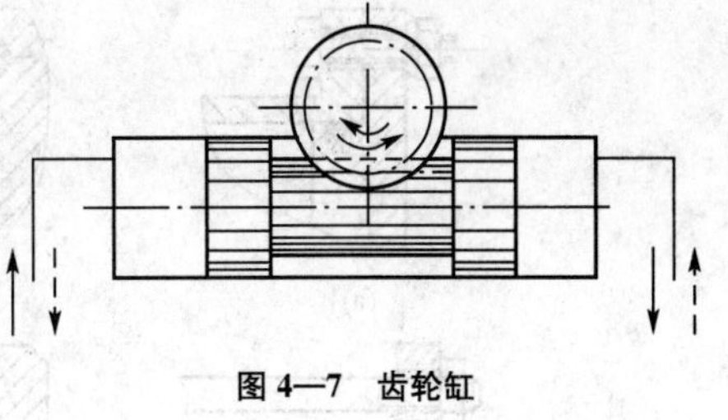

图 4—7 齿轮缸

二、液压缸的典型机构

如图 4—8 所示为一个双作用单活塞杆液压缸的结构图。此缸是工程机械中的常用缸。它的主要零件是缸底 2、活塞 8、缸筒 11、活塞杆 12、导向套 13 和端盖 15。此缸结构上的特点是活塞和活塞杆用卡环连接，因而拆装方便；活塞上的支承环由聚四氟乙烯等耐磨材料制成，摩擦力较小；导向套可使活塞杆在轴向运动中不致歪斜，从而保护了密封件；缸的两端均有缝隙式缓冲装置，可减小活塞在运动到端部时的冲击和噪声。此类缸的工作压力为 12MPa～15MPa。

从图 4—8 可以看出，液压缸的结构组成基本上可以分为缸筒和缸盖、活塞和活塞杆、密封装置、缓冲装置以及排气装置五个部分。

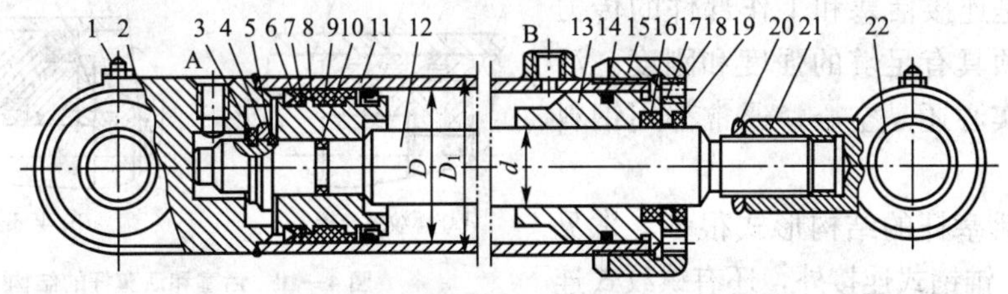

图 4—8 双作用单活塞杆液压缸的结构

1—螺钉；2—缸底；3—弹簧卡圈；4—挡环；5—卡环（由 2 个半圆组成）；6—密封圈；7—挡圈；8—活塞；9—支承环；10—活塞与活塞杆之间的密封圈；11—缸筒；12—活塞杆；13—导向套；14—导向套和缸筒之间的密封圈；15—端盖；16—导向套和活塞杆之间的密封圈；17—挡圈；18—紧定螺钉；19—防尘圈；20—锁紧螺母；21—耳环；22—耳环衬套圈

（一）缸筒和缸盖

一般来说，缸筒和缸盖的结构形式和其使用的材料有关。工作压力 $p<10$MPa 时使用铸铁，在 $p<20$MPa 时使用无缝钢管，在 $p>20$MPa 时使用铸钢或锻钢。

如图 4—9 所示为常见的缸筒和缸盖结构形式。图 4—9（a）为法兰连接式，这种连接结构简单、容易加工，也容易装拆，但外形尺寸和重量都较大，常用于铸铁制的缸筒上。

图 4—9（b）为半环连接式，这种连接又分为外半环连接和内半环连接两种形式。它的缸筒壁部因开了环形槽而削弱了强度，为此有时要加厚缸壁。它容易加工和装拆，重量较轻。半环连接是一种应用较普遍的形式，常用于无缝钢管或锻钢制的缸筒上。

图 4—9（c）和图 4—9（f）为螺纹连接式，这种连接有外螺纹连接和内螺纹连接两种方式。它的缸筒端部结构复杂，外径加工时要求保证内外径同心，装拆要使用专用工具。它的外形尺寸和重量都较小、结构紧凑，常用于无缝钢管或锻钢制的缸筒上。

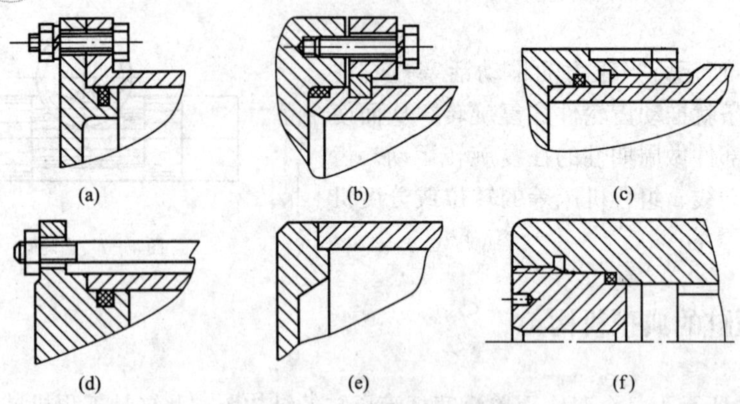

图 4—9 常见的缸筒和缸盖结构

图 4—9（d）为拉杆连接式，这种连接结构简单，通用性强，易于装拆，但端盖的体积和重量较大，拉杆受力后会拉伸变长，影响密封效果，仅适用于长度不大的中低压缸。

图 4—9（e）为焊接连接式，这种连接强度高、制造简单，但焊接时容易引起缸筒变形。

（二）活塞和活塞杆

活塞受油压的作用，在缸筒内做往复运动，因此活塞必须具备一定的强度和良好的耐磨性。活塞一般用铸铁制造。

活塞杆是连接活塞和工作部件的传力零件，它必须具有足够的强度和刚度。活塞杆无论是实心还是空心，通常都用钢料制造。

活塞和活塞杆的结构形式很多，常见的除一体式、锥销式连接外，还有螺纹式连接和半环式连接等多种形式，如图 4—10 所示。

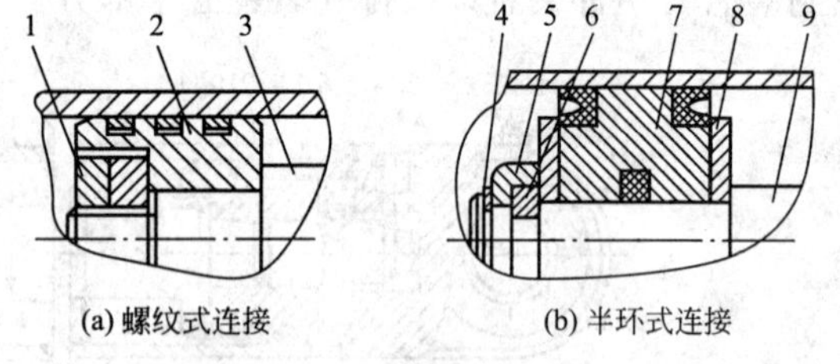

图 4—10 活塞和活塞杆的结构

1—螺母；2，7—活塞；3，9—活塞杆；4—弹簧卡圈；5—轴套；6—半环；8—压板

螺纹式连接结构简单，装拆方便，但在高压大负载下需备有螺母防松装置。

半环式连接强度高，结构较复杂，装拆不便，但连接可靠。高压和振动较大时多用半环式连接。

（三）密封装置

液压缸的密封是指活塞、活塞杆和端盖等处的密封，用来防止液压缸内部和外部的泄漏，常见的密封装置如图 4—11 所示。

如图 4—11（a）所示为间隙密封，它依靠运动件间的微小间隙来防止泄漏。为了提高这种装置的密封能力，常在活塞的表面制出几条细小的环形槽，以增大油液通过间隙时的阻力。它结构简单，摩擦阻力小，可耐高温，但泄漏大，制造精度要求高，磨损后无法恢复原有能力，只有在尺寸较小、压力较低、相对运动速度较高的缸和活塞间使用。

如图 4—11（b）所示为摩擦环密封，它依靠套在活塞上的摩擦环（尼龙或其他高分子材料制成），在 O 形圈弹力作用下贴紧缸壁而防止泄露。这种材料密封效果较好，摩擦阻力较小且稳定，可耐高温，磨损后有自动补偿能力，但加工要求高，装拆较不便，适用于缸筒和活塞之间的密封。

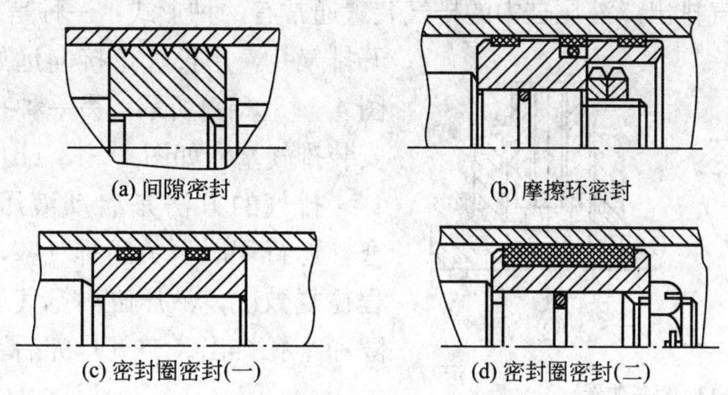

图 4—11　密封装置

如图 4—11（c）和图 4—11（d）所示为密封圈（O 形圈、V 形圈等）密封，它利用橡胶或塑料的弹性使各种截面的环形圈贴紧在静、动配合面之间来防止泄漏。它结构简单、制造方便，磨损后有自动补偿能力，性能可靠，在缸筒和活塞之间、活塞和活塞杆之间、缸筒和缸盖之间都能使用。

对于活塞杆外伸部分来说，由于它很容易把脏物带入液压缸，使油液受污染，使密封件磨损，因此常需要在活塞杆密封处增添防尘圈，并放在向着活塞杆外伸的一段。

（四）缓冲装置

缓冲装置的工作原理是利用活塞或缸筒走向行程终端时在活塞和缸盖之间封住一部分油液，强迫它从小孔或细缝中挤出，产生很大的阻力，使工作部件受到制动，逐渐减慢运动速度，达到避免活塞和缸盖相互撞击的目的。

液压缸中常用的缓冲装置有节流口可调式和节流口变化式两种，如图 4—12 所示，节流口可调式缓冲装置在液压缸进出口设有单向节流阀，可通过调节节流阀开口的大小，改变吸收能量来调节缓冲效果，应用范围最广。节流口变化式缓冲装置，在其圆柱形的缓冲柱塞上开有几个三角形节流槽，随着柱塞右移，其节流面积逐渐减小，缓冲作用均匀，缓冲腔压力较小，一般应用于要求冲击压力小、制动位置精度高的场合。

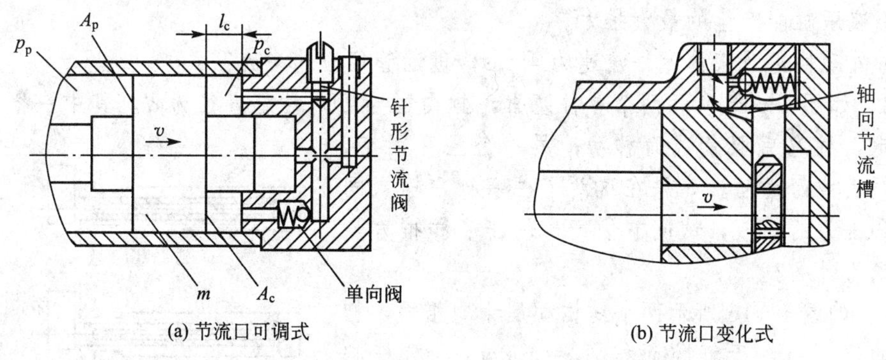

图 4—12　缓冲装置

（五）排气装置

液压缸（或液压系统）中混入了空气，会产生气穴现象，引起活塞运动时的爬行和振动，产生噪声，甚至使整个系统不能正常工作。因此在设计液压系统时，必须考虑排气装置将液压系统中的空气排出。液压缸中的排气装置通常有两种形式：一种是在缸盖的最高部位开排气孔，用长管道接向远处排气阀排气，如图 4—13（a）所示；另一种是在缸盖最高部位安装排气塞，如图 4—13（b）所示。

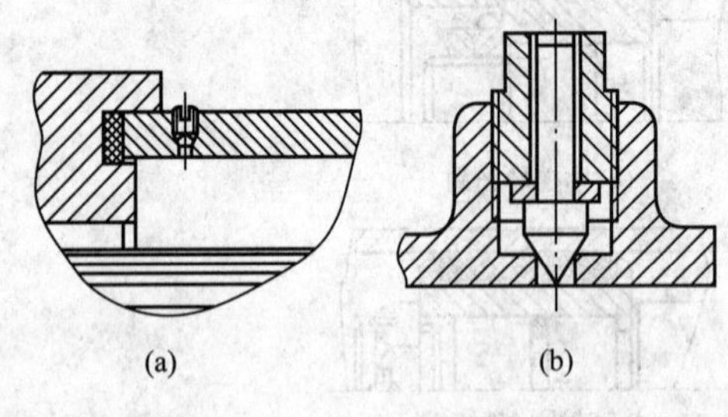

图 4—13　排气装置

排气的方法是启动液压系统时拧开排气塞，返行程时再关闭排气塞，使活塞空载全行程往复数次，液压缸内空气通过排气塞锥部缝隙和小孔排出。空气排完后，需把排气塞紧紧关闭。

思考与练习

4.1　如图 4—14 所示，已知单活塞杆液压缸的缸筒内径 $D=90\text{mm}$，活塞杆直径 $d=60\text{mm}$，输入液压缸的流量 $q=25\text{L/min}$，油液压力 $p_1=6\text{MPa}$，回油压力 $p_2=0.5\text{MPa}$。试判断并计算如图 4—14 所示各连接方式时液压缸（或活塞）运动的方向及速度，最大牵引力方向及大小。

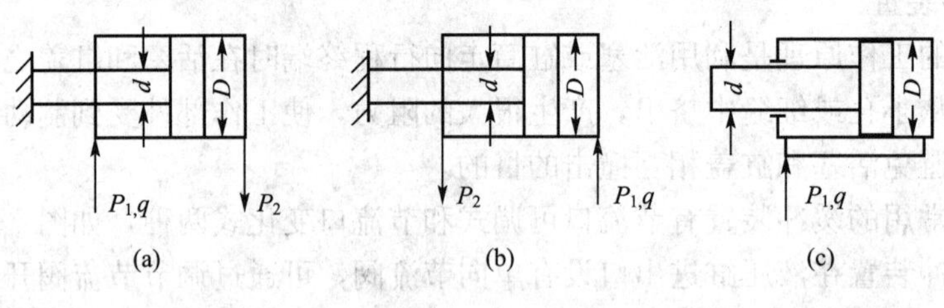

图 4—14

4.2　差动连接液压缸，无杆腔面积 $A_1=100\text{cm}^2$，有杆腔面积 $A_2=400\text{cm}^2$，输入油压力 $p=2\text{MPa}$，输入流量 $q=40\text{L/min}$。所有损失忽略不计，试求：

(1) 液压缸能产生的最大推力。

(2) 差动快进时管内允许流速为 4m/s，进油管径应选多大？

4.3　如图 4—15 所示两个单柱塞缸，缸内径为 D，柱塞直径为 d。其中一个柱塞缸的缸固定，柱塞克服负载而移动；另一个柱塞固定，缸筒克服负载而运动。如果在这两个柱塞缸中输入同样流量和压力的油液，试问它们产生的速度和推力是否相等？为什么？

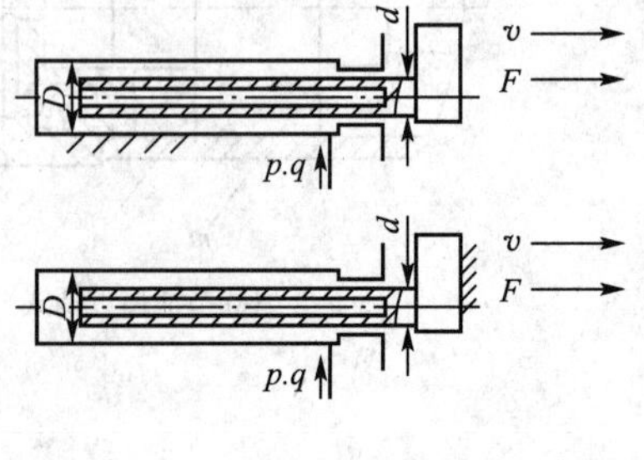

图 4—15

4.4　如图 4—16 所示两个结构和尺寸均相同，相互串联的液压缸，无杆腔面积 $A_1=100\text{cm}^2$，有杆腔面积 $A_2=80\text{cm}^2$，输入油压力 $p=0.9\text{MPa}$，输入流量 $q_1=12\text{L/min}$。不计损失和泄漏，试求：

(1) 两缸承受相同负载时（$F_1=F_2$），负载和速度各为多少？

(2) 缸 1 不受负载时（$F_1=0$），缸 2 能承受多少负载？

4.5 如图4—17所示的增压缸，已知活塞直径D=60mm，活塞杆直径d=20mm，输入压力p_1=5MPa，求输出压力p_2。

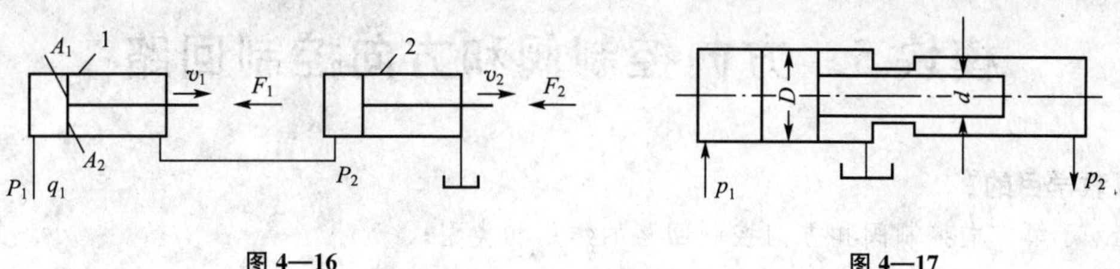

图4—16　　图4—17

4.6 在图4—18(a)中，小液压缸（面积A_1）排油腔油液进入大液压缸（面积A_3）；而在图4—18(b)中，两活塞用机械刚性连接，油路连接和图4—18(a)相似。当供油流量q，供油压力p均相同时，分别计算图4—18(a)和图4—18(b)中大活塞杆上的推力和运动速度。

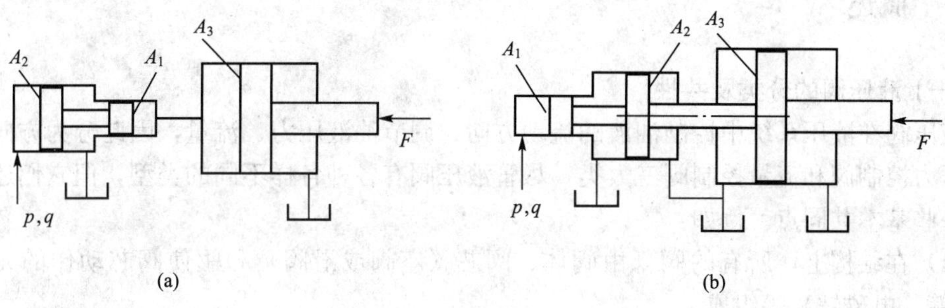

图4—18

4.7 如图4—4所示的单叶片摆动式液压缸，缸筒半径R=100mm，叶片旋转轴半径r=80mm，叶片宽度b=150mm，进油压力p_1=10MPa，进油量q=25L/min，回油压力p_2=0.5MPa。试求：

(1) 输出轴的角度速度ω；

(2) 输出扭矩T。

模块5　方向控制阀和方向控制回路

【教学目的】

1. 了解方向控制阀和方向控制回路的作用和类型；
2. 掌握各种单向阀的工作原理、作用和特点；
3. 掌握各种换向阀的工作原理和结构组成。

【建议学时】

4学时。

一、概述

(一) 液压阀的分类及共性

液压阀在液压系统中控制油液的流动方向，调节油液压力、流量，因此分为方向控制阀、压力控制阀和流量控制阀三大类。尽管液压阀有各种各样不同的类型，但它们还是保持着一些基本共同点。例如：

(1) 在结构上，所有的阀都由阀体、阀芯（座阀或滑阀）和驱使阀芯动作的元部件（如弹簧、电磁铁）等组成。

(2) 在工作原理上，所有阀的开口大小，阀进、出口间的压差以及流过阀的流量之间的关系都符合孔口流量公式，仅是各种阀控制的参数不相同而已。

(二) 液压阀的基本参数

1. 公称压力

公称压力是标志液压阀承载能力大小的参数。液压阀的公称压力指液压阀在额定工作状态下的名义压力，液压阀的公称压力单位为MPa。

2. 公称流量和通径

(1) 液压阀的公称流量。国产的中低压液压阀（≤6.3MPa）常用公称流量来表示元件的通流能力。公称流量是指液压阀在额定工作状态下通过的名义流量。公称流量参数对于液压阀无实际使用意义，仅供市场选购时便于与动力元件配套时参考。

(2) 液压阀的公称通径。液压阀的公称通径是表征阀规格大小的性能参数，常用于中高压阀。液压阀的通径一旦确定之后，所配套的管道的规格也就选定了。需要说明的是，液压阀的通径仅表明该阀的通流能力和所配管道的尺寸规格，并不表示该阀的实际进出口尺寸。

二、方向控制阀

方向控制阀简称为方向阀，用来控制液压系统的油流方向，接通或断开油路，从而控制执行机构的启动，停止或改变运动方向。

方向控制阀有单向阀和换向阀两大类。

(一) 单向阀

常用的单向阀有两种：普通单向阀、液控单向阀。其中普通单向阀又简称为单向阀。

1. 普通单向阀

(1) 工作原理及结构。

普通单向阀又称为止回阀，其作用是使液体只能向一个方向流动，反向截止。普通单向阀的性能要求是正向液流通过时开启压力小，反向时截止密封性好。

如图 5—1 所示为普通单向阀的结构和图形符号。其中图 5—1 (a) 为液压传动用阀，图 5—1 (b) 为气动用阀，图 5—1 (c) 为普通单向阀的图形符号。其工作原理为当液压油（或气流）从 P_1 口流入时，压力油推动阀芯，压缩弹簧，从 P_2 口流出；当液压油（或气流）从 P_2 口流入时，阀芯锥面紧压在阀体的结合面上，流体无法通过。为减小正向流通时的压力损失，复位弹簧刚度一般均选得很小（例如液压阀的开启压力一般为 0.03MPa～0.05MPa，气压阀为 0.009MPa～0.025MPa）。当把液压单向阀用做背压阀时需要更换刚度更大的弹簧。

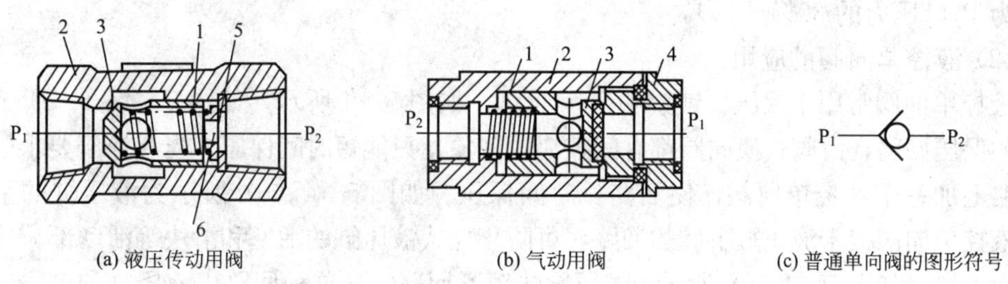

(a) 液压传动用阀　(b) 气动用阀　(c) 普通单向阀的图形符号

图 5—1　普通单向阀的结构和图形符号

1—弹簧；2—阀体；3—阀芯；4—端盖；5—弹簧挡圈；6—弹簧座

从图 5—1 (a) 和图 5—1 (b) 可以发现，两者阀口的密封方式不同：液压阀采用金属锥面（或球面）与阀座的高精度密配方式，属于硬质密封；气动阀采用以软质材料为垫的端面截止方式，属于软质密封。

(2) 普通单向阀的应用。

如图 5—2 (a) 所示，将单向阀安置在泵的出口处，防止系统压力突然升高，反向转给泵，避免泵损坏；如图 5—2 (b) 所示，在泵停止工作时，单向阀用于防止液压缸下滑，起到安全保护作用；如图 5—2 (c) 所示为将单向阀用做背压阀；如图 5—2 (d) 所示为单向阀与节流阀并联使用，构成组合阀。如图 5—2 (d) 所示为单向阀与节流阀并联使用，则实现只在单方向起节流或调速作用。如图 5—2 (e) 所示为单向阀与顺序阀并联使用，构成组合阀。

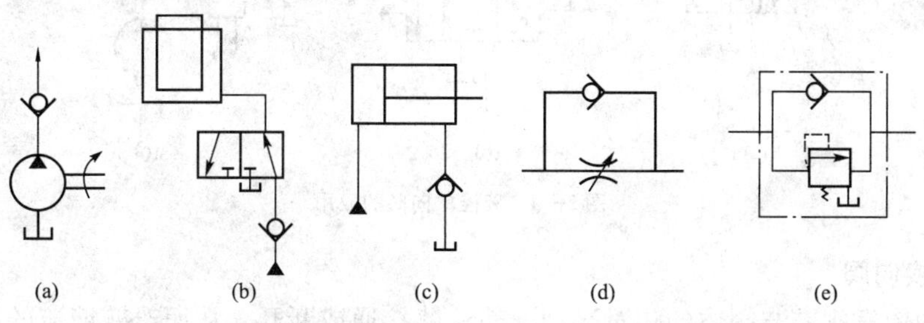

(a)　(b)　(c)　(d)　(e)

图 5—2　单向阀的应用

2. 液控单向阀

(1) 工作原理及结构。

如图5—3所示，它与普通单向阀所不同的是多一个控制活塞和一根推杆。阀上除P_1、P_2两个油口外，还有一个控制油口K和一个与a腔相通的泄油口L（图上未画出）。当控制油口K处无压力油通入时，液控单向阀起普通单向阀的作用，主油路上的压力油经P_1口输入，P_2口输出，不能反向流动。当控制油口K通入压力油时，活塞1的左侧受压力油的作用，右侧a腔与泄油口L相通。于是活塞1向右移动，通过顶杆2将阀芯3打开，使进、出油口接通，油液可以反向流动。注意控制油口K处的油液与进、出油口不通。为减小打开阀口所需的控制压力，特将控制活塞的承压面积增大。一般液控单向阀的反向开启压力为P_2口压力的30%～50%。

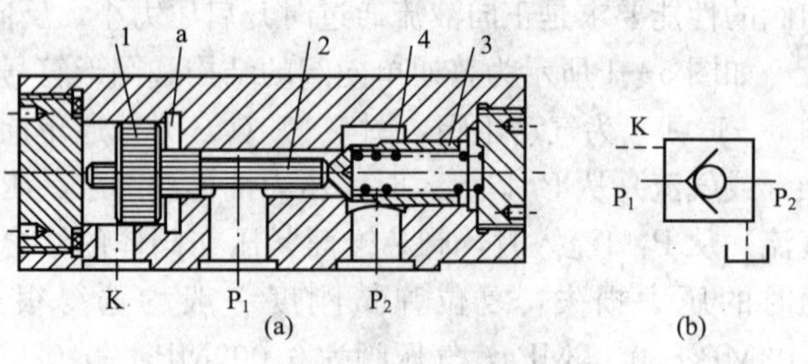

图5—3 液控单向阀

1—控制活塞；2—推杆；3—阀芯；4—弹簧

(2) 液控单向阀的应用。

液控单向阀常用于保压、锁紧和平衡回路，如图5—4所示。如图5—4（a）所示为液压缸的保压回路，滑阀式换向阀都有间隙泄漏现象，只能短时间保压。当有保压要求时，可在油路上加一个液控单向阀，使油路长时间保压。如图5—4（b）所示为液压缸的平衡回路。液控单向阀接于液压缸下腔的油路，可防止立式液压缸的活塞和滑块等活动部分因滑阀泄漏而下滑。如图5—4（c）所示为液压缸的锁紧回路。在这种回路中液压缸的进、回油路中都串接液控单向阀（又称为液压锁），换向阀处于中位时，两个液控单向阀关闭，严密封闭液压缸两腔的油液，活塞停止运动，这时液压缸处于锁紧状态，锁紧精度较高；当换向阀处于左位工作时，压力油经液压缸的左腔，同时将右腔液控单向阀推开，使液压缸右腔的油经右液控单向阀和换向阀流回油箱；当换向阀处于右位工作时，压力油经液压缸的右腔，同时将左腔液控单向阀推开，使液压缸左腔的油经左液控单向阀和换向阀流回油箱。

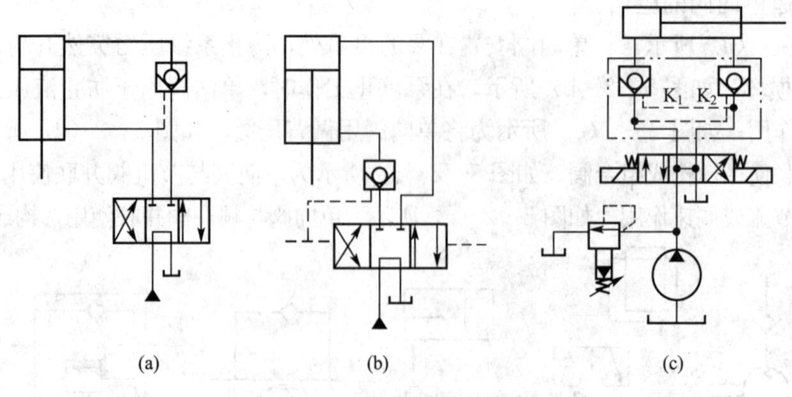

图5—4 液控单向阀的应用

(二) 换向阀

换向阀依靠阀芯与阀体的相对运动，使油路接通或断开，从而改变液流的方向。

换向阀的种类很多，分类如表5—1所示。

表5—1 换向阀的分类

分类方法	类型
按阀芯的运动方式分类	转阀式、滑阀式、球阀式
按阀体连通的主油路数分类	二通、三通、四通、五通等
按阀芯在阀体内的工作位置数分类	二位、三位等
按阀的操纵方式分类	手动、机动（亦称行程）、电动、液动、电液动等
按阀的安装方式分类	管式、板式、法兰式

无论何种类型的换向阀，其工作原理均存在共性，均是通过阀芯和阀体的相对运动来切换液流的方向。

1. 滑阀式换向阀的工作原理

如图5—5所示为滑阀式换向阀的工作原理图，阀芯是具有若干个环槽的圆柱体，阀体孔内开有5个沉割槽，每个沉割槽都通过相应的孔道与主油路连通。其中P为进油口，T为回油口，A和B分别与油缸的左右两腔连通。当阀芯处于如图5—5（a）所示的位置时，P与B、A与T相通，活塞向左运动；当阀芯处于如图5—5（b）所示的位置时，P与A、B与T相通，活塞向右运动。

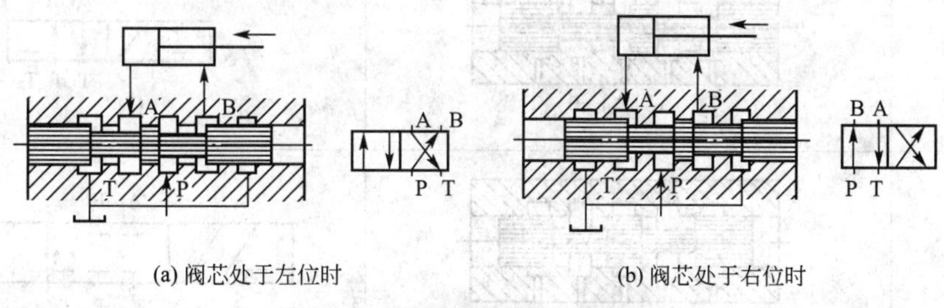

(a) 阀芯处于左位时　　(b) 阀芯处于右位时

图5—5 滑阀式换向阀的工作原理图

换向阀的工作状态和连通方式可用其图形符号较形象地表示。归纳其规律可知，换向阀的图形符号含义如下：

（1）方框表示换向阀的“位”，有几个方框表示该阀芯有几个工作位置。如图5—5所示为“二位”。

（2）在一个方框内“↑、↓”的首、尾及“┬、┴”与方框的交点数表示通路数。如图5—5所示为“四通”。每一方框内所表示的内容，表示阀在该工作状态下主油路的连通方式，“↑、↓”表示油路连通，“┬、┴”表示油路被堵塞。注意箭头方向并不表示油流的实际流向，只表示油路的接通状态。

常用换向阀的结构原理和图形符号如表5—2所示。

表5—2 常用换向阀的结构原理和图形符号

	结构原理图	图形符号
二位二通	A　P	A P

（续前表）

	结构原理图	图形符号
二位三通	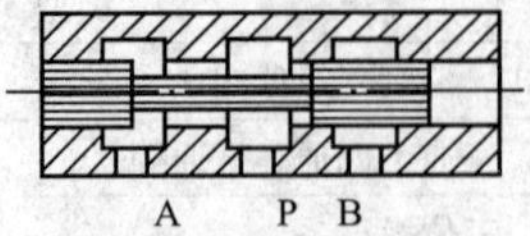 A P B	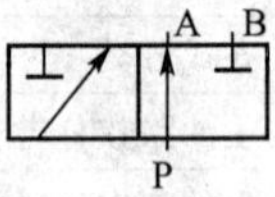 A B P
二位四通	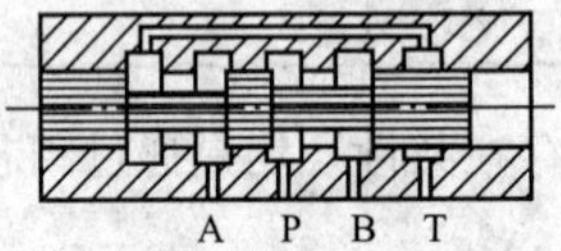 A P B T	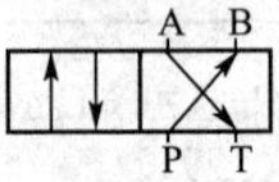 A B P T
三位四通	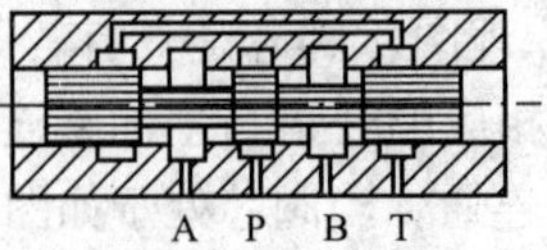 A P B T	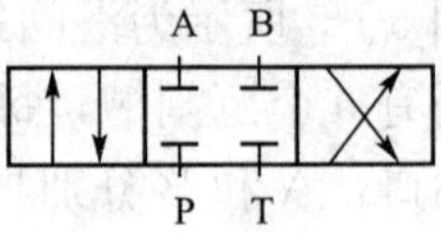 A B P T
二位五通	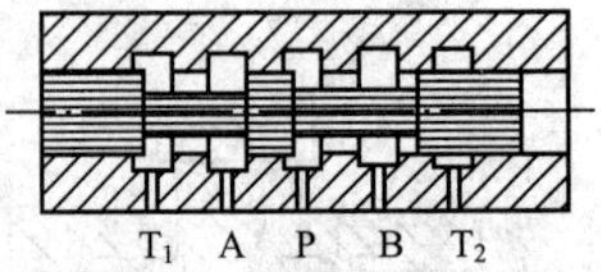 T_1 A P B T_2	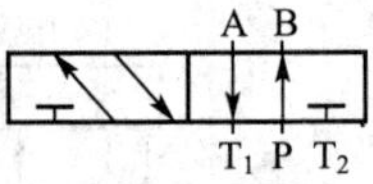 A B T_1 P T_2
三位五通	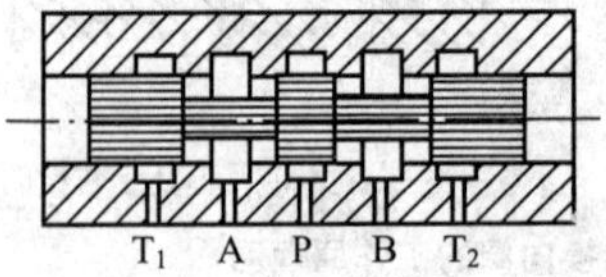 T_1 A P B T_2	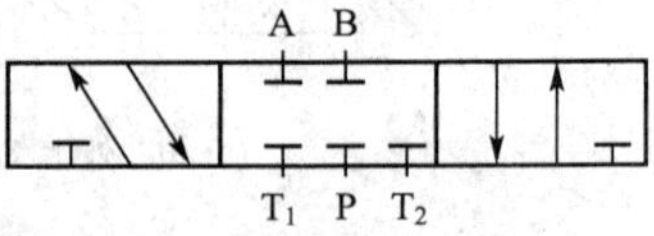 A B T_1 P T_2

2. 换向阀的操纵方式

换向阀的操纵方式有手动、电磁、液动、机动和电液动，相应的符号如图 5—6 所示。

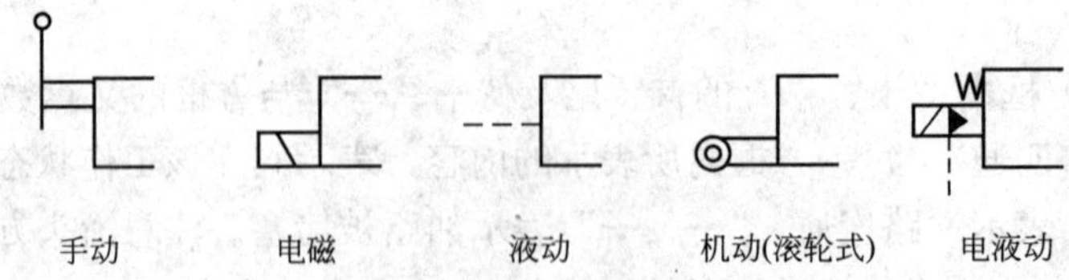

图 5—6 换向阀的操纵方式

为了全面地表明阀的特性，一般命名某一换向阀时，总把位、通、操作方式等特征包含进去，如二位四通电磁换向阀等。一个完整的图形符号不仅要反映上述特征，还要反映阀的复位方式或定位方式，如图 5—7 所示。

3. 换向阀的中位机能

多位换向阀处于不同位置时，其各油口的连通情况是不同的，控制机能也不一样。因此，把滑阀阀口的连通形式称为滑阀机能。对于三位阀来说，则把阀芯处于常态位（即中

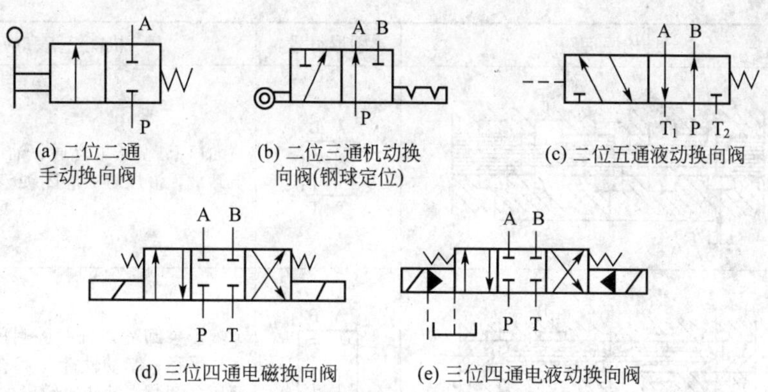

(a) 二位二通手动换向阀　(b) 二位三通机动换向阀(钢球定位)　(c) 二位五通液动换向阀

(d) 三位四通电磁换向阀　(e) 三位四通电液动换向阀

图 5—7　换向阀图形符号举例

位）各油口的连通形式称为滑阀的中位机能（类似，三位阀的左、右位分别称为左、右位机能）。表 5—3 列出了三位四通阀的常见中位机能。三位五通换向阀的情况与之相似。不同的中位机能是通过改变阀芯的形状和尺寸实现的，它可以实现不同的控制和满足不同的使用要求。

表 5—3　　三位四通阀的常见中位机能

机能代号	结构原理图	图形符号	机能特点和应用
O形	A B T P	A B P T	四个油口均封闭，液压缸活塞锁住不动，液压泵不卸载。可用于多个换向阀并联工作。
H形	A B T P	A B P T	四个油口互通，液压缸的两腔同时通回油，活塞浮动，即在外力作用下活塞可以移动，液压泵出口油液直接回油箱卸载。
P形	A B T P	A B P T	油口 T 封闭，油口 P、A、B 互通，即液压缸两腔互通压力油。若液压缸为单活塞杆结构，则成差动连接、活塞快速向外运动；若液压缸为双活塞杆结构，则活塞停止不动。
Y形	A B T P	A B P T	油口 P 封闭，油口 A、B、T 互通，液压缸活塞浮动，可在外力作用下位移，液压泵不卸载。

（续前表）

机能代号	结构原理图	图形符号	机能特点和应用
K形			油口P、A、T互通，油口B封闭，液压泵卸载，液压缸一腔闭锁。
M形			液压泵卸荷，缸两腔封闭。从静止到启动较平稳；制动性能与O形相同；可用于液压泵卸荷，液压缸锁紧的液压回路中。
X形			各油口半开启接通，P口保持一定的压力；换向性能介于O形和H形之间。

4．几种常用的换向阀的典型结构

（1）手动换向阀。

手动换向阀是用手动杠杆操纵阀芯移动来改变阀的工作位置，控制液体流动的方向。如图5—8所示，按换向定位方式的不同，手动换向阀有钢球定位式和弹簧复位式两种。

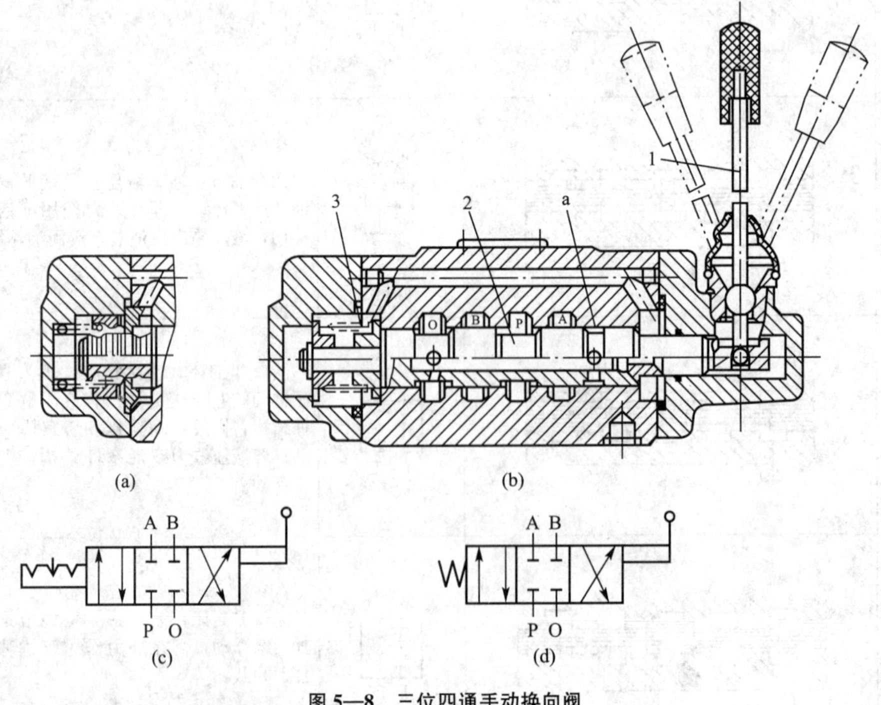

图5—8　三位四通手动换向阀

1—手操纵杆；2—主阀芯；3—对中弹簧；4—钢球定位装置

如图 5—8（a）所示为钢球定位式三位四通换向阀的定位原理图。当用手柄拨动阀芯时，阀芯可以借助弹簧和钢球保持在左、中、右任何一个位置上。如图 5—8（c）所示为其图形符号。如图 5—8（b）所示为弹簧复位式三位四通手动换向阀，右端为操纵手柄，左端为弹簧自动复位机构。当操纵手柄的外力取消时，在弹簧力作用下使阀芯自动回复到初始位置。如图 5—8（d）所示为其图形符号。

手动换向阀有一个特点是可通过操纵手柄控制阀芯和行程在一定范围内（中间位置到换向终止位置之间）变动，即各油口的开度可以根据需要进行调节，使其在换向的过程兼有节流的功能。

手动换向阀结构简单，动作可靠，有的还可人为地控制阀口的大小，从而控制执行元件的速度。但由于需要人力操纵，故只适用于间歇动作且要求人工控制的场合。

（2）机动换向阀。

机动换向阀也称为行程阀，它是用安装在工作台上的挡铁或凸轮使阀芯移动，从而控制液流方向。机动换向阀通常为二位阀，它有二通、三通、四通等几种。二位二通阀又有常闭式和常开式两种。

如图 5—9（a）所示为二位二通机动换向阀的结构原理图。图中阀芯 2 在弹簧 4 作用下处于上端位置，油口 P 与 A 不相通，切断油路。当挡铁压迫带有滚轮的阀杆 1 使阀芯 2 右移到下端位置时，使油口 P 和 A 相通，这时油口导通。如图 5—9（b）所示为二位二通机动换向阀的图形符号。

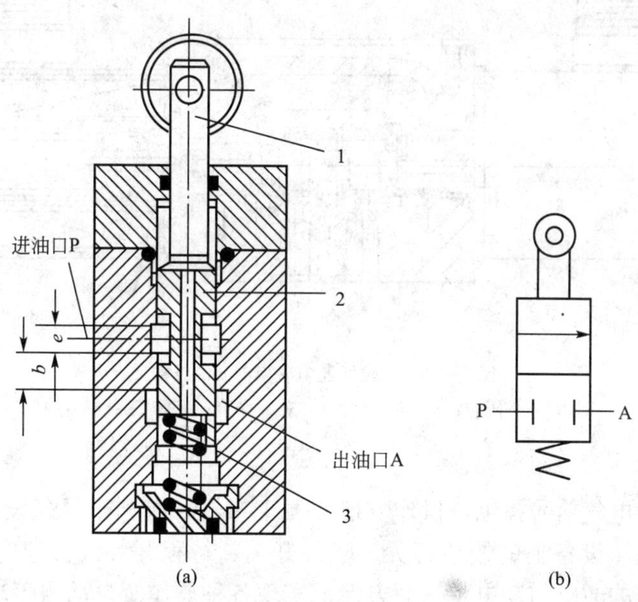

图 5—9 二位二通机动换向阀的结构及图形符号

1—带有滚轮的阀杆；2—阀芯；3—复位弹簧

机动换向阀的优点是结构简单，动作可靠，换向位置精度高，阀芯有不同的换位速度，以减小换向冲击。其缺点是机动换向阀必须安装在运动部件附近，从而使连接管路较长，管路布置不方便。机动换向阀常用于控制运动部件的行程或快、慢速度的转换。

（3）电磁换向阀。

电磁换向阀是利用电磁铁吸力，使阀芯移动来控制液流方向的阀类。

电磁换向阀上的电磁铁按所接电源的不同，分为交流和直流两种基本类型。交流电磁铁使用方便，启动力大，换向时间短（0.03s～0.07s），换向冲击大，噪声大，换向频率低（约30次/min），且当阀芯被卡住或由于电压低等原因吸合不上时，线圈易烧坏。直流电磁铁需直流电源或整流装置，换向时间长（0.1s～0.15s），换向冲击小，换向频率允许较高（最高可达240次/min），而且由于电流基本不变，当电磁铁吸合不上时，线圈不会烧坏，故工作可靠性高。此外，还有一种本整型（本机整流型）电磁铁，其上附有二极管整流线路和冲击电压吸收装置，能把接入的交流电整流后自用，因而兼具了前述两者的优点。

电磁换向阀有二位二通、二位三通、二位四通、二位五通、三位四通和三位五通等形式。它们都是由换向滑阀和电磁铁两部分组成。二位电磁阀有一个电磁铁，靠弹簧复位；三位电磁阀有两个电磁铁，靠两个对中弹簧复位。

如图5—10所示为三位四通电磁换向阀的结构。阀的两端各有一个电磁铁和一个对中弹簧，阀芯在常态时，即两端电磁铁均断电处于中位，使油口P、A、B和T互不相通；当左端电磁铁通电吸合时，衔铁通过推杆将阀芯推至右端，使油口P与A相通，B与T相通；当右端电磁铁通电吸合时，衔铁通过推杆将阀芯推至左端，使油口P与B相通，A与T相通。

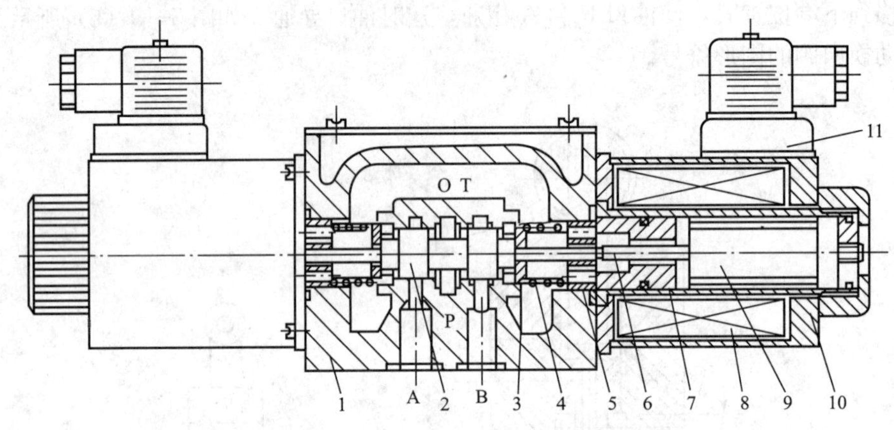

图5—10　三位四通电磁换向阀的结构

1—阀体；2—阀芯；3—定位套；4—对中弹簧；5—挡圈；6—推杆；7—环；8—线圈；9—衔铁；10—导套；11—插头组件

电磁换向阀由电气信号操纵，操作方便，便于布局，有利于提高设备的自动化程度。它的电气信号由液压设备上的按钮开关、限位开关、行程开关或其他电器元件发出电讯号，来控制电磁铁的通电与断电，从而方便地实现各种操作及自动顺序动作，在实现机械自动化方面得到了广泛的应用。电磁换向阀由于受到磁铁吸力较小的限制，其流量一般在63L/min以下，故对于要求流量较大、行程较长、移动阀芯阻力较大或要求换向时间能够调节的场合，宜采用液动或电液式换向阀。

（4）液动换向阀。

液动换向阀是靠液压力来改变阀芯位置的换向阀。

如图5—11（a）所示为三位四通液动换向阀的结构图，阀芯两端有两个控制油口K_1、

K_2，分别与控制油路连通，当控制油口 K_1、K_2 均无压力油时，阀芯处于中间位置，油口P、A、B、O互不相通；当控制油口 K_1 有压力油时，压力油推动阀芯向右移动，使之处于右端位置，油口P与A联通，油口B与O联通；当控制油口 K_2 有压力油时，压力油推动阀芯向左移动，使之处于左端位置，油口P与B联通，油口A与O联通。如图5—12（b）所示为三位四通液动换向阀的图形符号。

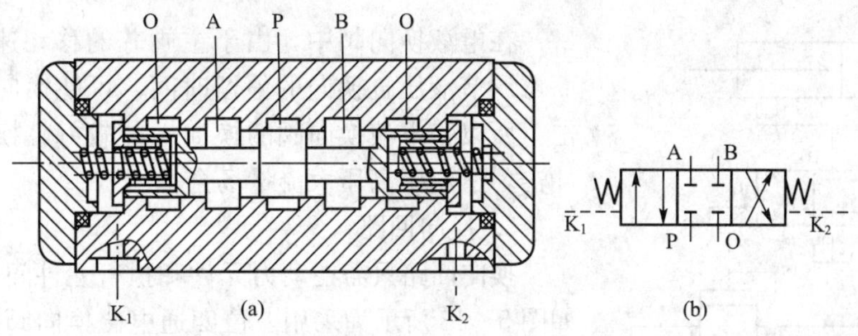

图5—11　三位四通液动换向阀的结构及图形符号

液动换向阀的特点是结构简单，动作可靠、平稳，换向速度易于控制，由于液压驱动力大，可用于大流量的液压系统中。但是液动换向阀的阀芯换位需要利用另一个小换向阀来改变控制油的流向，故经常与其他控制方式的换向阀结合使用。如可以用手动阀、机动阀或电磁阀来完成控制油的换向。

（5）电液换向阀。

电液换向阀由电磁阀和液动换向阀两部分组成。电磁阀起先导阀作用，通过它改变控制油路的液流方向，从而控制液动换向阀阀芯移动；液动换向阀为主阀，它在控制油液的作用下，改变阀芯的位置，使主油路换向。

如图5—12（a）所示为三位四通电液换向阀的结构。当左边电磁铁通电时，电磁阀阀芯右移，控制油由通道经左单向阀进入液动换向阀（主阀）阀芯左端，主阀芯右端油液经右端节流阀的三角槽，经通道和电磁换向阀的回油口流回油箱。所以主阀阀芯向右移动的速度受右端节流口的控制。这时，油口P与A相通，B与O相通。同样道理，若右边

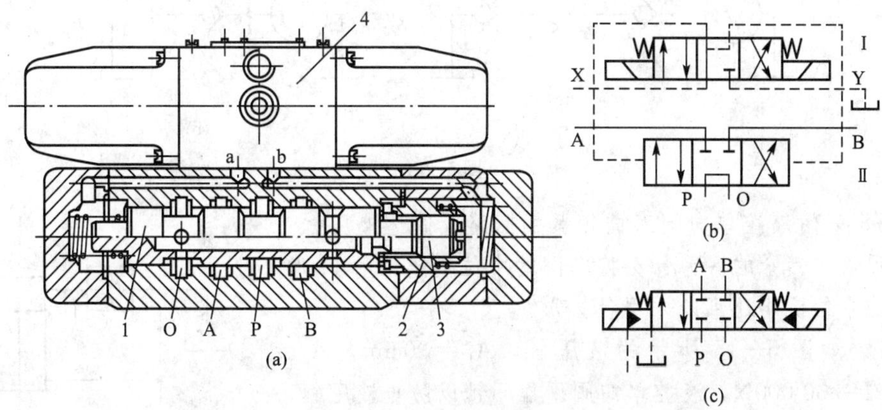

图5—12　三位四通电液换向阀的结构及图形符号

1—主阀芯；2—差动套筒；3—差动活塞；4—先导电磁阀

电磁铁通电时，阀芯移向左端（使油路换向），其移动速度由右端节流阀的开口大小决定。这时，油口P与B相通，A与O相通。当左、右电磁铁都不通电时，电磁阀阀芯处于中位，液动阀阀芯因其两端没接通控制油（而接通油箱），在对中弹簧的作用下，也处于中位。这时，油口P、A、B、O互通。

如图5—12（b）和图5—12（c）所示分别为电液换向阀的详细图形符号和简化了的图形符号。

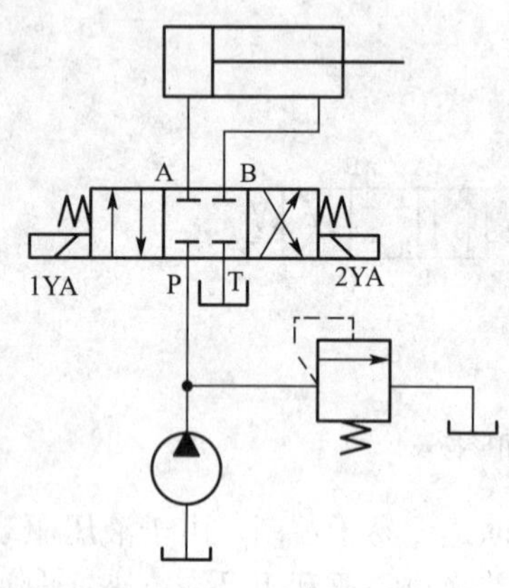

图5—13　采用三位四通电磁换向阀的换向回路

在电液换向阀中，由于主阀芯的移动速度可调，因而可调节液压缸换向的停留时间，可使换向平稳而无冲击。所以，电液换向阀的换向性能较好，换向平稳，无冲击，适用于高压大流量场合。

5. 换向回路

换向回路只需在动力元件和执行元件间采用换向阀。如图5—13所示为采用三位四通电磁换向阀的换向回路。当1YA通电、2YA断电时，换向阀处于左位接通，液压缸左腔进油，右腔的油流回油箱，活塞向右移动；当1YA断电、2YA通电时，换向阀处于右位接通，液压缸右腔进油，左腔的油流回油箱，活塞向左移动；当1YA和2YA均断电时，换向阀处于中位，活塞停止运动。

思考与练习

5.1　简述普通单向阀和液控单向阀的作用、组成和原理。

5.2　如图5—14所示，开启压力分别为0.2MPa、0.3MPa、0.4MPa的三个单向阀串联（见图5—14（a））或并联（见图5—14（b）），当O点刚有油液流过时，P点压力各为多少？

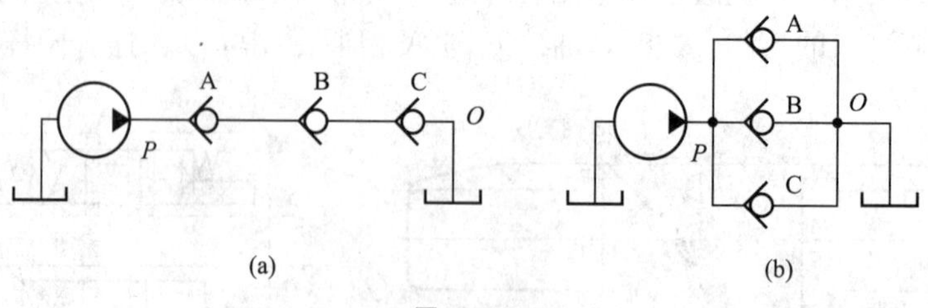

图5—14

5.3　采用液控单向阀双向锁紧的回路，简述液压缸是如何实现双向锁紧的。为什么换向阀的中位机能采用H形？换向阀的中位机能还可以采用什么形？

5.4　如图5—15所示的液压缸，$A_1=30\text{cm}^2$，$A_2=12\text{cm}^2$，$F=30\ 000\text{N}$，液控单向阀用作闭锁以防止液压缸下滑。阀的控制活塞面积是阀芯承压面积的3倍。若摩擦力、弹簧力均忽略不计，试计算需要多大的控制压力才能开启液

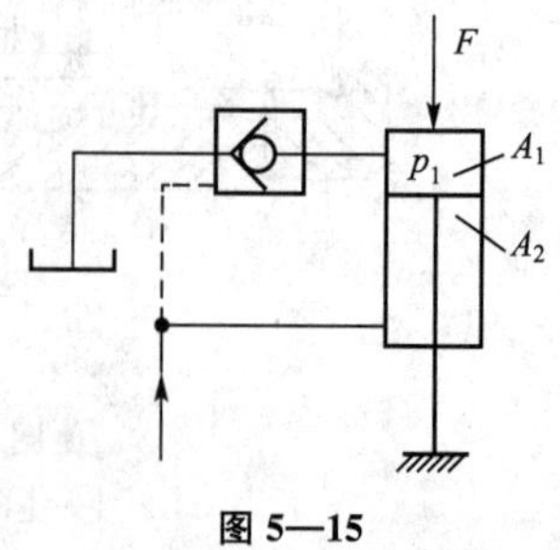

图5—15

控单向阀？开启前液压缸中最高压力为多少？

5.5 对于弹簧对中型的电液换向阀，其电磁先导阀为什么通常采取 Y 形中位机能？

5.6 按下述要求画出油路系统：

(1) 实现液压缸的左右换向；

(2) 实现单出杆液压缸的换向和差动连接；

(3) 实现液压缸左右换向，并要求液压缸在运动中能随时停止；

(4) 实现液压缸左右换向，并要求液压缸在停止运动时液压泵能够自动卸荷。

模块 6　压力控制阀和压力控制回路

【教学目的】

1. 掌握溢流阀、减压阀和顺序阀的工作原理和应用；

2. 了解压力继电器的结构和工作原理。

【建议学时】

6 学时。

压力控制阀是控制液压系统的压力或以液体压力的变化来控制油路的通断的阀。压力控制阀按其功能可分为溢流阀、减压阀、顺序阀和压力继电器等。

压力控制回路是对系统或系统某一部分的压力进行控制的回路，包括调压、减压、卸荷、保压、顺序动作等回路。

一、溢流阀

溢流阀的主要功用是当系统的压力达到其调定值时，开始溢流，使系统的压力不再升高，控制系统的最高压力，对设备起到安全保护作用。常用的溢流阀可分为直动式和先导式两类，直动式用于低压系统，先导式用于中、高压系统。

（一）溢流阀的工作原理和典型结构

1. 直动式溢流阀

直动式溢流阀的结构如图 6—1（a）所示，阀芯 7 在调压弹簧 3 的作用下处于下端位置。阀芯采用滑阀式结构。油液从进油口 P 进入，通过阀芯 7 上的小孔 a 进入阀芯底部，产生向上的液压推力 pA（A 为阀芯底部有效作用面积，p 为液压力）。当液压推力小于弹簧力时，阀芯 7 不移动，阀口关闭，油口 P、O 不通。当液压推力达到弹簧力时，阀芯上升，阀口打开，油口 P、O 相通，溢流阀溢流，油液便从出油口 O 流回油箱，从而保证进口压力基本恒定，系统压力不再升高。

调整调节螺母 4，可以改变调压弹簧 3 的预紧力，从而改变顶起阀芯的油压力（称为阀的开启压力），也就改变了阀入口的定压值。故溢流阀弹簧的调定压力就是溢流阀入口压力的调定值。另外，溢流阀工作时，因为阀芯 7 和阀体 6 之间有间隙，通过间隙泄漏到阀芯上端弹簧腔的油液必须排出，所以在直动式溢流阀的阀盖 5 和阀体 6 上开设了孔，使泄漏油经过这些孔流回到出油口 O，随同溢流油液一起流回油箱，这种方式称为内泄孔的外端用螺塞堵住。直动式溢流阀的图形符号如图 6—1（b）所示。

综上所述，溢流阀的基本特点可用图形符号体现，可归纳如下：

（1）溢流阀在常态下（非工作状态）阀口关闭（方框内箭头错开）；

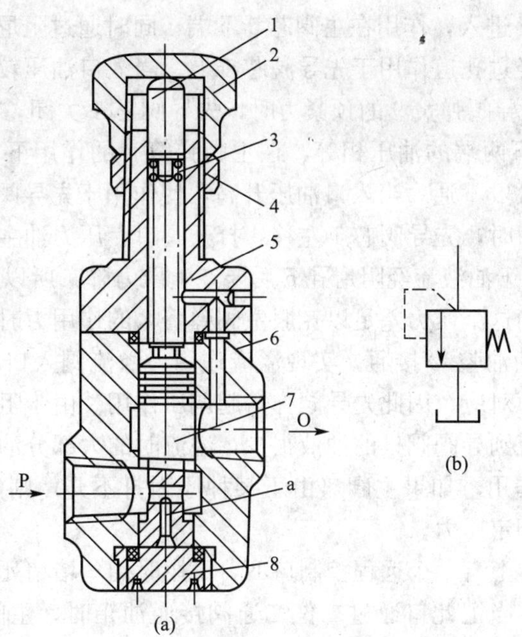

图 6—1 直动式溢流阀

1—调节螺钉；2—螺帽；3—调压弹簧；4—调节螺母；

5—阀盖；6—阀体；7—阀芯；8—螺塞

(2) 控制压力取自进油口压力（虚线表示）。

2. 先导式溢流阀

先导式溢流阀的结构原理如图 6—2 所示。它由先导阀（简称导阀）和主阀两部分组成，先导阀部分由调节手柄 11、调节螺杆 10、先导阀弹簧 9、先导阀芯（锥阀）1、先导阀座 2、先导阀体 3 等组成；主阀部分主要由主阀弹簧 8、主阀芯 6、主阀体 4 等组成。先导阀面积小、主阀面积大，先导阀弹簧硬、主阀弹簧软。

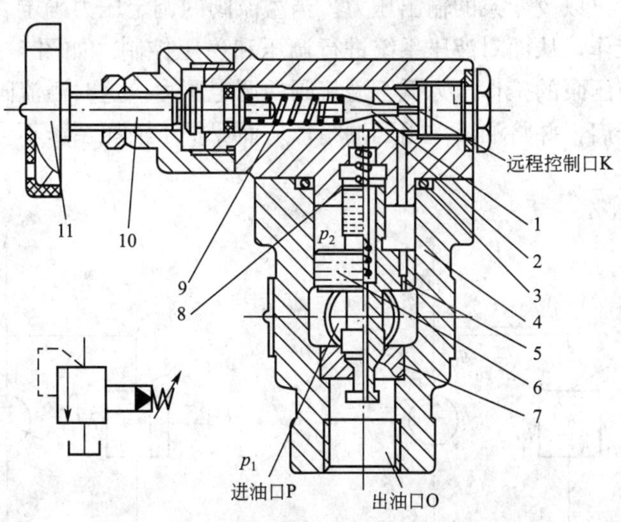

图 6—2 先导式溢流阀

1—先导阀芯；2—先导阀座；3—先导阀体；4—主阀体；5—阻尼孔；6—主阀芯；

7—主阀座；8—主阀弹簧；9—先导阀弹簧；10—调节螺杆；11—调节手柄

压力油从进油口P进入，作用在主阀芯6下端，同时通过阻尼孔5进入上腔，作用于主阀芯6的上端，并经过孔道作用于先导阀芯1上。当入口油压较低时，作用于先导阀芯1上的液压推力小于先导阀弹簧9的预紧力时，先导阀芯1关闭，阻尼孔5中的油液不流动，这时主阀芯6上下两端的油压相等，在主阀弹簧8的作用下主阀芯6处于最下端位置，溢流口关闭，P和O不通。当入口油压升高，使作用于先导阀芯1上的液压推力大于先导阀弹簧9的预紧力时，先导阀芯1左移，打开阀口，压力油主阀芯中心孔流入出油口O，然后流回油箱。由于油液流经阻尼孔5后要产生压力降，所以主阀芯6上端的油压力小于下端的油压力，当这个压力差足以克服主阀弹簧8的作用力时，主阀芯6上移，主阀口打开，进油腔P和回油腔O接通，实现溢流作用。溢流阀入口的油压不再升高，其值与先导阀弹簧的弹簧力对应，因此先导阀弹簧起调压作用。由于阻尼孔5很小，主阀弹簧软，因此通过阻尼孔流到导阀阀口的油液很少，溢流时的大部分油液是从主阀口溢流，所以主阀口起主要溢流作用，如果主阀口由于某种原因打不开，则溢流阀将不能起溢流作用，进口压力将超过调定压力。

先导式溢流阀阀体上有一个远程控制口K，不用时用丝堵堵死。需要使用外控时，将此口打开，接上油管，当把此口通过二位二通阀接通油箱时，主阀芯6上端的压力接近零，主阀阀口在很小的压力下便可打开，这时系统的油液在很低的压力下通过主阀口流回油箱，实现卸荷作用。如果将K口接到另一个远程调压阀上（其结构和溢流的先导阀一样），并使打开远程调压阀的压力小于先导阀的压力，则溢流阀的溢流压力就由远程调压阀来决定。使用远程调压阀后便可对系统的溢流压力实行远程调压。

（二）溢流阀的应用和压力控制回路

1. 调压回路

调压回路是控制系统的最高工作压力，使其不超过某一预先调定的数值的压力控制回路。它可分为单级调压回路、二级调压回路和多级调压回路三种。

如图6—3和图6—4所示均为单级调压回路，图6—3中溢流阀起溢流作用，通过调节溢流阀的压力，可以改变泵的输出压力。当溢流阀的调定压力确定后，液压泵就在溢流阀的调定压力下工作，从而对液压系统进行调压和稳压控制。如图6—4所示的溢流阀起安全保护作用，液压泵的工作压力低于溢流阀的调定压力，这时溢流阀不工作，当系统过载时，溢流阀将开启，并将油液溢出到油箱，从而保护了液压系统不会损坏。此溢流阀又称为安全阀。

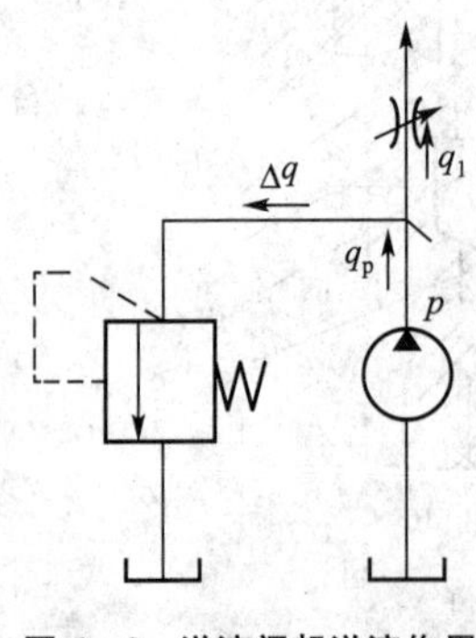

图6—3　溢流阀起溢流作用

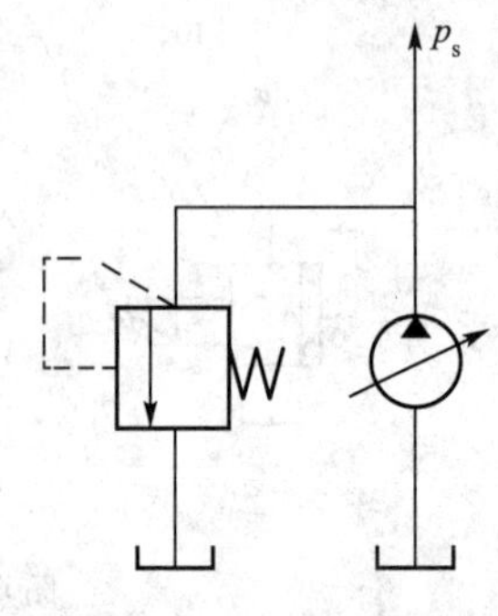

图6—4　溢流阀做安全阀用

如图 6—5 所示为二级调压回路，该回路可实现两种不同的压力控制，分别由溢流阀 2 和溢流阀 4 决定，当二位二通电磁阀 3 处于如图 6—5 所示的位置时，系统压力由阀 2 调定；当阀 3 通电后处于下位接通时，系统压力由阀 4 调定，阀 4 的调定压力一定要小于阀 2 的调定压力，否则不能实现二级调压。

如图 6—6 所示为三级调压回路，三级压力分别由溢流阀 1、2、3 调定，当电磁铁 1YA、2YA 断电时，系统压力由主溢流阀 1 调定；当 1YA 通电时，系统压力由阀 2 调定；当 2YA 通电时，系统压力由阀 3 调定。在这种调压回路中，阀 2 和阀 3 的调定压力要低于主溢流阀 1 的调定压力。

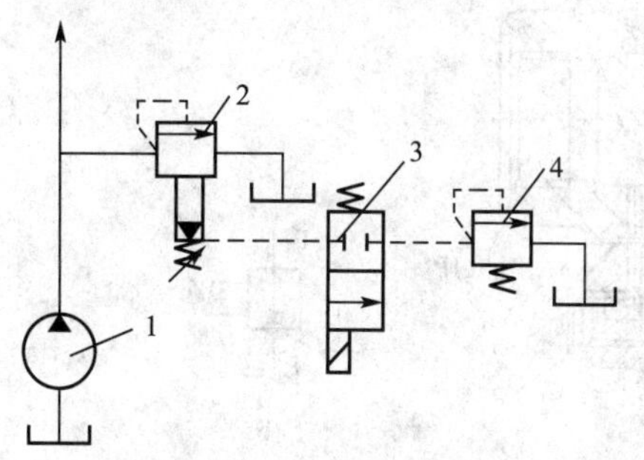

图 6—5　二级调压回路

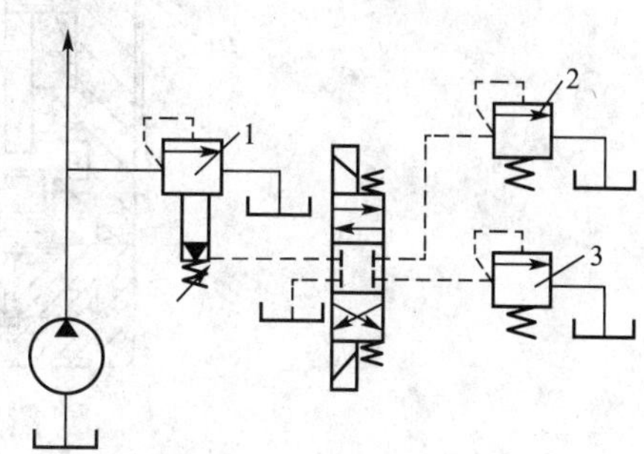

图 6—6　三级调压回路

2. 卸荷回路

如图 6—7 所示为卸荷回路，先导型溢流阀远程控制口串一个通径很小的二位二通电磁换向阀。当电磁铁通电后，溢流阀的外控口即接油箱，此时，主阀芯后腔压力接近于零，主阀芯便移动到最大开口位置。由于主阀弹簧很软，进口压力很低，泵输出的油便在此低压下经溢流阀流回油箱，这时，泵接近于空载运转，功耗很小，即处于卸荷状态。

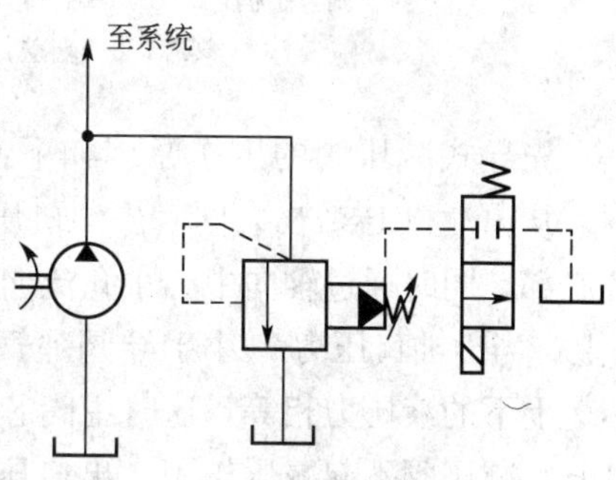

图 6—7　溢流阀做卸荷用

二、减压阀

(一) 减压阀的工作原理和典型结构

减压阀主要用于降低系统某一支路的油液压力，使系统某部分具有比系统压力低的稳定的压力。例如当系统中的夹紧支路或润滑支路需要稳定的低压时，只需在该支路上串联一个减压阀即可。

减压阀是一种利用液流流过隙缝产生压降的原理，使出口压力低于进口压力的压力控制阀。根据调节性能的不同，减压阀又可分为定值减压阀、定比减压阀和定差减压阀三种。其中定值减压阀应用最广。这里只介绍定值减压阀。减压阀按它的工作原理又分直动式和先导式两种，直动式减压阀在系统中较少单独使用，先导式减压阀则应用较多。

如图 6—8 (a) 所示为先导式减压阀的结构，在结构上与先导式溢流阀相似，也是由先导阀和主阀两部分组成的。它们的一个不同之处在于减压阀主阀阀芯的形状；另一个不同之处是，减压阀出口为工作油口，接减压油路，因此泄漏油必须单独引回油箱，所以有一个单独的泄油口。

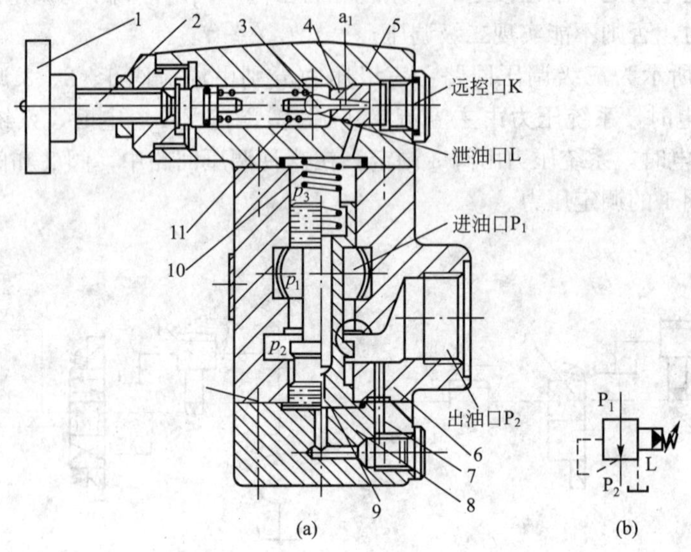

图 6—8　先导式减压阀

1—调节手柄；2—调节螺钉；3—锥阀；4—先导阀座；5—先导阀体；6—主阀体；7—主阀芯；8—端盖；9—阻尼孔；10—主阀弹簧；11—导阀弹簧

先导式减压阀的工作原理如下：高压油从进油口 P_1 进入油腔 p_1，经过阀口到油腔 p_2，从出油口 P_2 流出。同时出油口压力油从出油腔 p_2 经主阀芯 7 的轴向阻尼孔 9 进到阀芯底部，同时通过轴向中心小孔流向阀芯上腔，又通过先导阀上的小孔作用于先导阀锥阀 3 上。当出油口压力 p_2 小于导阀弹簧（调压弹簧）11 的调定压力时，锥阀 3 关闭，主阀芯 7 上下的液压力相等，这时主阀芯在主阀弹簧 10 的作用下处于最下端位置，阀口全部打开，减压阀不起减压作用，出口压力 p_2 等于进口压力 p_1（即 $p_2=p_1$）。当出油口压力 p_2 高于导阀弹簧 11 的调定压力时，锥阀 3 被打开，油液经泄油口 L 流回油箱。由于阻尼孔 9 的作用，主阀芯下部压力大于上部压力，这个压力差所产生的向上推力克服了主阀芯的自重、摩擦力和弹簧力而使主阀芯上移，这时阀口开度减小，压降 $\Delta p=p_1-p_2$ 增大，出口压力 p_2 减小，并与调压弹簧力平衡，即 $p_2<p_1$，且 $p_2=p_J$（p_J 为减压阀调定压力）。当压力有波动时，减压阀能自动调节阀口开度的大小，使出口压力 p_2 保持基本不变。假如由于负载增大或进口压力 p_1 向上波动使出口压力 p_2 增大，主阀芯原有平衡被破坏，使主阀芯上移，阀口开度将减小，压降增大，出口压力便自动下降（或增加），并使作用在阀芯上液压力和弹簧力等在新的位置上又重新达到平衡为止。同样道理，出口压力稍有减小时，阀口开度增大，压降减小，出口压力又自动升高。

总之，减压阀的作用有两个：一是将较高的进口压力 p_1 减小为较低的出口压力 p_2；二是保持出口压力 p_2 稳定。简单地说，就是起减压和稳压的作用。

先导式减压阀图形符号如图 6—8（b）所示。

减压阀的基本特点可用图形符号体现，可归纳如下：

（1）减压阀在常态下阀口是打开的（方框内的箭头沟通了进、出油口）；

（2）控制压力取自出口压力（虚线表示）；

（3）出油口接二次压力油路；

（4）弹簧腔设有专门泄油口，为外泄漏方式。

（二）减压阀的应用和减压回路

减压阀在系统的夹紧、控制、润滑等油路中应用较多。如图6—9所示为用于夹紧系统的减压回路。为防止工件夹紧后变形，在液压缸进油口装一个减压阀，以得到适当压力，图6—9中单向阀保证主油路工作时，夹紧力不受影响。

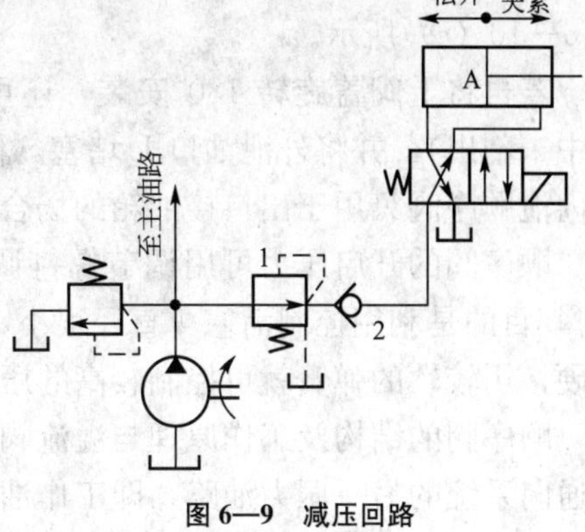

图6—9　减压回路

三、顺序阀

（一）顺序阀的结构和工作原理

顺序阀是一种利用压力控制阀口通断的压力阀，因用于控制多个执行元件的动作顺序而得名。

如图6—10所示为直动型顺序阀的结构和图形符号。压力油从进油口 P_1 进入，经阀体3上孔道和下端盖5上的孔6流到活塞4底部，当作用于控制活塞4上的液压力足以克服作用阀芯2上的弹簧1的弹簧力时，则阀芯2上移，油液便从出油口 P_2 流出。阀的上盖有单独的泄油口L，该阀称为内控外泄式顺序阀，其图形符号如图6—10（b）所示。

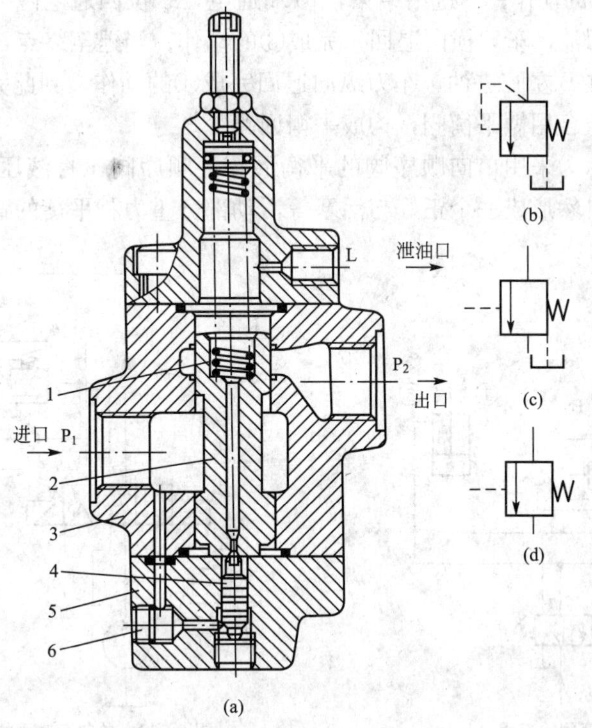

图6—10　直动型顺序阀的结构和图形符号

若将图 6—10（a）中的下端盖 5 旋转 90°安装，即切断进油口通向控制活塞下腔的通道，并去掉外控口 6 的螺塞，引入控制压力油，便成为外控式顺序阀，其图形符号如图 6—10（c）所示。

若再将上阀盖旋转 180°安装，还可使弹簧腔与出油口相连（阀体上开有沟通孔道，图中未剖出），并将外泄油口 L 堵塞，便成为外控内泄顺序阀，如图 6—10（d）所示。外控内泄顺序阀只用于出口接油箱的场合，常用于使泵卸荷，故又称卸荷阀。

顺序阀的开启压力可用调节螺钉调节。这种直动型顺序阀下阀盖中有一个控制活塞 4，其目的是利用控制活塞 4 直径很小，使阀芯 2 受到的向上推力不大，所以弹簧 1 不需太硬，用较软的弹簧就可控制较高的压力。

顺序阀的结构及工作原理与溢流阀有很多相似之处，两者的不同点是：顺序阀的出油口通向系统的另一压力油路，即工作油路，而溢流阀出口接油箱；由于顺序阀进、出油口均为压力油，所以它的泄油口 L 必须单独外接油箱，否则将无法工作，而溢流阀的泄油可在内部连通回油口直接流回油箱；按控制压力来源的不同，溢流阀是进口油压控制，即内控式，而顺序阀既有内控又有外控两种方式。

（二）顺序阀的应用

（1）控制多个执行元件，实现顺序动作。

如图 6—11 所示为专用车床的横向和纵向进给液压缸的顺序动作实例，其顺序动作是：①车刀横向进给；②纵向进给；③横向退刀；④纵向退刀。图示位置表示当二位四通电磁换向阀 1YA 断电时，油液首先进入横向液压缸 A 的下腔，车刀横向进给，完成①的动作；碰上死挡铁后横向进给停止，油压升高打开顺序阀 C，油液进入纵向液压缸 B 的右腔，车刀纵向进给完成②的动作；当进给结束，1YA 通电，二位四通电磁换向阀换向，液压缸 A 上腔进油，下腔回油，车刀横向退回，完成③的动作；当退至终点，系统压力升高，打开顺序阀 D，液压缸 B 左腔进油，车刀纵向退回完成④的动作，到此完成一个循环。

（2）和单向阀组合用做平衡阀，构成平衡回路。

如图 6—12 所示为采用单向顺序阀的平衡回路。顺序阀 4 将液压缸 5 的下腔油路封住，使腔内的油液自然形成一个正好与活塞等活动部分重力相平衡的背压力，防止活塞等因自重而下落。

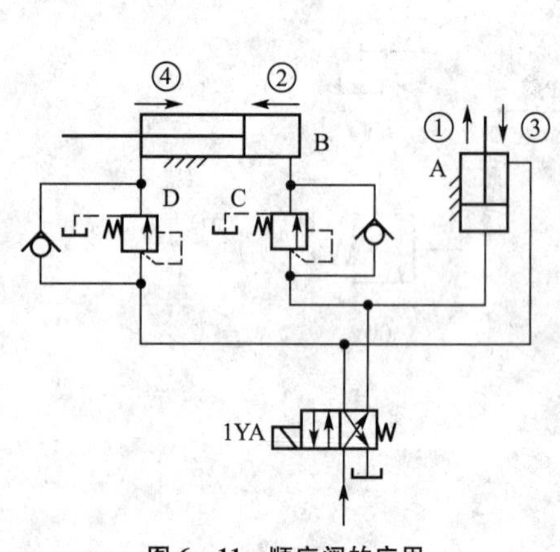

图 6—11　顺序阀的应用

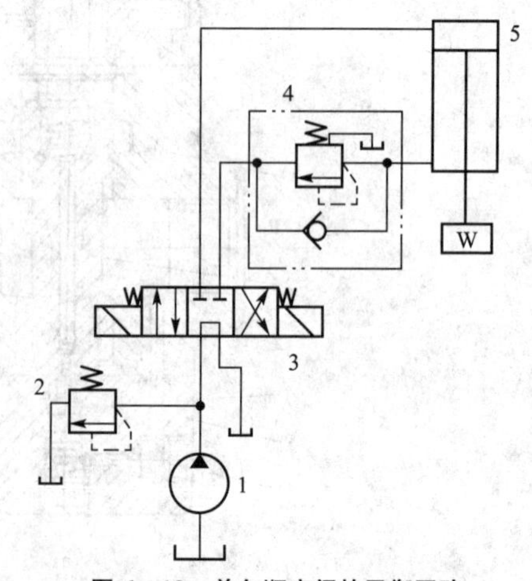

图 6—12　单向顺序阀的平衡回路

1—液压泵；2—溢流阀；3—换向阀；4—顺序阀；5—液压缸

（3）利用外控内泄式顺序阀做卸荷阀，使液压泵卸荷。

如图3—20所示，当执行元件快速运动时，两泵同时供油，当执行元件慢速运动或受外力作用停止运动时，系统压力升高，打开卸荷阀3，使低压大流量液压泵2卸荷。

四、溢流阀、减压阀和顺序阀比较

溢流阀、减压阀和顺序阀的异同点见表6—1。

表6—1 溢流阀、减压阀和顺序阀比较

项目＼阀类	溢流阀	减压阀	顺序阀
图形符号	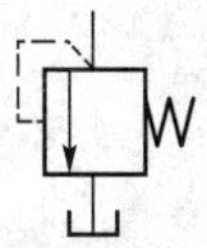	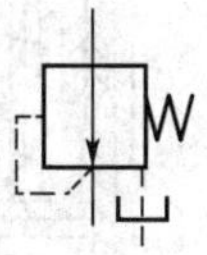	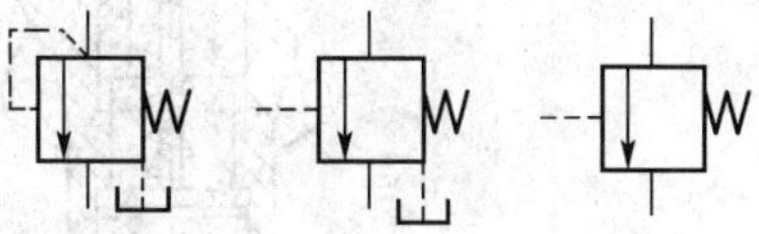
常态时进出油口状态	阀口常闭 进出口不通	阀口常开 进出口相通	阀口常闭 进出口不通
控制油路的特点	利用进油口压力油控制阀芯移动，通过调定弹簧平衡保证进口压力恒定	利用出油口压力油控制阀芯移动，通过调定弹簧平衡保证出口压力恒定	直控式顺序阀是通过进油口压力油控制阀芯移动，而液控式顺序阀有单独控制油路控制阀芯移动
泄漏形式	内泄式	外泄式	外泄式
出油口情况	出油口与油箱相连	出油口与减压回路相连	出油口与工作油路相接
在系统中的连接方式	并联	串联	实现顺序动作时串联，作卸荷阀用时并联
主要功用	调压、稳压	减压、稳压	不控制系统的压力，只利用系统的压力变化控制油路的通断，相当于压力开关

五、压力继电器

（一）压力继电器的结构和工作原理

压力继电器是一种将压力信号转换为电信号的元件。其作用是，根据液压系统压力的变化，使压力继电器内的微动开关自动接通或断开电气线路，实现执行元件的顺序控制或安全保护。

如图6—13（a）所示为压力继电器结构，主要零件包括柱塞1、顶杆2、调节螺帽3和电气微动开关4。其工作原理如下：压力油作用在柱塞的下端，液压力直接与上端弹簧力相比较。当液压力大于或等于弹簧力时，柱塞向上移压微动开关触头，接通电气线路，发出电信号。当液压力小于弹簧力时，微动开关触头复位。显然，柱塞上移将引起弹簧的压缩量增加，因此压下微动开关触头的压力（开启压力）与微动开关复位的压力（闭合压力）存在一个差值，此差值对压力继电器的正常工作是必要的，但不宜过大。如图 6—13（b）所示为压力继电器图形符号。

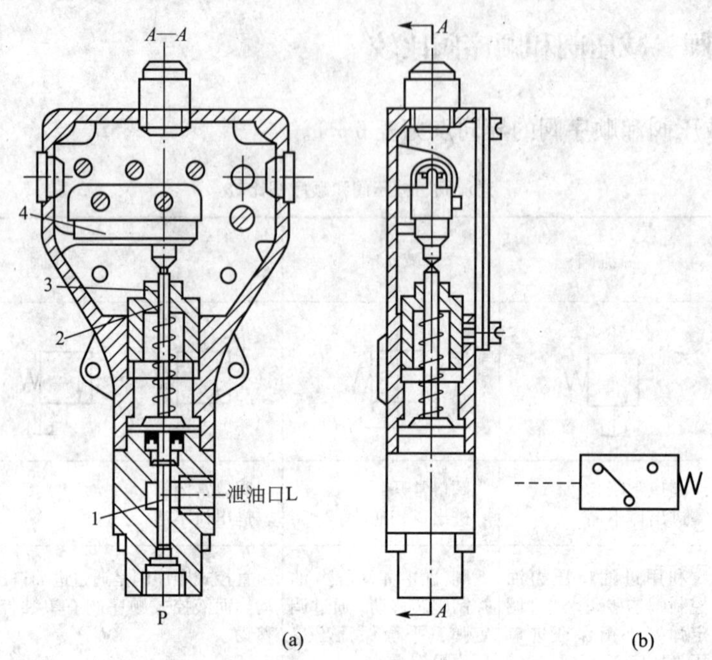

图 6—13　压力继电器的结构和图形符号

1—柱塞；2—顶杆；3—调节螺帽；4—电气微动开关

（二）压力继电器的应用

如图 6—14 所示为利用压力继电器控制电磁换向阀以实现油缸顺序动作的回路。首先 1YA 通电，换向阀 1 换向，压力油进入液压缸 5 左腔，使液压缸 5 活塞杆伸出，完成动作①。当碰到限位器（或死挡铁）后，系统压力升高，压力继电器 3 发出电信号使 3YA

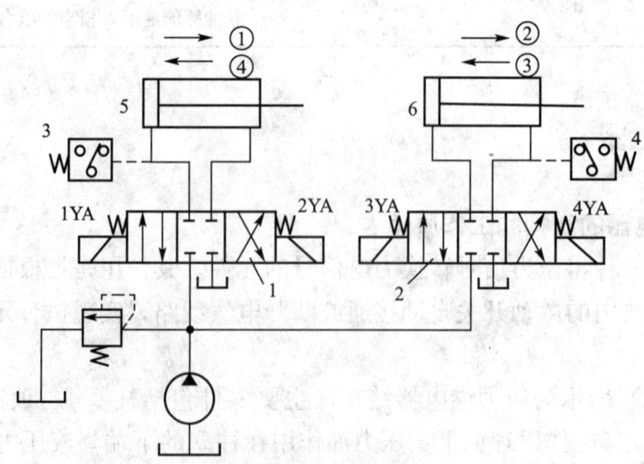

图 6—14　压力继电器用于顺序控制

1，2—换向阀；3，4—压力继电器；5，6—液压缸通电，压力油进入液压缸6的左腔，使液压缸6活塞伸出，完成动作②。到终点后，电路设计使4YA通电（3YA断电），换向阀2换向，压力油进入液压缸6右腔，使其活塞杆缩回，完成动作③。当活塞返回至原位碰到限位器（或死挡铁）时，系统压力升高，压力继电器4发出信号，使2YA通电（1YA断电），压力油进入液压缸5的右腔，使其活塞杆缩回，完成动作④。为了防止压力继电器误动作，压力继电器的预调压力应比油缸的工作压力高0.3MPa～0.5MPa，但比溢流阀的调定压力低0.3MPa～0.5MPa。

思考与练习

6.1　若将先导式溢流阀主阀芯的阻尼孔堵死，会出现什么故障？如果溢流阀先导阀锥阀座上的进油小孔堵塞，又会出现什么故障？

6.2　若把先导式溢流阀的远程控制口当做泄油口接回油箱，这时液压系统会产生什么现象？

6.3　如图6—15所示，系统中溢流阀的调整压力分别为$p_A=3$MPa，$p_B=1.4$MPa，$p_C=2$MPa。试求当系统外负载为无穷大时，液压泵的出口压力为多少？如将溢流阀B的遥控口堵住，液压泵的出口压力又为多少？

6.4　如图6—16所示，两系统中溢流阀的调整压力分别为$p_A=4$MPa，$p_B=3$MPa，$p_C=2$MPa，当系统外负载为无穷大时，液压泵的出口压力各为多少？以图6—16（a）中的系统为例，请说明溢流量是如何分配的。

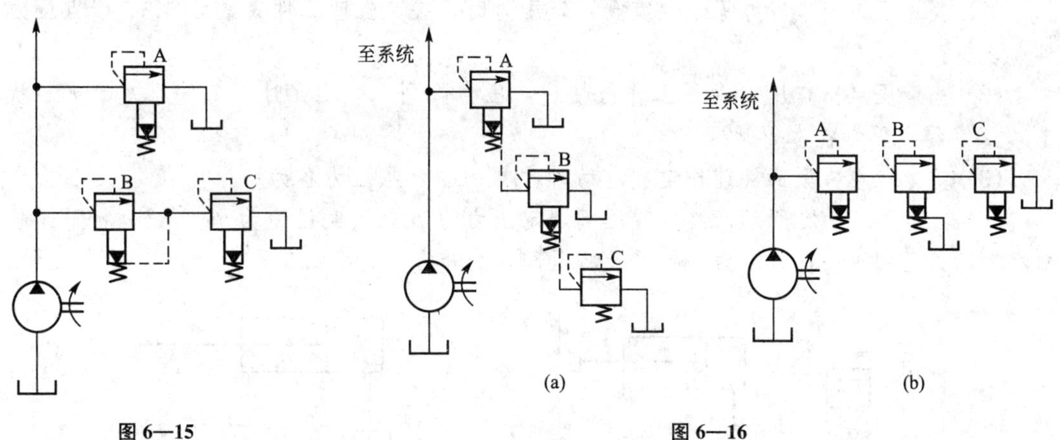

图6—15　　图6—16

6.5　如图6—17所示，溢流阀的调定压力为4MPa，若不计先导油流经主阀芯阻尼孔时的压力损失，试判断下列情况下的压力表的读数：

（1）YA断电，且负载为无穷大时。

（2）YA断电，且负载压力为2MPa时。

（3）YA通电，且负载压力为2MPa时。

6.6　试确定如图6—18所示回路在下列情况下液压泵的出口压力：

（1）全部电磁铁断电。

(2) 电磁铁 2YA 通电，1YA 断电。

(3) 电磁铁 2YA 断电，1YA 通电。

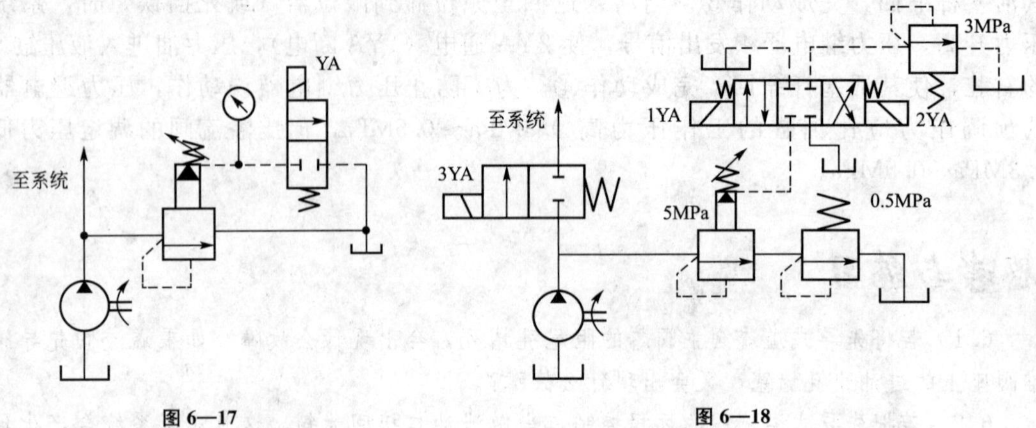

图 6—17　　图 6—18

6.7　如果先导式溢流阀和先导式减压阀铭牌不清，不用拆开，如何区别哪一个是溢流阀，哪一个是减压阀？

6.8　若减压阀在使用中不起减压作用，原因是什么？若出口压力调不上去，原因是什么？

6.9　两个不同调整压力的减压阀串联后的出口压力决定于哪一个减压阀的调整压力？为什么？如两个不同调整压力的减压阀并联时，出口压力又决定于哪一个减压阀？为什么？

6.10　如图 6—19 所示系统溢流阀的调定压力为 5MPa，减压阀的调定压力为 2MPa，试分析下列各工况，并说明减压阀阀口处于什么状态。

(1) 当液压泵出口压力等于溢流阀调定压力时，夹紧缸使工件夹紧后，A、C 点压力各为多少？

(2) 当液压泵出口压力由于工作缸快进，压力降到 1.5MPa 时（工件原处于夹紧状态），A、C 点压力各为多少？

(3) 夹紧缸在夹紧工件前作空载运动时，A、B、C 点压力各为多少？

6.11　如图 6—20 所示回路，减压阀调定压力为 p_J，负载压力为 p_L。试分析下述各情况下，减压阀进、出口压力的关系及减压阀口的开启状况：

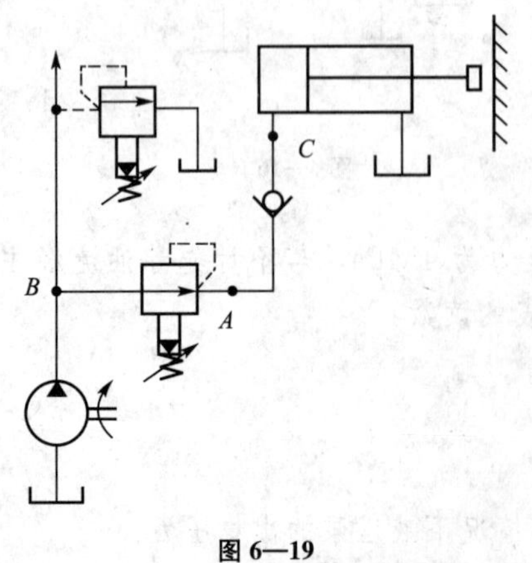

图 6—19

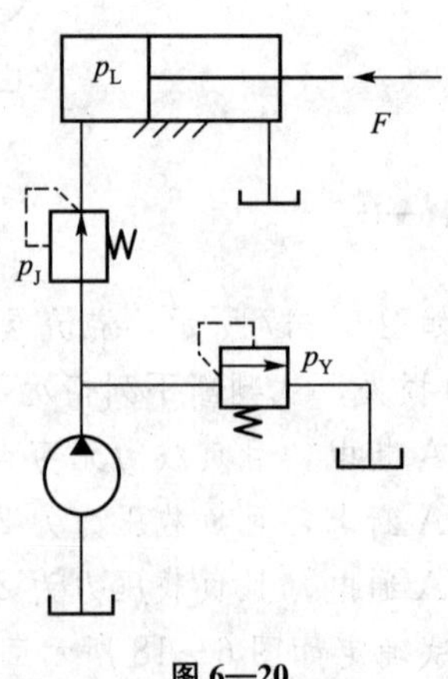

图 6—20

(1) $p_Y < p_J$，$p_J > p_L$；

(2) $p_Y > p_J$，$p_J > p_L$；

(3) $p_Y > p_J$，$p_J = p_L$；

(4) $p_Y > p_J$，$p_J > \infty$。

6.12　顺序阀和溢流阀是否可以互换使用？

6.13　从结构原理图和图形符号图，说明顺序阀、溢流阀和减压阀的异同和特点。

6.14　如图6—21所示回路，顺序阀和溢流阀串联，调整压力分别为p_X和p_Y，当系统外负载为无穷大时，试问：

(1) 液压泵的出口压力为多少？

(2) 若把两阀的位置互换，液压泵的出口压力又为多少？

6.15　如图6—22所示回路，顺序阀的调整压力$p_X = 3$MPa，溢流阀的调整压力$p_Y = 5$MPa，试问在下列情况下A、B点的压力为多少？

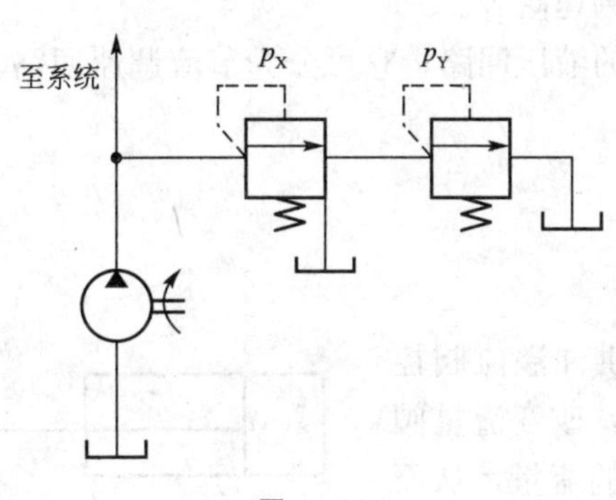

图6—21

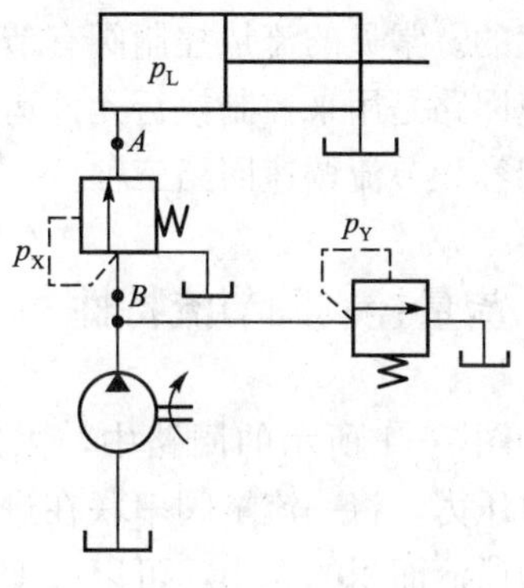

图6—22

(1) 液压缸运动，负载压力$p_L = 4$MPa时。

(2) 如负载压力p_L变为1MPa时。

(3) 活塞运动到右端时。

6.16　如图6—23所示液压系统，液压缸有效面积$A_1 = A_2 = 100\text{cm}^2$，缸Ⅰ负载$F = 35\,000$N，缸Ⅱ运动时负载为零。溢流阀、顺序阀和减压阀的调整压力分别为4MPa、3MPa和2MPa。若不计摩擦阻力、惯性力和管路损失，求在下列三种工况下A、B、C三点的压力：

(1) 液压泵启动后，两换向阀处于中位；

(2) 1YA通电，液压缸Ⅰ活塞运动时及活塞运动到终端后；

(3) 1YA断电，2YA通电，液压缸Ⅱ活塞运动时及活塞碰到固定挡块时。

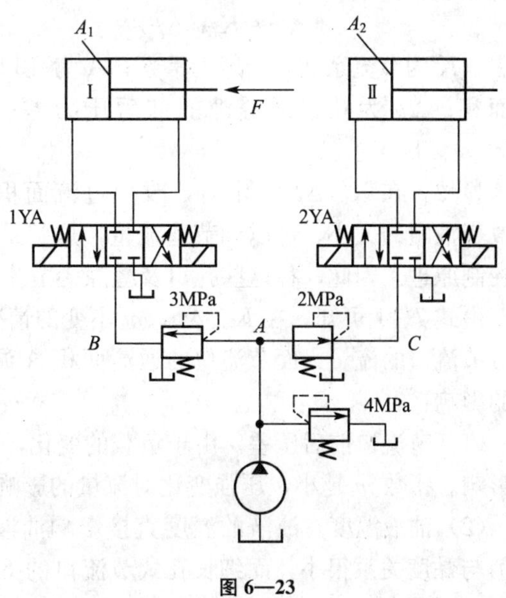

图6—23

模块7　流量控制阀和调速回路

【教学目的】

1. 了解节流阀口的结构形式；

2. 掌握节流阀和调速阀的工作原理、结构和作用。

【建议学时】

3学时。

流量控制阀是通过改变节流口面积的大小，改变通过阀的流量，从而改变执行元件的运动速度的。常见的流量控制阀有节流阀、调速阀等。

调速回路是用来控制执行元件运动速度的液压回路，它可分为节流调速回路、容积调速回路和容积节流调速回路三种。

一、流量控制阀节流特性

在如图7—1所示的回路中，由定量泵供油溢流阀控制泵出口压力，将一流量阀串联在进油路上，改变流量阀节流口的通流面积的大小，可以改变通过阀的流量，从而控制活塞的运动速度。

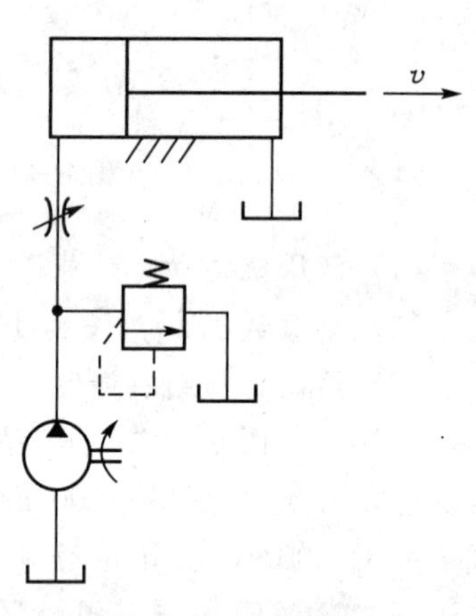

图7—1　流量控制原理

由液体力学知识可知，孔口及缝隙作为液阻，其通用压力流量方程为

$$q=KA(\Delta p)^m \qquad (7—1)$$

式中，K为节流系数，一般为常数；A为孔口或缝隙的过流面积；Δp为孔口或缝隙的前后压力差；m为指数，$0.5\leqslant m\leqslant 1$。

显然，在K、Δp一定时，改变过流面积A的大小，即改变液阻的大小，可以调节通流量，这就是流量控制阀的控制原理。因此，称这些孔口及缝隙为节流口，式7—1又称为节流方程。

由式7—1可知，在K、Δp、m不变的情况下，改变节流口的通流面积A就可以改变通过节流口的流量。而节流口的通流面积A调定后，通过节流口的流量还要受到以下因素的影响：

(1) 节流口前后压差。由于负载的变化，引起节流口前后压差的变化，从而对流量产生影响。指数m越小，压强变化对流量的影响也越小，所以节流口应制成薄壁孔口。

(2) 油液温度。油液的温度直接影响油液黏度，使得流量不稳定。薄壁孔式节流口K值与黏度关系很小，而细长孔式节流口的K值与黏度关系大，因此薄壁孔口的流量受温度变化的影响很小。

（3）节流口的堵塞。流量控制阀在工作时，节流口的过流断面通常是很小的，当系统速度较低时尤其如此。因此，节流口很容易被油液中所含的金属屑、尘埃、砂土、渣泥等机械杂质和在高温高压下油液氧化所生成的胶质沉淀物、氧化物等杂质所堵塞。节流口被堵塞的瞬间，油液断流，随之压力很快增高，直到把堵塞的小孔冲开，于是流量突然加大。如此过程不断重复，就造成了周期性的流量脉动。

节流口堵塞与节流口的形状有很大关系。不同形式的节流口，其水力半径也不一样。水力半径大，则通流能力强，孔口不容易堵塞，流量稳定性就较好；反之，则较差。此外，油液的质量或过滤精度好时，也不容易产生堵塞现象。

二、常见节流口的形式

节流口的形式主要有针阀式、偏心槽式、轴向三角沟槽式、周向缝隙式、轴向缝隙式、如图 7—2 所示。

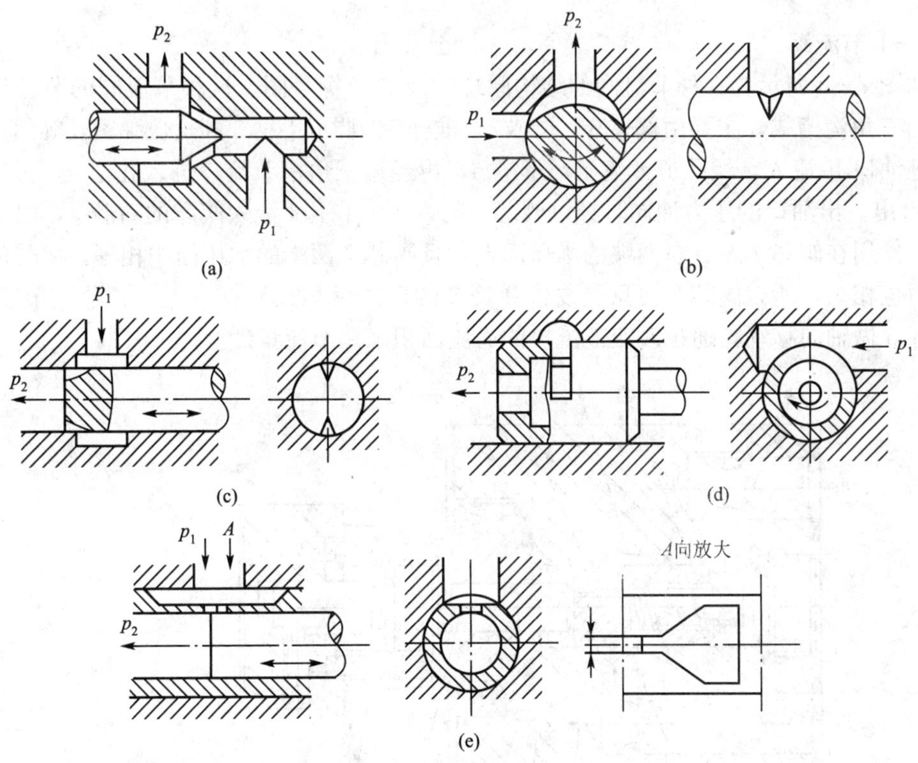

图 7—2　节流口的形式

针阀式节流口如图 7—2（a）所示。阀芯做轴向移动，可调节环形通道的大小，从而调节流量。这种节流口形式结构简单，制造容易，但是容易堵塞，流量受温度影响较大，一般只用于要求不高的液压系统。

偏心槽式节流口如图 7—2（b）所示。在阀芯上开有一个截面为三角形（或矩形）的偏心槽，转动阀芯时就可调节通道的大小，即调节流量。这种节流口形式结构也较简单，制造容易。节流口通流截面是三角形的，能得到较小的稳定流量，但其偏心处压力不平衡，转动较费力，并且油液流过时的摩擦面较大，温度变化对流量稳定性影响较大，容易堵塞，常用于性能要求不高的液压系统。

轴向三角沟槽式节流口如图 7—2（c）所示。在阀芯端部开有一个或两个斜三角沟，轴向移动阀芯时，可以改变三角沟通流截面的大小，使流量得到调节。这种节流形式结构简单，制造容易，小流量时稳定性好，不易堵塞，应用广泛。

周向缝隙式节流口如图 7—2（d）所示。阀芯上开有狭缝，旋转阀芯可以改变缝隙的通流面积，使流量得到调节。这种节流形式，油温变化对流量影响很小，不易堵塞，流量小时工作仍可靠，其应用很广泛。

轴向缝隙式（薄壁型）节流口如图 7—2（e）所示。在套筒上开有轴向缝隙，轴向移动阀芯可以改变缝隙的通流截面，使流量得到调节。这种节流形式不易堵塞，性能好，可以得到较小的稳定流量，但其结构较复杂，工艺性差。

三、流量控制阀的类型

（一）节流阀

如图 7—3 所示为一种节流阀的结构原理图及图形符号图。这种节流阀的节流口形式为轴向三角沟槽式，主要由阀体 6、阀芯 7、推杆 5、调节手柄 3 和复位弹簧 8 等组成。油液从进油口 P_1流入，经孔道 b 流至环形槽 d，再经过三角槽节流口进入孔道 a，再从出油口 P_2流出。出油口的压力油同时经过阀芯 7 的内腔 e 和孔 f 流入阀芯的右腔 g，由于压力油同时作用在阀芯 7 左、右两端的承压面上，且阀芯 7 两端的承压面积相等，所受的液压作用力也相等，所以阀芯 7 便只受复位弹簧 8 的作用紧靠在推杆 5 上。调节调节手柄 3，使推杆 5 做轴向移动，通过改变节流口的通流面积来调节流量。

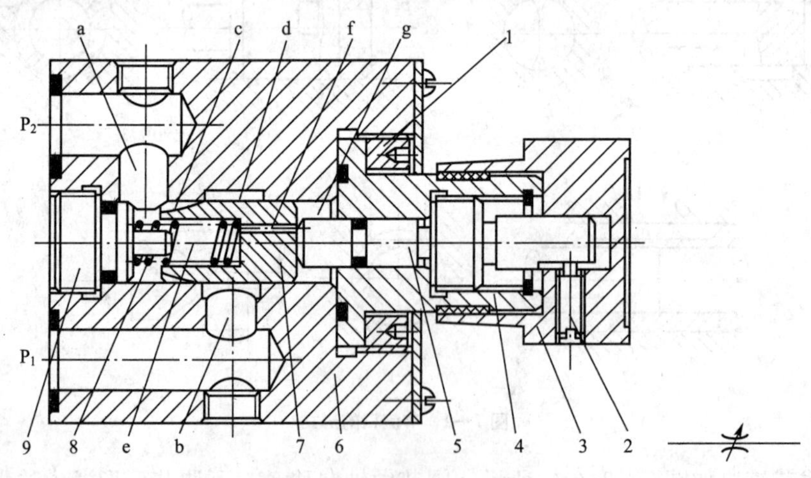

图 7—3　节流阀的结构原理及图形符号

1—紧固螺钉；2—紧定螺钉；3—调节手柄；4—套；

5—推杆；6—阀体；7—阀芯；8—复位弹簧；9—后盖

该节流阀结构简单，制造容易，体积小。但负载和温度的变化对流量影响大，只适用于负载和温度变化不大或对速度稳定性要求较低的液压系统。

(二) 调速阀

调速阀是由定差减压阀与节流阀串联而成的组合阀。节流阀用来调节通过的流量，减压阀则自动补偿负载变化的影响，使节流阀前后的压差为定值，消除了负载变化对流量的影响。

如图 7—4（a）所示为调速阀的工作原理图。其工作原理如下：调速阀由定差减压阀与节流阀串联，定差减压阀左右两腔也分别与节流阀前后端沟通。设定差减压阀的进口压力为 p_1，油液经减压后出口压力为 p_2，通过节流阀又降至 p_3 进入液压缸。p_3 的大小由液压缸负载 F 决定。负载 F 变化，则 p_3 和调速阀两端压差 p_1-p_3 随之变化，但节流阀两端压差 p_2-p_3 却不变。例如 F 增大使 p_3 增大，减压阀芯弹簧腔液压作用力也增大，减压阀芯左移，减压口开度加大，减压作用减小，使 p_2 有所增加，结果 p_2-p_3 保持不变。反之亦然。因此调速阀通过的流量不随负载变化而保持恒定。这样就控制了执行元件不随负载的变化而变化，只与节流阀开口大小有关。图 7—4（b）和图 7—4（c）分别是表示调速阀的详细符号和简化符号。

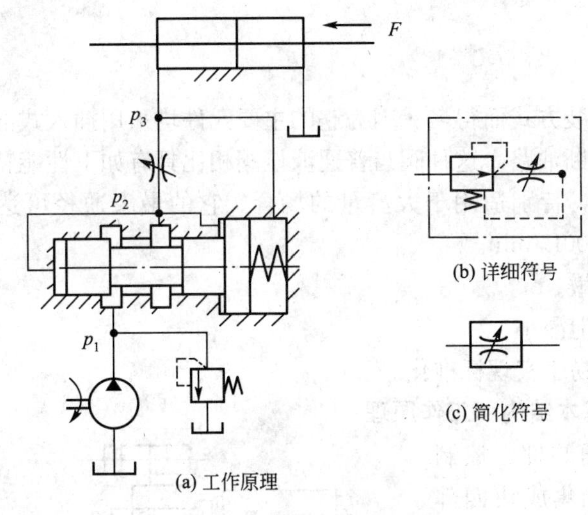

图 7—4 调速阀的工作原理图

思考与练习

7.1 节流阀最小稳定流量有何实际意义？影响节流阀最小稳定流量的主要因素是哪些？

7.2 试根据调速阀的工作原理进行分析，调速阀进油口和出油口能否反接？进油口和出油口接反后将会出现怎样的情况？

7.3 普通节流阀和直动式溢流阀都能做背压阀用，它们在作用上有无差别？

7.4 为什么说调速阀比节流阀的调速性能好？两种阀各用在什么场合较为合理？

7.5 调速阀在使用过程中，若流量仍然有一定程度的不稳定，试分析是什么原因造成的。

模块 8　其他控制阀及其应用

【教学目的】

了解插装阀、比例阀的结构和工作原理。

【建议学时】

2 学时。

随着工业技术的发展，在液压技术领域中出现了许多新型液压件，这里只简单地介绍插装阀和比例阀。

一、插装阀

插装阀，因其安装方式而得名。因为它的主要元件均采用插入式的连接方式，并且大部分采用锥面密封切断油路。这种阀与普通液压阀相比具有如下性能特点：

(1) 通流能力大，特别适用于大流量的场合。它的最大通径可达 200mm～250mm，通过的流量可达 10 000L/min。

(2) 阀芯动作灵敏。

(3) 密封性好，泄漏小。

(4) 结构简单，易于实现标准化。

(一) 插装阀的基本结构和工作原理

插装阀主要由插装件、控制盖板、先导控制阀和集成块四部分组成，如图 8—1 (a) 所示，图 8—1 (b) 所示为其图形符号图。

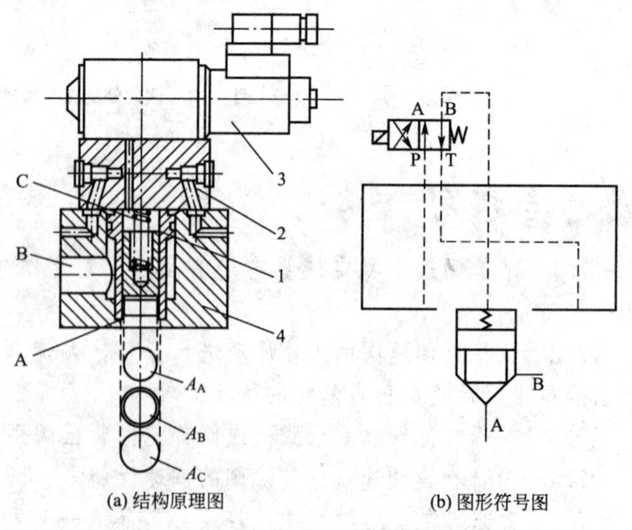

(a) 结构原理图　　(b) 图形符号图

图 8—1　插装阀结构原理图和图形符号图

1—插装件；2—控制盖板；3—先导控制阀；4—集成块；

A，B—主油路的工作油口；C—控制油口

插装件 1 由阀芯、阀体、弹簧和密封件等组成，可以是锥阀式结构，也可以是滑阀式结构。插装件是插装阀的主体，插装元件为中空的圆柱形，前端为圆锥形密封面的组合体，插装元件安装在插装块体内，可以自由地做轴向移动。控制插装阀芯的启闭和开启量的大小，可以控制主油路液体的流动方向、压力和流量。

控制盖板 2 由盖板内嵌装的

各种微型先导控制元件（如梭阀、单向阀、插式调压阀等）以及其他元件组成。控制盖板的主要功能是固定插装件、沟通控制油路与主阀控制腔之间的联系。

先导控制阀 3 是安装在控制盖板上（或集成块上），对插装件动作进行控制的小通径控制阀。它的作用是控制插装件阀芯的动作，以实现插装阀的各种功能。

集成块 4 用来安装插装件、控制盖板和其他控制阀，沟通主要油路。

就工作原理而言，插装阀相当于一个液控单向阀。A 和 B 为主油路的工作油口，C 为控制油口。通过控制油口的启闭和压力的大小，从而控制主阀阀芯的启闭和油口 A、B 的流向与压力。

（二）插装阀的应用

1. 插装方向控制阀

同普通液压阀相类似，插装阀与换向阀组合，可形成各种形式的插装方向控制阀，如图 8—2 所示。

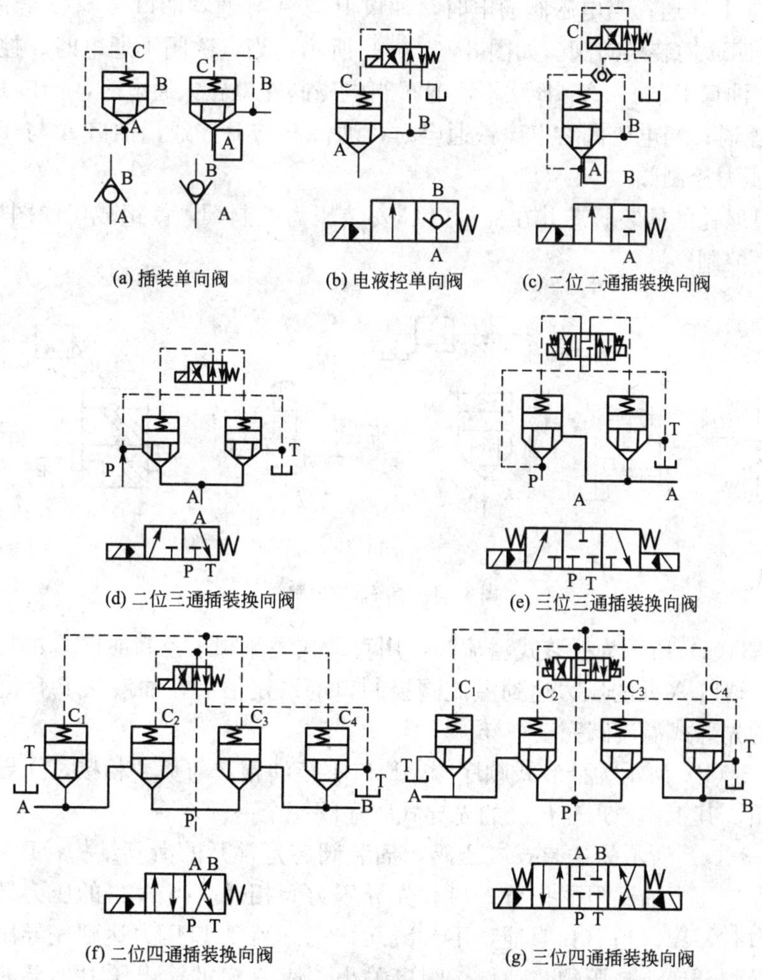

图 8—2　插装方向控制阀

(1) 插装单向阀。如图 8—2 (a) 所示，将插装阀的控制油口 C 与 A 或 B 连接形成插装单向阀。若 C 与 A 连接，则阀口 B 到 A 导通，A 到 B 不通；若 C 与 B 连接，则阀口 A

到B导通，B到A不通。

(2) 电液控单向阀。如图8—2（b）所示，当电磁阀不通电时，B口与C口连通，此时只能从A到B导通，B到A不通；当电磁阀通电时，C口通过电磁阀接油箱，此时A口与B口可以两方向导通。

(3) 二位二通插装换向阀。如图8—2（c）所示，当电磁阀不通电时，油口A与B关闭；当电磁阀通电时，油口A与B导通。

(4) 二位三通插装换向阀。如图8—2（d）所示，当电磁阀不通电时，油口A与T导通，油口P关闭；当电磁阀通电时，油口P与A导通，油口T关闭。

(5) 三位三通插装换向阀。如图8—2（e）所示，当电磁阀不通电时，控制油使两个插装件关闭，油口P、T、A互不连通；当电磁阀左电磁铁通电时，油口P与A连通，油口T关闭；当电磁阀右电磁铁通电时，油口A与T连通，油口P关闭。

(6) 二位四通插装换向阀。如图8—2（f）所示，当电磁阀不通电时，油口P与B导通，油口A与T导通；当电磁阀通电时，油口P与A导通，油口B与T导通。

(7) 三位四通插装换向阀。如图8—2（g）所示，当电磁阀不通电时，控制油使四个插装件关闭，油口P、T、A、B互不连通；当电磁阀左电磁铁通电时，油口P与A连通；油口B与T连通；当电磁阀右电磁铁通电时，油口P与B连通，油口A与T连通。

2. 插装压力控制阀

采用带阻尼孔的插装阀芯并在控制口C安装压力控制阀，就组成了如图8—3所示的各种插装压力控制阀。

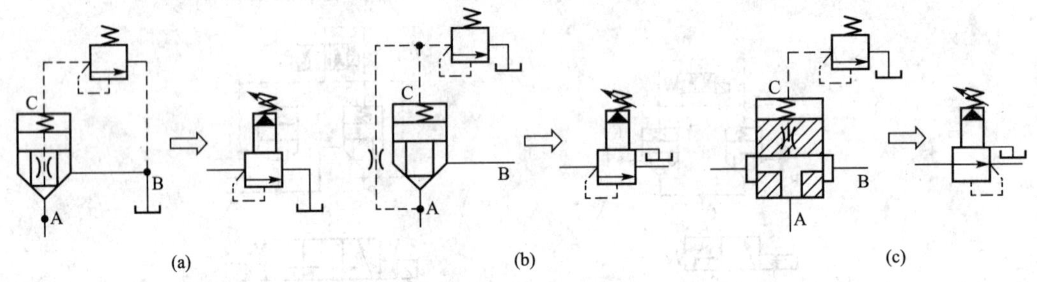

图8—3　插装压力控制阀

如图8—3（a）所示为插装式溢流阀，用直动式溢流阀来控制油口C的压力，当油口B接油箱时，阀口A处的压力达到溢流阀控制口的调定值后，油液从B口溢流，其工作原理与传统的先导式溢流阀完全一样。

如图8—3（b）所示为插装式顺序阀，B口不接油箱，与负载相接，先导溢流阀的出口单独接油箱，其工作原理与传统的先导式顺序阀完全一样。

如图8—3（c）所示为插装式减压阀，插装阀芯是常开的滑阀结构。B口为进口，A口为出口，A口压力油经阻尼孔与C口和先导压力阀相通。当A口的压力低于先导压力阀调定的压力时，A口与B口直通，不起减压作用。当A口压力达到先导压力阀调定的压力时，先导阀开启，减压阀芯动作，阀口关小，使A口的输出压力小于进口B的压力并且稳定在调定值上。所以构成先导式定值减压阀。

3. 插装流量控制阀

如图8—4（a）所示，用做流量控制阀的插装组件在锥阀芯的下端带有台肩尾部，其上开有三角形或梯形节流槽。在控制盖板上装有行程调节器（调节螺杆），以调节阀芯行程的大小，即控制节流口的开口大小，从而构成节流阀。

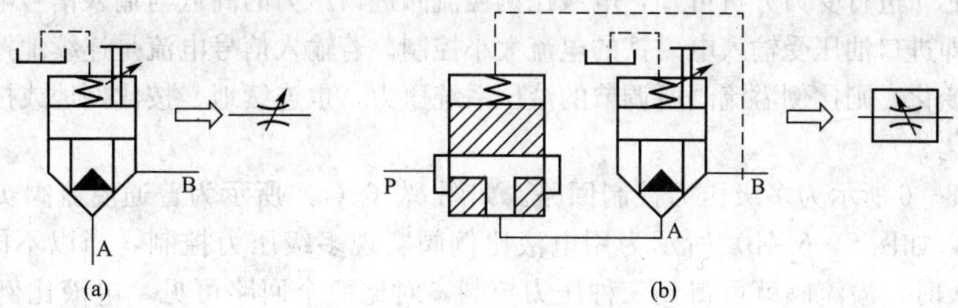

图 8—4 插装流量控制阀

如图 8—4（b）所示，将插装式节流阀前串接一插装式定差减压阀，减压阀芯两端分别与节流阀进出口相通，就构成了调速阀。和普通调速阀的原理一样，利用减压阀的压力补偿功能来保证节流阀进出口压差基本为定值，使通过节流阀的流量不受负载压力变化的影响。

二、比例阀

比例阀是一种能使所输出油液的参数（压力、流量和方向）随输入电信号参数（电流、电压）的变化而成比例的液压控制阀，它是集开关式电液控制元件和伺服式电液控制元件的优点于一体的一种新型液压控制元件。

同普通液压元件分类一样，比例阀按所控制参数种类的不同，可分为比例压力阀、比例流量阀、比例方向阀等。目前常用的比例阀大多是电气控制的，一般也称为电液比例阀。电气控制可采用电磁式或电动式，但常用的是电磁式。

与普通液压阀相比，比例阀具有以下优点：

(1) 能采用电信号对执行元件的力、速度和方向进行连续地、成比例地控制，并能防止压力或速度变化以及换向时的冲击现象。

(2) 能方便地实现远距离控制、程序控制和自动控制，特别适用于对控制精度和动态特性有一定要求的液压自动控制系统。

(3) 简化液压系统、减少液压元件的使用数量。

(一) 电液比例溢流阀

如图 8—5 所示为电液比例溢流阀的结构原理，它由直流比例电磁铁和先导型溢流阀组成。

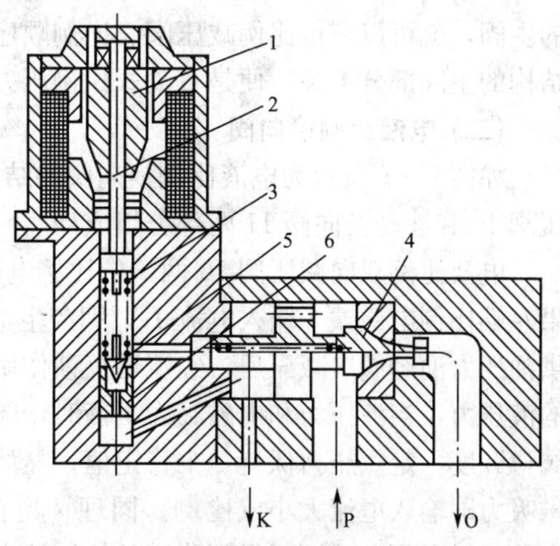

图 8—5 电液比例溢流阀的结构

1—电磁铁；2—推杆；3—弹簧；4—主阀芯；5—导阀芯；6—导阀座

其工作原理是：当输入一个电信号时，电磁铁 1 便产生一个相应的电磁力，通过推杆 2 和弹簧 3 的作用，使导阀芯 5 接触在阀座上，因此打开导阀的液压力与电流成正比，形成一个比例先导压力阀。孔为主阀芯 4 的阻尼孔。根据先导式溢流阀的工作原理，对溢流阀主阀芯 4 进行受力分析可知，电液比例溢流阀进口压力的高低与输入信号电流的大小成正比，即进口油压受输入电磁铁的电流大小控制。若输入信号电流是连续地按比例或按一定程序变化，则比例溢流阀所调节的液压系统压力，也连续地、按比例地或按一定程序地进行变化。

如图 8—6 所示为多级压力控制回路。如图 8—6（a）所示为普通溢流阀实现的三级压力控制，如图 8—6（b）所示为用电液比例阀实现多级压力控制，当以不同电流 I_1，I_2，I_3输入时，溢流阀就可得到三种压力控制，对比两个回路可见，电液比例溢流阀实现多级压力控制，使用液压元件数量少，系统简单。若输入的是连续变化的信号，则可实现连续的压力控制。

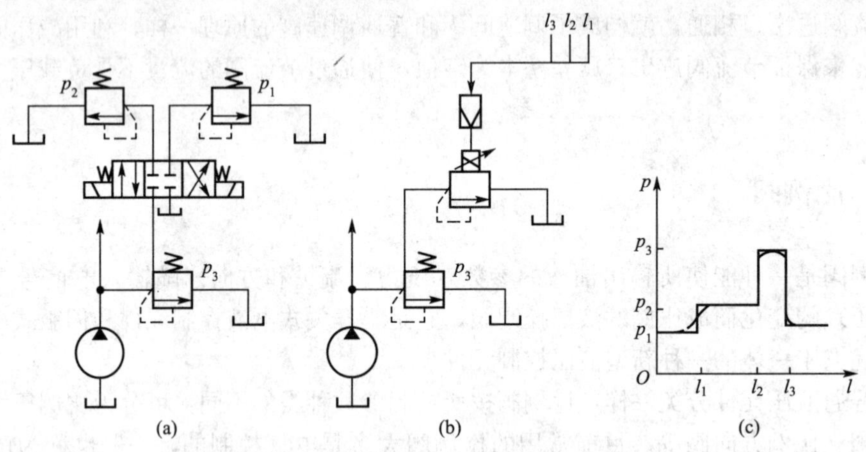

图 8—6 采用比例压力阀的多级压力控制回路

一般先导式压力阀都由先导阀和主阀两部分构成，因此只要改变如图 8—5 所示结构的主阀，就可以获得比例减压阀、比例顺序阀等不同类型的比例阀。若将如图 8—5 所示结构的主阀部分去掉，便是直动式比例压力阀的结构形式。

（二）电液比例换向阀

如图 8—7 所示为电液比例换向阀的结构原理图。电液比例换向阀由电液比例双向减压阀 10 和液动换向阀 11 两部分组成。

电液比例双向减压阀 10 两端的比例电磁铁 4、8 分别控制双向减压阀阀芯的位移。如果左端比例电磁铁 8 输入电流 I_1，则产生电磁吸力，使减压阀阀芯右移，右边阀口开启，供油压力油经阀口减压后，经流道反馈作用到阀芯右端面，形成一个与电磁吸力方向相反的液压力，当液压力和电磁吸力平衡时，阀芯停止右移，稳定在一定的位置，减压阀右边阀口开度一定，压力保持一个稳定值。显然此压力与供油压力无关，仅与比例电磁铁的电磁吸力即输入电流大小成比例。同理，当右端比例电磁铁输入电流 I_2时，减压阀阀芯将左移，经左阀口减压后得到稳定的控制压力。

液动换向阀 11 由阀体、主阀芯、左右端盖和节流阀 6、7 等零件组成。当电磁铁 8 输入电流时，减压阀芯右移，右减压阀口输出的控制压力油经流道 1 和节流阀 6 后，作用在

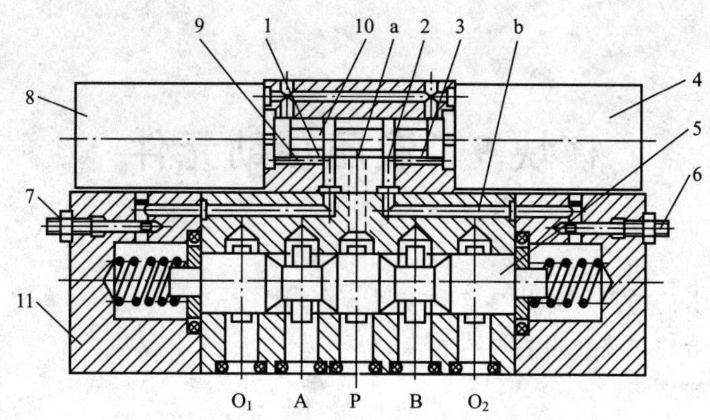

图 8—7　电液比例换向阀

1，2—流道；3，9—反馈孔；4，8—比例电磁铁；5—主阀芯；6，7—节流阀；10—电液比例双向减压阀；11—液动换向阀

主阀芯 5 右端时，液压力克服左端弹簧力使阀芯左移开启阀口，油口 P 与 B 通，A 与 O_1 通。随着弹簧压缩量增大、弹簧力增大，当弹簧力与液压力相等时，主阀芯停止左移，稳定在某位置，阀口开度一定。因此，主阀开口大小取决于输入的电流大小。同理，当比例电磁铁 4 输入电流时，减压阀左移，左减压阀口输出的控制压力经流道 1 和节流阀 7 作用主阀芯 5 左端，主阀反向位移，开启阀口，沟通油口 P 与 B、A 与 O_1，油流换向并保持一定的开口，开口大小与输入电流大小成比例。

综上所述，改变比例电磁铁的输入电流，不仅可以改变阀的工作液流方向，而且可以控制阀口大小，实现流量调节，即具有换向、节流的复合功能。

思考与练习

分析比例阀、插装阀与普通液压阀相比有何优缺点。

模块 9　液压辅助元件

【教学目的】

1. 掌握过滤器的功用、结构特点和应用场合；
2. 掌握蓄能器的主要功用和结构特点；
3. 了解油箱的结构；
4. 了解油管和管接头的类型和特点。

【建议学时】

2 学时。

液压辅助元件是液压系统不可缺少的一部分，它把组成液压系统的各种液压元件连接起来，并保证液压系统正常工作。液压系统中的辅助元件包括过滤器、蓄能器、油箱、冷却器和加热器，以及密封装置、油管、管接头等。在这里我们仅介绍其中几类。

一、过滤器

（一）过滤器的作用

液压油液的污染程度直接影响到液压元件和系统的正常工作及可靠性数据统计，液压系统的故障中有 75%～80%是由于油液污染造成的。油液中不可避免地存在着颗粒状的固体杂质，它会划伤液压元件运动副的结合面，严重磨损或卡死运动件，堵塞阀口，增加内部泄漏，降低效率，增加发热，加剧油液的化学作用，使油液变质，使系统工作的可靠性大为降低。在适当的部位上安装过滤器，其作用可以清除油液中的固体杂质，使油液保持清洁，延长液压元件使用寿命，保证液压系统工作的可靠性。

（二）过滤器的类型

过滤器按过滤材料的原理分为表面型过滤器、深度型过滤器和磁性过滤器 3 种。按滤芯的不同可分为网式、线隙式、纸质烧结式和磁性过滤器等。它们的类型、工作原理及特点如表 9—1 所示。

表 9—1　过滤器的类型、工作原理和特点

类型		结构图	工作原理	特点
表面型过滤器	网式过滤器	1—上端盖；2—过滤铜丝网；3—筒形骨架；4—下端盖	用细铜丝网 2 作为过滤材料，包在周围开有很多窗孔的塑料或金属筒形骨架 3 上。一般滤去杂质颗粒 $d>$0.08mm～0.18mm，阻力小，其压力损失不超过 0.01MPa。	结构简单，通流能力大，清洗方便，但过滤精度低，一般用于液压泵的吸油口。

（续前表）

类型		结构图	工作原理	特点
	线隙式过滤器	1—端盖；2—壳体； 3—筒形骨架；4—金属线	由端盖1、壳体2和滤芯等组成，滤芯是用金属线4绕在筒形骨架3的外圆上，利用线间的缝隙进行过滤。一般滤去杂质颗粒$d \geqslant 0.03mm \sim 0.1mm$，压力损失为0.07MPa～0.35MPa，常用在回油低压管路或泵吸油口。	结构简单，通流能力大，过滤精度比网式过滤器高，但滤芯材料强度低，不易清洗。
深度型过滤器	纸质过滤器	1—污染指示器；2—滤芯外层； 3—滤芯中间层；4—滤芯内层； 5—支撑弹簧	其滤芯为平纹或波纹的酚醛树脂或木浆微孔滤纸制成的纸芯，将纸芯围绕在带孔的镀锡铁做成的骨架上，以增大强度。为增加过滤面积，纸芯一般做成折叠形。滤芯分三层，外层2为粗眼钢板网，中间层3为折叠的滤纸，滤芯内层4由金属丝与滤纸一并折叠在一起制成。外层和内层起增大滤纸的强度和均匀折叠空间的作用。滤芯中央装有支撑弹簧5。工作时，油液从滤芯外面经滤纸进入滤芯内，从孔道a流出。这种过滤器滤去杂质颗粒$d \geqslant 0.03mm \sim 0.05mm$，压力损失为0.08MPa～0.4MPa。	过滤精度高，重量轻，结构紧凑，通流能力大；缺点是堵塞后无法清洗，需定期更换纸芯，强度低，一般用于精过滤系统。
	烧结式过滤器	1—端盖；2—壳体；3—滤芯	滤芯3是用颗粒状青铜粉烧结而成的。油液从左侧油孔进入，经杯状滤芯过滤后，从下部油孔流出。它可滤去$d \geqslant 0.01mm \sim 0.1mm$颗粒，压力损失较大，为0.03MPa～0.2MPa，多用在回油路上。	滤芯能承受高压，抗腐蚀性好，过滤精度高，适用于要求精滤的高压、高温液。
磁性过滤器			滤芯由永久磁铁制成，能吸住油液中的铁屑、铁粉、带磁性的磨料。它常与其他形式的滤芯合起来制成复合式过滤器，特别适用于加工钢铁件的机床液压系统。	

(三) 过滤器的安装位置

如图 9—1 所示过滤器在液压系统中的安装位置通常有以下几种：

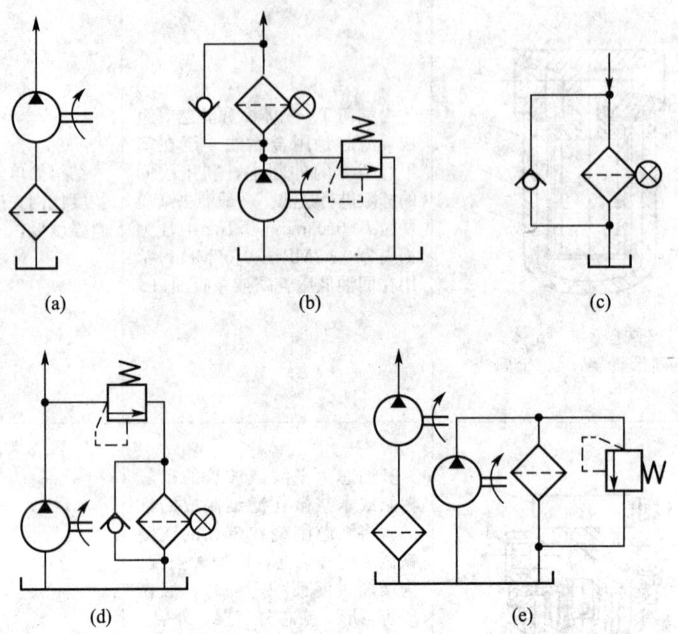

图 9—1 滤油器的安装

(1) 安装在泵的吸油管路上，如图 9—1(a) 所示。泵的吸油路上一般都安装有粗过滤器，目的是滤去较大的杂质微粒以保护液压泵，此外，过滤器的过滤能力应为泵流量的两倍以上。

(2) 安装在泵的出油口上，如图 9—1(b) 所示。此处安装过滤器的目的是用来滤除可能侵入阀类等元件的污染物。同时应安装安全阀，以防过滤器堵塞。

(3) 安装在系统的回油管路上，如图 9—1(c) 所示。这种安装起间接过滤作用。一般与过滤器并联安装一个背压阀，当过滤器堵塞达到一定压力值时，背压阀打开。

(4) 安装在液压系统分支油路上，如图 9—1(d) 所示。主要是装在溢流阀的回油路上，不使所有的油液经过过滤器，以便降低过滤器的容量。

(5) 安装在单独过滤系统中，如图 9—1(e) 所示。大型液压系统可专设一套由液压泵和过滤器组成的独立过滤回路，以加强滤油效果。

二、蓄能器

(一) 蓄能器的类型及特点

蓄能器是液压系统中储存油液压力能的元件，它储存多余的压力油，并在需要时释放出来供给系统。根据蓄能器内油液加载方式不同，分为充气式、重力式和弹簧式。目前常用的是利用气体膨胀和压缩进行工作的充气式蓄能器，根据结构的不同分为活塞式、气囊式等。它们的结构、工作原理及特点如表 9—2 所示。

表 9—2 蓄能器的类型、工作原理和特点

类型		结构图	工作原理	特点
充气式	活塞式	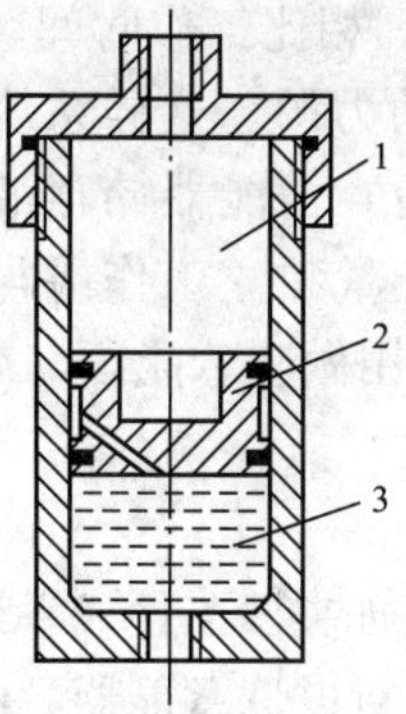 1—气体；2—活塞；3—液压油	活塞的上部为压缩气体，下部为压力油液，压力油从下部进油口进入，推动活塞，压缩活塞上腔的气体储存能量。当系统压力低于蓄能器内压力时，气体推动活塞，释放压力油，满足系统需要。	结构简单，安装容易，维护方便，使用寿命长。但是受活塞运动时惯性和摩擦力的影响，反应不够灵敏，不适用于吸收脉动和缓和液压冲击。此外，缸筒和活塞之间有密封性能要求，且密封件磨损后，会使气液混合，影响系统的工作稳定性。
充气式	气囊式	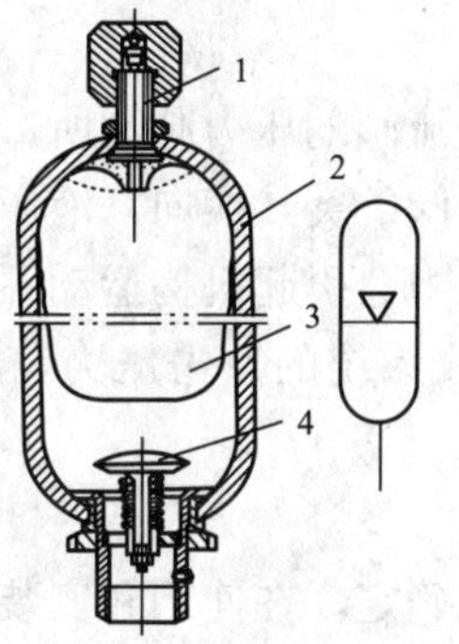 1—充气阀；2—壳体；3—气囊；4—菌形限位阀	气囊 3 安装在壳体 2 内的上部，由充气阀 1 为气囊 3 充入氮气，蓄能器工作时充气阀 1 关闭。壳体 2 下部有一菌形限位阀 4，它能使油液通过阀门进入蓄能器，又可防止油液全部排出时气囊膨胀出壳体而损坏。工作时，压力油从下入口顶开菌形限位阀 4 进入蓄能器压缩气囊，气囊内的气体被压缩而储存能量；当系统压力低于蓄能器压力时，气囊膨胀压力油输出，蓄能器释放能量。	气囊惯性小，反应灵敏，可吸收急速的压力冲击和脉动，体积小，重量轻，安装方便，是目前应用最广泛的一种蓄能器。
重力式	重锤式	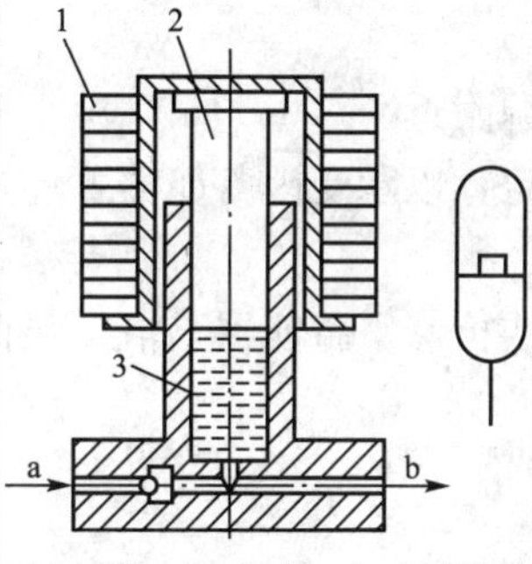 1—重物；2—活塞；3—液压油	利用重物的位置变化来储存和释放能量。重物 1 通过活塞 2 作用于液压油 3 上，使之产生压力。当储存能量时，油液从孔 a 经单向阀进入蓄能器内，通过柱塞推动重物上升；释放能量时，柱塞同重物一起下降，油液从 b 孔输出。	结构简单，压力稳定，体积大，笨重，运动惯性大，反应不灵敏，密封处易漏油，有摩擦损失。目前只有少数大型固定设备使用。
弹簧式		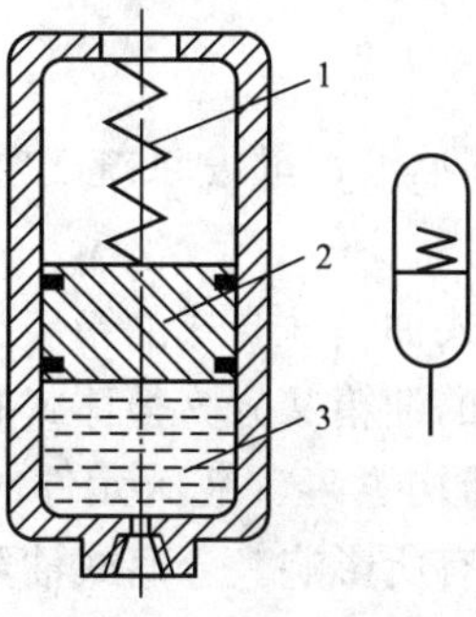 1—弹簧；2—活塞；3—液压油	利用弹簧的伸缩来储存和释放能量。弹簧 1 的力通过活塞 2 作用于液压油 3 上。液压油的压力取决于弹簧的预紧力和活塞的面积。由于弹簧伸缩时弹簧力会发生变化，所形成的油压也会发生变化。为减少这种变化，一般弹簧的刚度不可太大，弹簧的行程也不能过大，从而限制了工作压力。	结构简单，体积小，反应较灵敏等特点，仅在小容量及低压系统中做蓄能及缓冲用。

（二）蓄能器的功用

1. 用做辅助动力源或应急能源

若液压系统的执行元件是间歇性工作，且与停顿时间相比工作时间较短，为节省液压系统的动力消耗，可在系统中设置蓄能器作为辅助动力源。这样系统可采用一个功率较小的液压泵。当执行元件不工作或运动速度很低时，蓄能器储存液压泵的全部或部分能量；当执行元件工作或运动速度较高时，释放能量独立工作或与液压泵一同向执行元件供油。当液压泵发生故障或停电时，蓄能器能用做应急能源，在一段时间内向系统供油。

2. 补偿泄漏和维持系统压力恒定

若液压系统的执行元件需长时间保持某一工作状态，如夹紧工件或举顶重物，为节省消耗，要求液压泵停机或卸载。此时可在执行元件的进口处并联蓄能器，由蓄能器补油保持恒压，以保证执行元件的工作可靠性。

3. 吸收脉动压力和缓和冲击压力

液压系统的压力脉动主要由液压泵的流量脉动和溢流阀的压力脉动所造成。而液压冲击则因液流的激烈变化所引起，如液压缸开、停，换向阀的突然换向，液压泵突然停止工作等都会产生液压冲击。液压系统的脉动压力和冲击压力会引起机构运动不均匀，严重时还会引起故障，甚至会破坏设备。使用蓄能器可以吸收系统的冲击压力，起安全保护作用。此外，还可使系统压力脉动均匀化。

（三）蓄能器的安装与使用

蓄能器在液压系统中安装的位置由蓄能器的功能来确定。在使用和安装蓄能器时应注意以下问题：

（1）气囊式蓄能器应垂直安装，倾斜安装或水平安装会使蓄能器的气囊与壳体磨损，影响蓄能器的使用寿命。

（2）吸收压力脉动或冲击的蓄能器应该安装在振源附近。

（3）安装在管路中的蓄能器必须用支架或挡板固定，以承受因蓄能器蓄能或释放能量时所产生的动量反作用力。

（4）蓄能器与管道之间应安装止回阀，用于充气或检修。蓄能器与液压泵间应安装单向阀，防止停泵时压力油倒流。

三、油箱

（一）油箱的功用与分类

油箱的主要功用是：储存液压系统工作所需的足够油液；散发系统工作中产生的热量；沉淀污物并逸出油中气体。

按油箱液面是否与大气相通，可分为开式油箱和闭式油箱。开式油箱广泛用于一般的液压系统；闭式油箱多用于行走设备及车辆。开式结构的油箱又分为整体式和分离式。整体式油箱通常是利用主机的底座作为油箱，其特点是结构紧凑、液压元件的泄漏容易回收，但散热性能差，维修不方便，对主机的精度及性能有所影响。分离式油箱单独成立一个供油泵站，与主机分离，其散热性、维护和维修性均好于整体式油箱，但须增加占地面积。目前，精密设备多采用分离式油箱。

(二) 油箱的典型结构

如图 9—2 所示为开式结构分离式油箱的结构简图。箱体一般用 2.5mm～4mm 厚的薄钢板焊接而成，表面涂有耐油涂料；油箱中间有两个隔板 7 和 9，用来将液压泵的吸油管 1 与回油管 4 分离开，以阻挡沉淀杂物及回油管产生的泡沫；油箱顶部的安装板 5 用较厚的钢板制造，用以安装电动机、液压泵、集成块等部件。在安装板上装有过滤网 2、防尘盖 3，用以注油时过滤，并防止异物落入油箱。防尘盖侧面开有小孔与大气相通；油箱侧面装有液位计 6 用以显示油量；油箱底部装有排油阀 8 用以换油和排污。

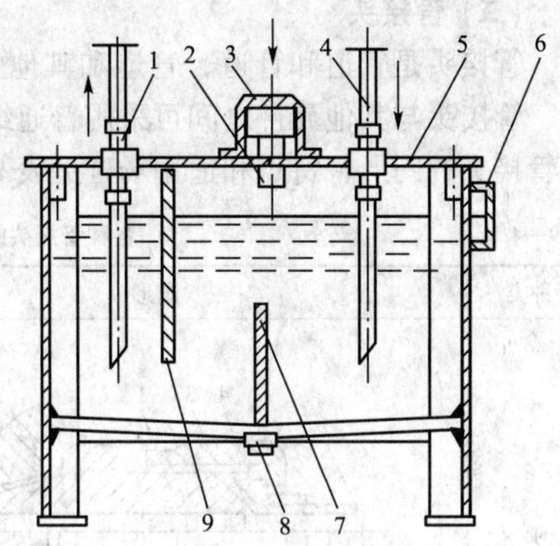

图 9—2 油箱结构

1—吸油管；2—过滤网；3—防尘盖；4—回油管；5—安装板；6—液位计；7，9—隔板；8—排油阀

四、其他辅助元件

除上述介绍的液压辅件外，还有其他一些辅件也是液压系统中必不可少的元件，如油管、管接头、密封件、压力表等。这里主要介绍油管和管接头。

(一) 油管

对分散的液压元件要用油管和管接头连接，才能构成一个完整的液压系统，油管的性能对液压系统的工作状态有直接的关系。

在液压系统中所使用的油管有铜管、钢管、橡胶软管、尼龙管、塑料管等多种。采用哪种油管，主要由工作压力、安装位置和使用环境等条件决定。各种管的特点和适用场合见表 9—3。

表 9—3 各种管的特点和适用场合

种类		特点和适用场合
硬管	钢管	价廉，耐油，抗腐蚀，刚性好，装配时不易弯曲，但装配后长久保持原形。常在装拆方便处用做压力管道。油液不易氧化。中压以上用冷拔无缝钢管，低压用焊接钢管。
	紫铜管	价廉，抗振能力差，耐压力低，易使油液氧化，但易弯曲成形，且管壁光滑，流动阻力小，可用于仪表和装配不便处。
软管	尼龙管	乳白色半透明，可观察流动情况。加热后可任意弯曲成形和扩口，冷却后即定形。承压能力因材料而异（2.5MPa～8MPa）。有发展前途。
	塑料管	耐油，价低，装配方便，长期使用会老化，只用做压力低于 0.5MPa 的回油管与泄油管。
	橡胶管	用于有相对运动的部件的连接，分高压和低压两种。橡胶管装配方便。有可挠性、吸振性和消声性，但价贵，寿命短。高压橡胶管由耐油橡胶夹以 1～3 层钢丝网（层数越多耐压越高）制成，用于压力管路。低压橡胶管由耐油橡胶夹帆布制成，用于回油管路。

(二) 管接头

管接头是管道和管道、管道和其他元件（如泵、阀和集成块等）之间的可拆卸连接件。管接头与其他元件之间可采用普通细牙螺纹连接或锥螺纹连接（多用于中低压）。各种管接头的图形、特点和适用场合见表 9—3。

表 9—4　各种管接头的图形、特点和适用场合

种类	图形	特点和适用场合
扩口式管接头	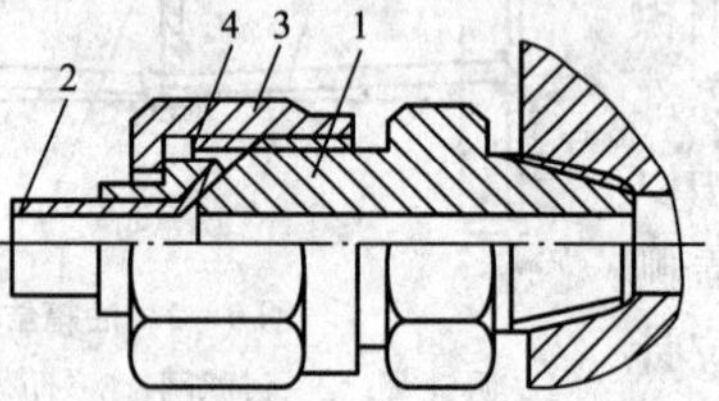 1—接头体；2—接管；3—螺母；4—导套	适用于铜、铝管或薄壁钢管，也可用来连接塑料管和尼龙管等低压管道。接管穿入导套后扩成喇叭口（74°～90°），再用螺母把导套连同接管一起压紧在接头体的锥面上形成密封。
卡套式管接头	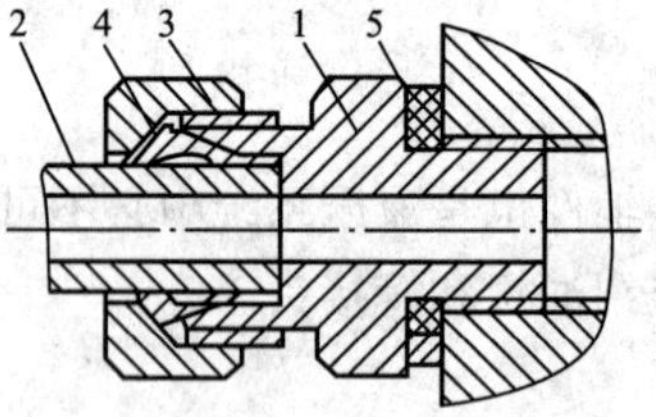 1—接头体；2—接管；3—螺母；4—导套；5—组合垫圈	由接头体、卡套和螺母这三个基本零件组成。卡套是一个在内圆端部带有锋利刃口的金属环，刃口的作用是在装配时切入被连接的油管而起连接和密封作用。这种管接头轴向尺寸要求不严、拆装方便，不需焊接或扩口。但对油管的径向尺寸精度要求较高。采用冷拔无缝钢管，使用压力可达 32MPa。油管外径一般不超过 42mm。
焊接式管接头	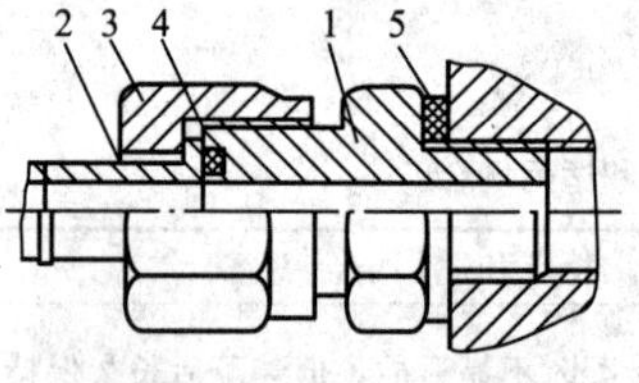 1—接头体；2—接管；3—螺母；4—O 形圈；5—组合垫圈	管子的一端与管接头的接管焊接在一起，通过螺母将接管与接头体压紧。接管与接头体间的密封方式有球面与锥面接触密封和平面加 O 形圈密封两种形式，前者有自位性，安装时不是很严格，但密封可靠性稍差，适用于工作压力不高的液压系统（约 8MPa 以下的系统）；后者可用于高压系统。 焊接式管接头制造工艺简单，工作可靠，扩装方便，对被连接的油管尺寸及表面精度要求不高，工作压力可达 32MPa 以上，是目前应用最广泛的一种形式。
插入快换式接头	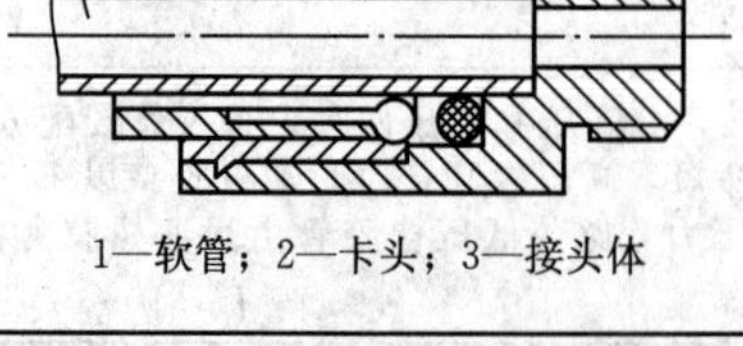 1—软管；2—卡头；3—接头体	气压管路专用接头。它用于微型气压元件，逻辑元件小直径软管连接。使用时将软管插入接头体，管子插到头后向外拉动，卡头即把管子卡紧，这样就可实现管子的快速连接。当需要拆下管子时，向里推动卡头，同时向外拉管子可将管子拔出。

（续前表）

种类	图　　形	特点和适用场合
快速接头	 1—挡圈；2，10—接头体；3，7，12—弹簧；4，11—单向阀阀芯；5—O形圈；6—外套；8—钢球；9—弹簧卡圈	图中为快速接头连接工作情况，外套6把钢球8压入槽底使接头体10和2连接起来，单向阀4和11互相推挤使油路接通。1为挡圈，5为O形圈，9为弹簧卡圈。当需要断开时，可用力将外套向左推，同时拉出接头体10，油路断开。与此同时，单向阀阀芯4和11在各自弹簧3和12的作用下外伸，顶在接头体2和10的阀座上，使两个管内的油封闭在管中，弹簧7使外套6回位。这种接头在液压和气压系统中均有应用。
扣压式管接头		扣压式管接头是高压胶管接头常用的一种形式。扣压式管接头，装配时须剥离外胶层，然后在专门设备上扣压而成，它由接头外套和接头心组成。软管装好再用模具扣压，使其具有较好的抗拔脱和密封性能。

思考与练习

9.1　过滤器有哪些类型？各用在什么场合？如何选用？

9.2　绘图说明过滤器一般安装在液压系统中的什么位置。

9.3　蓄能器有哪些功用？常用的蓄能器有哪些类型？

9.4　蓄能器在安装和使用中应注意哪些问题？

9.5　油箱的作用是什么？设计时应考虑哪些问题？

模块 10 其他基本回路

【教学目的】

1. 掌握节流调速回路的调速原理和主要性能参数计算；
2. 了解容积调速回路和容积节流调速回路的调速原理和性能特点；
3. 掌握快速回路的工作原理、速度换接回路的工作原理；
4. 了解各种顺序动作回路、同步回路和多缸互不干扰回路的工作原理。

【建议学时】

8 学时。

一、速度控制回路

在液压传动系统中，速度控制回路有调速回路、快速回路和速度换接回路等，其中调速回路占有重要地位。

(一) 调速回路

调速回路是用来调节执行元件运动速度的，缸的运动速度 v 由进入（或流出）缸的流量 q 和有效工作面积 A 决定，即：$v=q/A$。马达的转速 n 由进入马达的流量 q 和马达的单转排量 V 决定：$n=q/V$，那么改变运动速度（转速）可通过改变 q 或 A（V）来实现。而工作中改变面积 A 较难，故合理的调速途径是改变流量 q（流量阀或变量泵）和使用排量 V 可变的变量马达。根据上述分析，调速回路有以下 3 种形式：节流调速回路、容积调速回路和容积节流调速回路。

1. 节流调速回路

节流调速回路是指在定量泵供油液压系统中，用节流阀或调速阀调节执行元件速度的调速回路。根据流量阀安装位置的不同，可分为进口节流调速回路、出口节流调速回路和旁路节流调速回路 3 种。

(1) 进口节流调速回路。

1) 回路组成。如图 10—1 所示，将节流阀安置在定量泵与液压缸之间，即液压缸的进油路上，通过调节节流阀节流口的大小，控制进入液压缸的流量，来调节液压缸的运动速度，定量泵输出的多余流量经溢流阀溢回油箱。由于节流阀串联在液压缸的进油路上，故称为进口节流调速回路。

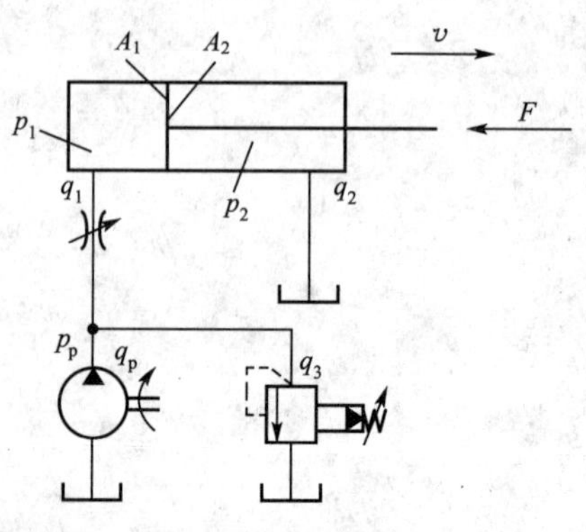

图 10—1 节流阀的进口节流调速回路

2) 工作原理。定量泵输出的流量 q_p 是恒定的，一部分流量 q_1 经节流阀输入给液压缸左腔，用于克服负载 F，推动活塞右移，另一部分泵输出的多余

流量 q_3 经溢流阀溢回油箱，其流量关系式为

$$q_p = q_1 + q_3 \tag{10—1}$$

从流量关系式不难看出，节流阀必须与溢流阀配合使用才能起调速作用，输入液压缸的流量越少，从溢流阀溢回油箱的流量就越多。由于溢流阀在进口节流调速回路中起溢流作用，因此处于常开状态，泵的出口压力与负载无关，它等于溢流阀的调整压力，其值基本恒定。

3）参数计算。活塞运动速度 v 决定于进入液压缸的流量 q_1 和液压缸进油腔的有效面积 A_1，即

$$v = \frac{q_1}{A_1} \tag{10—2}$$

进入液压缸的流量 q_1 和节流阀通过的流量 q_T 相等，如果节流阀阀口按薄壁小孔计算，则

$$q_1 = q_T = C_q A_T \sqrt{\frac{2}{\rho}\Delta p} \tag{10—3}$$

式中，A_T 为节流阀节流口的通流面积；C_q 为流量系数（一般取 0.62）；Δp 为节流阀进、出油口两端压力差。

节流阀出口压力与液压缸进油腔的压力 p_1 相等，它决定于负载大小，而节流阀进口压力与泵的出口压力相等，它等于溢流阀的调整压力，因而节流阀的压差 Δp 为

$$\Delta p = p_p - p_1 \tag{10—4}$$

当活塞克服负载做等速运动时，活塞受力平衡方程式为

$$p_1 A_1 = p_2 A_2 + F \tag{10—5}$$

因此，活塞的运动速度为

$$v = \frac{C_q A_T \sqrt{\frac{2}{\rho}\left(p_p - \frac{F}{A_1}\right)}}{A_1} \tag{10—6}$$

（2）出口节流调速回路。

1）回路组成及原理。如图 10—2 所示，将节流阀串联在液压缸的回油路上，即安装在液压缸与油箱之间，由节流阀控制与调节排出液压缸的流量，从而调节活塞的运动速度。进入液压缸的流量受排出流量的限制，因此由节流阀调节排出液压缸的流量，也就调节了进入液压缸的流量。定量泵输出的多余油液经溢流阀流回油箱。

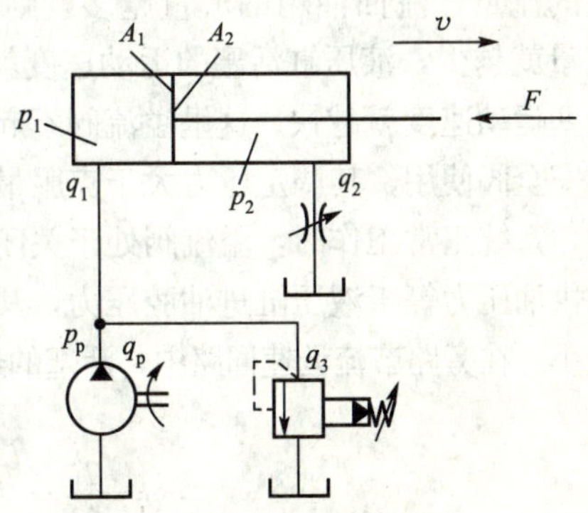

图 10—2 节流阀的出口节流调速回路

2）参数计算。活塞运动速度 v 决定于进入液压缸的排油流量 q_2 和液压缸排油腔的有效面积 A_2，即

$$v = \frac{q_2}{A_2} = \frac{q_1}{A_1} \tag{10—7}$$

液压缸的排油流量 q_2 和节流阀通过的流量 q_T 相等，即

$$q_2=q_T=C_qA_T\sqrt{\frac{2}{\rho}\Delta p} \tag{10—8}$$

式中符号含义同前。

而节流阀的压差 Δp 为

$$\Delta p=p_2-0=p_2 \tag{10—9}$$

活塞受力平衡方程式为

$$p_1A_1=p_2A_2+F$$

这里 $p_1=p_p$，液压缸的进油压力等于泵的出口压力，由于进入液压缸的流量小于泵输出的流量，因此系统在工作时，溢流阀是常开的，将泵输出的多余流量溢回油箱。泵的出口压力等于溢流阀的调整压力，其值为恒定。

得

$$p_2=\frac{p_pA_1-F}{A_2}$$

因此活塞的运动速度为

$$v=\frac{C_qA_T\sqrt{\frac{2}{\rho}\left(p_p\frac{A_1}{A_2}-\frac{F}{A_2}\right)}}{A_1} \tag{10—10}$$

(3) 旁路节流调速回路。

1) 回路组成。如图 10—3 所示，将节流阀安装在与液压缸并联的支路上，液压泵输出的流量一部分进入液压缸，另一部分经节流阀流回油箱，用调节节流阀节流口的大小来控制进入液压缸的流量，从而实现对液压缸运动速度的调节。由于节流阀安装在支路上，所以称为旁路节流调速回路。

2) 工作原理。由于节流阀安装在液压泵与油箱之间，所以液压缸的运动速度取决于节流阀流回油箱的流量，流回油箱的流量越多，则进入液压缸的流量就越少，液压缸活塞的运动速度就越慢；反之则活塞运动速度就越快。这里溢流阀不起溢流作用，而做安全阀使用，其调定压力大于克服最大负载所需压力，系统正常工作时，溢流阀处于关闭状态。液压泵的供油压力等于液压缸进油腔压力，其值决定于负载大小。在旁路节流调速回路中，活塞的运动速度为

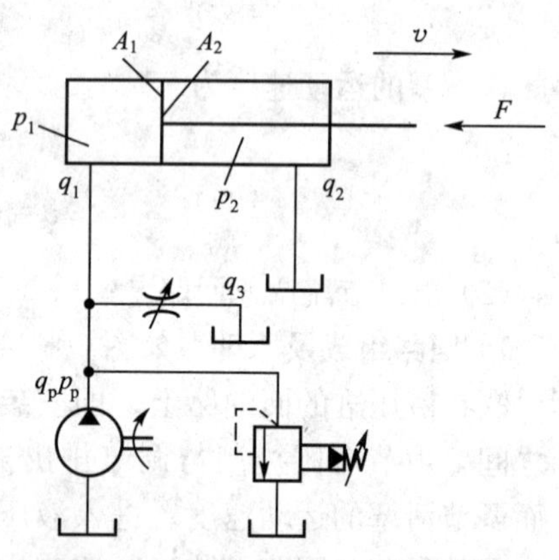

图 10—3　节流阀的旁路节流调速回路

$$v=\frac{q_1}{A_1}=\frac{q_p-q_T}{A_1}=\frac{q_p-C_qA_T\sqrt{\frac{2}{\rho}\Delta p}}{A_1} \tag{10—11}$$

式中符号含义同前。

节流阀的压差 Δp 为

$$\Delta p=p_1-0=p_1 \tag{10—12}$$

活塞受力平衡方程式为

$$p_1 A_1 = p_2 A_2 + F$$

$$\Theta p_2 = 0 \quad \Theta p_1 = \frac{F}{A_1}$$

因此活塞的运动速度为

$$v = \frac{q_p - C_q A_T \sqrt{\frac{2}{\rho} \frac{F}{A_1}}}{A_1} \tag{10—13}$$

三种节流调速回路的性能特点见表10—1。

表10—1 三种节流调速回路的性能特点

项目＼形式	进口节流调速回路	出口节流调速回路	旁路节流调速回路
速度负载特性曲线	v; m=0.5; $A_{v1}>A_{v2}>A_{v3}$; A_{v1}; A_{v2}; A_{v3}; O; F_{max}; F	v; m=0.5; $A_{v1}>A_{v2}>A_{v3}$; A_{v1}; A_{v2}; A_{v3}; O; F_{max}; F	v; m=0.5; $A_{v1}>A_{v2}>A_{v3}$; A_v=0; A_{v3}; A_{v2}; A_{v1}; O; F
速度负载特性	速度随负载而变化，速度稳定性差	速度随负载而变化，速度稳定性差	速度随负载而变化，速度稳定性很差
运动平稳性	较差	好	很差
承受负值负载能力	不能	能	不能
承载能力	最大负载由溢流阀调整压力决定，能够克服的最大负载为常数，不随节流阀通流面积的改变而改变	最大负载由溢流阀调整压力决定，能够克服的最大负载为常数，不随节流阀通流面积的改变而改变	最大承载能力随节流阀通流面积的增大而减小，低速时承载能力差
功率和效率	功率消耗与负载、速度无关，低速轻载时效率低、发热大	功率消耗与负载、速度无关，低速轻载时效率低、发热大	功率消耗随负载增大而增大，效率较进、出口节流调速回路高，发热小
调速范围	较大	比进油路的稍大些	较小
使用场合	只宜用于负载变化不大，低速、小功率场合，如机床的进给系统中	宜用于负载变化不大，低速、小功率场合，如某些机床的进给系统中	宜用于负载大一些、速度高一些且平稳性要求不高的中等功率的液压系统

2. 容积调速回路

容积调速回路是由液压泵和液压马达（液压缸）组成的，依靠改变变量泵或变量马达的排量来改变液压马达转速（或液压缸的运动速度）的回路。容积调速回路有三种方式：

其一，变量泵和定量液压马达（液压缸）组成的容积调速回路。

其二，定量泵和变量液压马达组成的容积调速回路。

其三，变量泵和变量液压马达组成的容积调速回路。

根据油路的循环方式不同，容积调速回路可采用开式回路和闭式回路两种。开式回路就是液压泵从油箱吸油，输入给执行元件，回油则直接流回油箱。开式回路的特点是结构简单，油液在油箱中会得到很好的冷却和沉淀杂质；但油箱尺寸大，空气易侵入。闭式回路就是系统回油管与液压泵吸油管相连，使系统形成封闭的循环。闭式回路的特点是油箱尺寸小，结构紧凑，由于是封闭的回路，减少了空气及脏东西的侵入；但油液不易冷却，需要辅助泵进行换油、冷却和补充泄漏，结构复杂。在节流调速回路中多采用开式回路，在容积调速回路中多采用闭式回路。

(1) 变量泵和液压缸或定量液压马达所组成的容积调速回路。

如图 10—4 (a) 所示为变量泵与液压缸组成的开式容积调速回路；如图 10—4 (b) 所示为变量泵与定量液压马达组成的闭式容积调速回路。通过改变变量泵的排量 V_p 实现对液压缸或液压马达的运动速度调节，执行元件需要多少流量，变量泵就供应多少流量。变量泵输出流量全部进入执行元件，无节流损失和溢流损失。回路中的溢流阀 3 用于防止系统过载，用做安全阀，系统正常工作时安全阀关闭。在图 10—4 (b) 中，泵 4 是补充泄漏用的辅助泵，泵 4 的流量很小，当需要时，向系统补油。溢流阀 4 是使变量泵吸油口有一较低的压力，以防空气侵入。

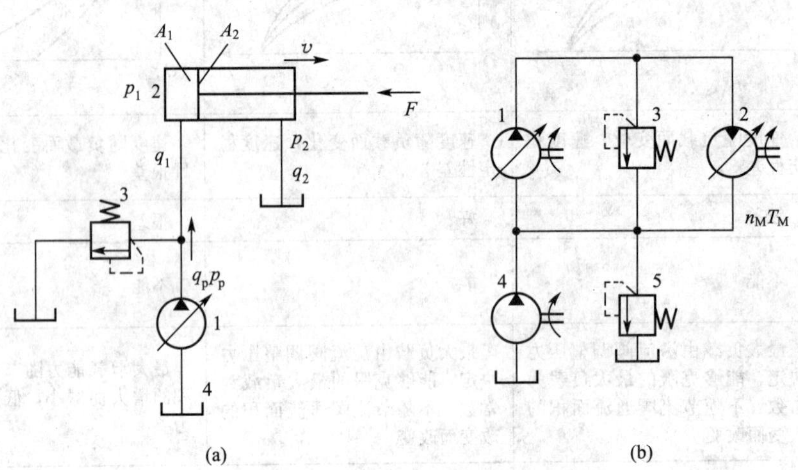

图 10—4 变量泵一定量液压马达式容积调速回路

执行元件的运动速度为

液压缸：
$$v=\frac{q_p}{A_1}=\frac{V_pn_p}{A_1} \tag{10—14}$$

液压马达：
$$n_M=\frac{q_p}{V_M}=\frac{V_pn_p}{V_M} \tag{10—15}$$

执行元件的输出转矩和输出功率分别为

马达的输出转矩：
$$T_M=\frac{pV_M}{2\pi} \tag{10—16}$$

马达的输出功率：
$$P_M=2\pi n_MT_M=pV_pn_p \tag{10—17}$$

式中，q_p 为泵的输出流量；V_p 为泵的排量；n_p 为泵的转速；A_1 为液压缸有效面积；V_M 为液压马达的排量；v 为活塞的运动速度；n_M 为液压马达的转速；p 为系统供油压力；T_M

为液压马达输出转矩；P_M为液压马达输出功率。

从式10—15可以看出，调节变量泵的排量V_p可以调节执行元件的速度。执行元件运动速度v（n_M）与泵的排量V_p按线性规律变化，执行元件需要多大速度，变量泵就供给多少流量。从公式中还可看出，速度与负载无关。如果不考虑泄漏的影响，回路的速度稳定性很好。

从式10—16和式10—17可以看出，当供油压力p不变时，因定量马达的排量是固定的，则在调速范围内各种速度下，液压马达的输出转矩也不变，所以这种调速为恒转矩调速。其输出功率P_M随着变量泵的排量V_p变化而线性变化。

(2) 定量泵和变量液压马达组成的容积调速回路。

如图10—5所示为由定量泵和变量液压马达组成的闭式调速回路。在工作中，定量泵1输出的流量全部进入液压马达，马达排量越大，输出转速越低，反之则相反。因此通过改变液压马达的排量，可实现对液压马达转速的调节。回路中的溢流阀3用于防止系统过载，用做安全阀。泵4为补油用的辅助泵，溢流阀5的压力调得很低，使主泵1吸油口具有一定压力，以防空气侵入。

液压马达的转速n_M的计算公式和式10—15完全相同，只是泵的排量V_p不变，而液压马达的排量V_M改变。因V_p、n_p都为常数，故液压马达的转速n_M与排量V_M成反比，改变液压马达的排量就调节了液压马达的转速。

液压马达的输出转矩仍然按式10—16计算。此时液压马达的排量V_M是变化的，输出的转矩也是变化的，并且随着液压马达排量的增减而增减。液压马达的输出功率P_M的计算公式同式10—17，当供油压力p不变时，因液压泵排量V_p为定值（定量泵），液压马达的输出功率P_M与马达的排量无关，也为一定值。因此称这种调速为恒功率调速。

(3) 变量泵与变量液压马达组成的容积调速回路。

如图10—6所示为变量泵和变量液压马达组成的容积调速回路，改变变量泵的排量和液压马达排量，实现无级调速，大大扩大了变速范围。图中双向变量泵1，它既能改变流量，供液压马达4的转速需要，又能反向供油，实现液压马达反向旋转。由于闭式回路存在泄漏问题，液压泵1通过单向阀3和5向系统实现双向补油，单向阀6和8使安全阀9在两个方向上都起到安全作用。

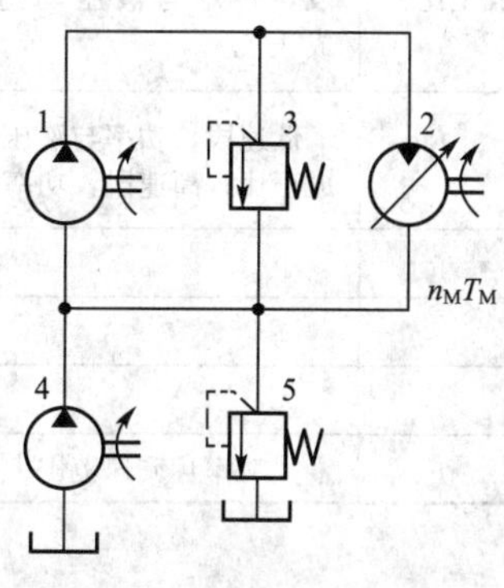

图10—5 定量泵—变量液压马达式容积调速回路

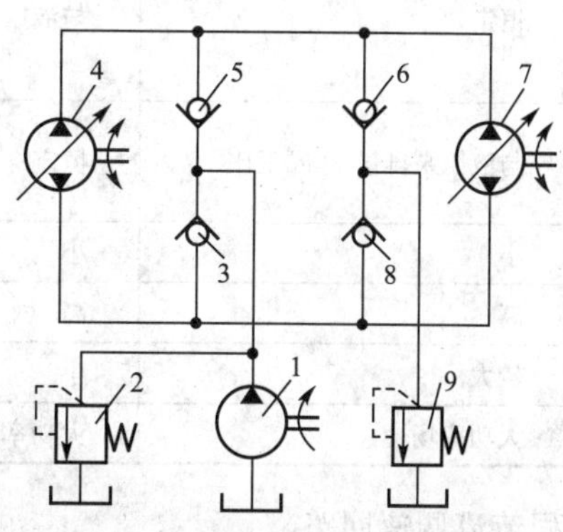

图10—6 变量泵—变量液压马达式容积调速回路

由变量泵和变量液压马达组成的调速回路，变量泵和变量液压马达的排量都是变值，这种调速回路的性能实际上是前两种情况的综合。液压马达的转速既可通过改变变量泵的排量，又可以通过改变变量马达的排量来实现，因此拓宽了这种回路的调速范围（可达100）以及扩大了马达的输出转速和输出功率的可选择性。一般执行元件都要求在启动时有低转速和大的输出转矩，而在正常工作时都希望有较高的转速和较小的输出转矩。因此，这种回路在使用中，先将液压马达的排量调到最大值 V_{Mmax}，使马达能获得最大输出转矩$\left(T_M=\frac{pV_{Mmax}}{2\pi}\right)$，由小到大改变泵的排量 V_p，直到最大值 V_{pmax}，由式 10—15 可知，此时液压马达转速随之升高，输出功率（$P_M=2\pi n_M T_M=pV_p n_p$）也呈线性增加，液压回路处于恒转矩输出状态。然后保持泵的排量为最大，由大到小改变马达的排量，则马达的转速继续升高，而其输出转矩却随之降低，马达的输出功率恒定不变，这时的液压回路处于恒功率工作状态。

三种容积调速回路的性能特点见表 10—2。

表 10—2　　三种容积调速回路的性能特点比较

类型 项目	变量泵—定量液压马达式（或液压缸）容积调速回路	定量泵—变量液压马达式容积调速回路	变量泵—变量液压马达式容积调速回路
特性曲线	$n_M T_M P_M$；T_M；P_M；n_M；O；V_{pmax}；V_p	$n_M T_M P_M$；P_M；T_M；n_M；O；V_{Mmax}；V_M	$n_M T_M P_M$；T_M；P_M；n_M；V_p；V_M；恒转矩　V_{pmax}　恒功率；V_{Mmax}
液压马达转速 n_M	与液压泵排量 V_p 成正比	与液压马达排量 V_M 成反比	低速段，与液压泵排量 V_p 成正比；高速段，与液压马达排量 V_M 成反比
液压马达的转矩 T_M	恒定	与液压马达排量 V_M 成正比	低速段，转矩恒定；高速段，转矩与液压马达排量 V_M 成正比
液压马达的功率 P_M	与液压泵排量 V_p 成正比	恒定	低速段，功率与液压泵排量 V_p 成正比；高速段，功率恒定
功率损失	小	小	小
系统效率	高	高	高
调速范围	较大	小	大
适用场合	大功率场合	大功率场合	大功率且调速范围大的场合

3. 容积节流调速回路

容积节流调速回路采用变量泵供油，通过流量控制阀控制流量，改变调速阀或节流阀的节流口大小，以调节进入液压缸或液压马达的流量，并用系统的压力反馈来自动控制变量泵的流量，以使输出流量与系统所需流量相适应，这种调速方法，称为容积节流调速。

常用的容积节流调速回路是限压式变量叶片泵－调速阀式容积节流调速回路。如图 10—7 所示，该回路由限压式变量叶片泵、调速阀和液压缸等主要元件组成。调速阀安装在进油路或回油路上。液压缸的运动速度由调速阀控制，变量泵输出的流量 q_p 与进入液压缸的流量 q_1 相适应。其工作原理是：在节流阀通流截面积 A_T 调定后，通过调速阀的流量 q_1 是恒定不变的。因此，当 $q_p > q_1$ 时，泵的出口压力上升，通过压力反馈作用（见限压式变量叶片泵工作原理），使限压式变量叶片泵的流量自动减小到 $q_p \approx q_1$；反之，当 $q_p < q_1$ 时，限压式变量泵的出口压力下降，压力反馈作用又会使其流量自动增大到 $q_p \approx q_1$。调速阀在这里的作用不仅使进入液压缸的流量保持恒定，而且还使泵的输出流量恒定并与液压缸所需要的流量相匹配。这样，泵的供油压力基本恒定不变，故又称为定压式容积节流调速回路。

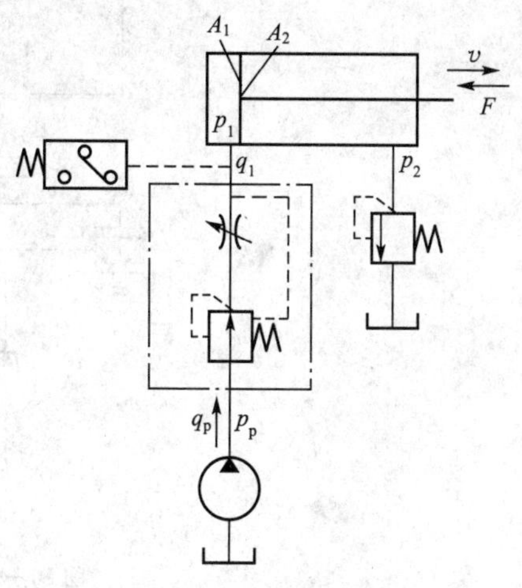

图 10—7　容积节流调速回路

这种回路没有溢流损失，但有节流损失，因此这种回路与节流调速回路相比具有效率高、发热小，并且速度稳定性好的特点。

（二）快速回路

为了提高生产率，设备上的空行程一般都需要做快速运动。根据 $v=q/A$ 可知，增加进入液压缸的流量和缩小液压缸有效作用面积，都能提高活塞的运动速度。常见的快速运动回路有以下几种。

1. 差动连接的快速运动回路

如图 10—8 所示，当二位三通电磁换向阀电磁铁通电时，换向阀处于右位，液压缸呈差动连接，液压泵输出的油液和液压缸小腔返回的油液合流，进入液压缸的大腔，活塞杆快速伸出，实现活塞的快速运动。当电磁铁断电时，二位三通换向阀左位工作，压力油进入液压缸左腔，右腔的回油通过二位三通电磁换向阀直接流回油箱，活塞杆缩回。当活塞两端有效面积比为 2∶1 时，快进速度将是非差动连接时的 2 倍。

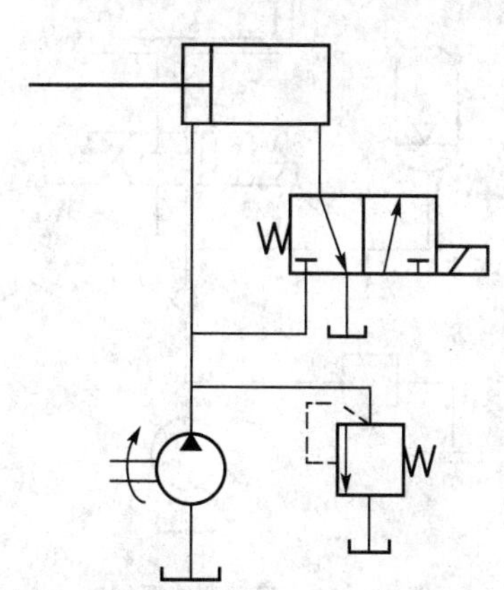
图 10—8　差动连接的快速运动回路

2. 双泵供油的快速运动回路

双泵供油的快速运动回路如图 10—9 所示。泵 2 为高压小流量泵，泵的流量按最大工作进给速度需要来选取，工作压力由溢流阀 7 调定。泵 1 为低压大流量泵，它和泵 2 的流量加在一起应等于快速运动时所需的流量。液控顺序阀 3 的开启压力应比快速运动时所需的压力大 0.8×10^6 Pa。

快进时，三位四通电磁换向阀 4 左电磁铁得电，二位二通电磁换向阀 6 得电，由于负载小，系统压力小于液控顺序阀 3 的开启压力，则阀 3 关闭。泵 1 的油液通过单向阀 8 与

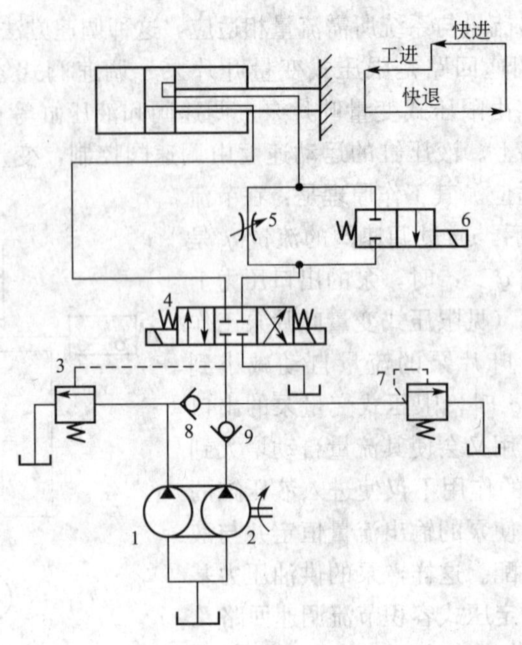

图 10—9　双泵供油的快速运动回路

泵 2 通过单向阀 9 的油液汇合在一起，经换向阀 4 左位，进入液压缸左腔，液压缸右腔排油经二位二通换向阀 6 右位，再经换向阀 4 回到油箱，从而实现快进。工作进给时，二位二通电磁换向阀 6 断电，回油经过节流阀 5 节流调速，负载加大，系统压力升高，液控顺序阀 3 打开，并关闭单向阀 8，使低压大流量泵 1 卸荷。此时，系统仅由高压小流量泵 2 供油，实现工作进给。快退时由于负载小，仍然是双泵同时供油。

用双泵供油的快速运动回路，在工作进给时，由于泵 1 卸荷，所以效率较高，功率利用合理，在组合机床液压系统中采用较多。其缺点是回路比较复杂，成本较高。

3. 采用蓄能器的快速运动回路

在如图 10—10 所示的采用蓄能器辅助供油的快速回路中，采用蓄能器使液压缸快速运动。当换向阀处于中位时，液压缸停止工作，液压泵经单向阀向液压蓄能器供油，随着液压蓄能器内油量的增加，液压蓄能器的压力升高到液控顺序阀的调定压力时，液压泵卸荷。当换向阀处于左位或右位时，液压泵和液压蓄能器同时向液压缸供油，实现快速运动。

这种回路适用于短时间内需要大流量的场合，并可用小流量的液压泵使液压缸获得较大的运动速度，需注意的是在液压缸的一个工作循环内，须有足够的停歇时间使液压蓄能器充液。

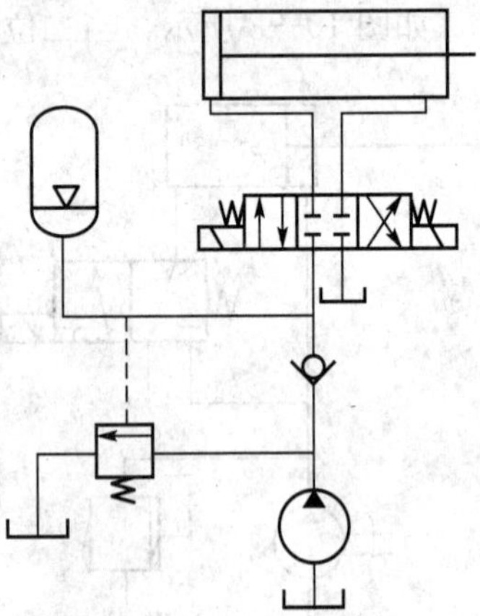

图 10—10　采用蓄能器辅助供油的快速运动回路

（三）速度换接回路

在设备的工作部件实现自动工作循环的过程中，需要进行速度切换，如从快速运动转换成慢速的工作进给、从一种进给速度变换为另一种进给速度等，并且在速度切换过程中，尽可能使切换平稳，不出现前冲现象。

1. 快速运动和工作进给的换接回路

如图 10—11 所示为用行程阀与节流阀并联的快慢速换接回路。这种回路能实现快进—工进—快退—停止的工作循环，当手动换向阀 1 的右位工作时，液压泵的流量通过阀 1 全部进入液压缸，回油则经行程阀 2 直接进入油箱，工作部件实现快速运动。当工作台移动一定距离后，触动行程阀 2，使其上位工作，行程阀关闭，回油只能经节流阀 3 流回油箱。这时，进入液压缸的流量便受到节流阀的控制，多余的油经溢流阀 5 流回油箱，快速运动切换成工作进给运动。当工作进给结束时，换向阀 1 左位工作，液压油经手动换向阀 1、单向阀 4 进入液压缸右腔，工作部件快速退回。

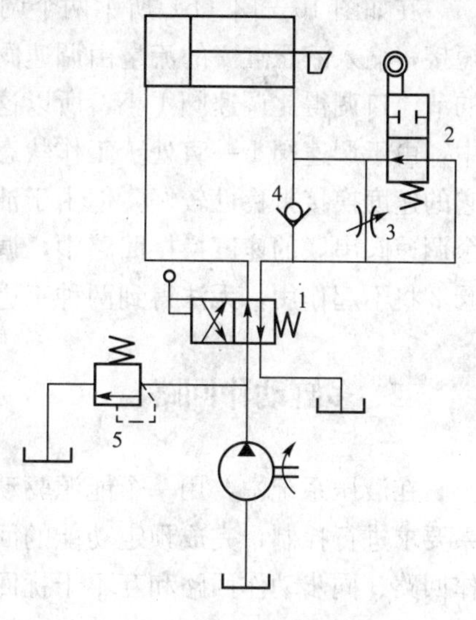

图 10—11 用行程阀与节流阀并联的快慢速换接回路

用行程阀的快速切换回路，由于切换时阀的开口是逐渐关闭的，换接比较平稳，比采用电气元件动作可靠。但是行程阀必须安装在运动部件附近，有时管路要接得很长，压力损失就较大。

2. 两种工进速度的换接回路

一些设备的进给部件，有时需要有两种工进速度。一般第一种工进速度较大，大多用于粗加工；第二种工进速度较小，大多用于半精加工或精加工。两种工进速度是由两个调速阀（或节流阀）来分别调节的。回路有串联和并联两种方式。

如图 10—12 所示采用两个调速阀来实现不同工进速度的换接回路。图 10—12 (a) 中的两个调速阀并联，由电磁换向阀 3 实现速度换接。在图示位置，电磁换向阀 3 处于左位，输入液压缸 4 的流量由调速阀 1 调节。当电磁换向阀 3 处于右位时，输入液压缸 4 的

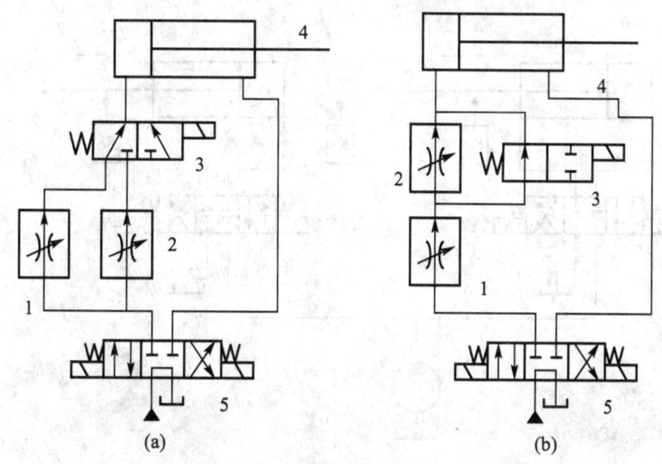

图 10—12 两个调速阀的速度换接回路

流量由调速阀 2 调节。当一个调速阀工作，另一个调速阀没有油液通过时，没有油液通过的调速阀内的定差减压阀处于最大开口位置，所以当速度换接开始的一瞬间，会有大量油液通过该开口而使工作部件产生突然前冲现象，速度换接不够平稳，故应用较少。

在如图 10—12（b）所示两个调速阀串联的工作位置时，因调速阀 2 被电磁换向阀 3 短接，输入液压缸 4 的流量由调速阀 1 控制。当电磁换向阀 3 处于右位时，由于调速阀 2 的节流口调得比调速阀 1 小，所以这时输入液压缸 4 的流量由调速阀 2 控制。在这种回路中，由于调速阀 1 一直处于工作状态，它在速度换接时限制了进入调速阀 2 的流量，因此它的速度换接平稳性较好，但由于油液经过两个调速阀，所以能量损失较大。注意，在两个调速阀串联的速度换接回路中，调速阀 2 的开口必须小于调速阀 1 的开口，否则，调速阀 2 将不起作用，无法得到两种工进速度。

二、多缸动作回路

在液压系统中，用一个能源驱动两个或多个缸（或马达）运动，并按各缸之间运动关系要求进行控制，完成预定功能的回路，被称为多缸动作回路。多缸运动回路分为顺序动作回路、同步动作回路和互不干扰回路等。

（一）顺序动作回路

顺序动作回路是使多缸液压系统中的各液压缸按规定顺序动作的液压回路。常用的主要有压力控制和行程控制两类。其中压力控制的顺序动作回路前面已经做了介绍，此处主要介绍行程控制。

行程控制顺序动作回路是利用工作部件到达一定位置时，发出信号来控制液压缸的先后动作顺序，它可以利用行程开关、行程阀等来实现。

如图 10—13 所示为利用行程开关控制的顺序动作回路。其动作顺序是按启动按钮，电磁铁 1YA 通电，左液压缸活塞右行；当挡铁触动行程开关 K_2 时，使 1YA 断电、3YA 通电，右液压缸活塞右行；活塞右行至行程终点触动行程开关 K_4，使 3YA 断电、2YA

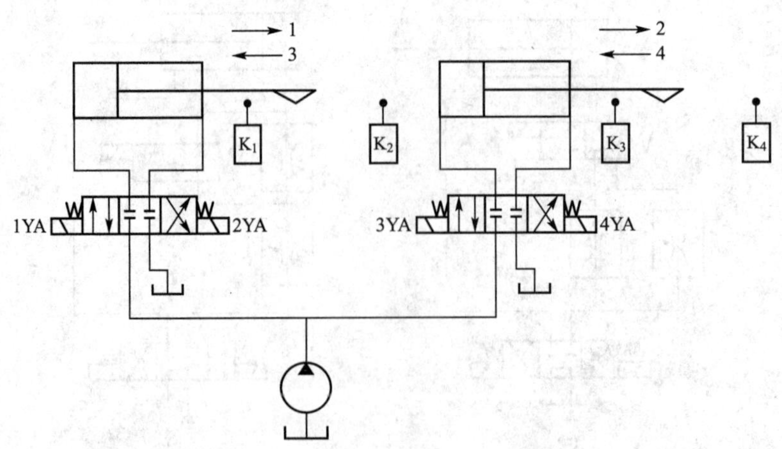

图 10—13　用行程开关控制的顺序动作回路

通电，左液压缸活塞后退。退至左端，触动行程开关 K_1，使 2YA 断电、4YA 通电，右液压缸活塞退回，触动行程开关 K_3，4YA 断电。至此完成了两缸的全部顺序动作的自动循环。

采用电气行程开关控制的顺序回路，调整行程大小和改变动作顺序均很方便，且可利用电气互锁使动作顺序可靠。

如图 10—14 所示为利用行程阀控制的顺序动作回路。其动作顺序是当换向阀 1 右位工作时，液压缸 3 的活塞右移，完成①的动作。活塞右移至终点，活塞杆上的撞块压下行程阀 2，于是液压缸 4 的活塞向右运动，完成②的动作。当换向阀 1 换向（图示位置）时，液压缸 3 的活塞向左退回，完成③的动作。当活塞退回使挡块松开行程阀 2 后，液压缸 4 的活塞也向左退回，完成④的动作，到此完成一个工作循环。这种回路工作可靠，但改变动作顺序比较困难。

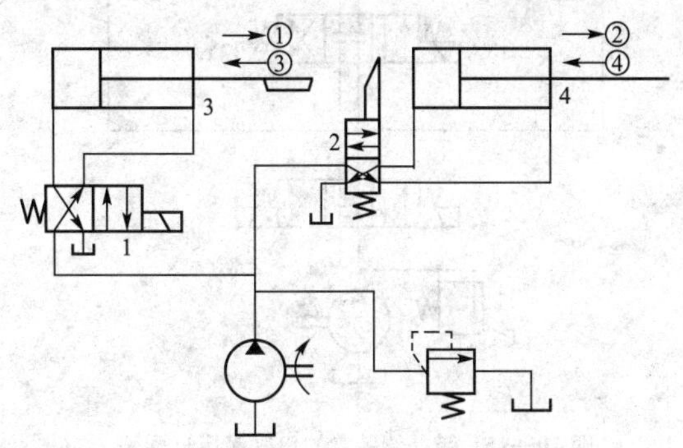

图 10—14 用行程阀控制的顺序动作回路

（二）同步动作回路

使两个或多个液压缸在运动中保持相对位置不变或保持速度相同的回路称为多缸同步动作回路。在多缸液压系统中，影响同步精度的因素很多，如液压缸的外负载、泄漏、摩擦阻力、制造精度、结构弹性变形以及油液中含气量等，都会使同步运动难以保证。为此，多缸同步动作回路要尽量克服或减小这些因素的影响。下面介绍几种常用的同步动作回路。

1. 带补偿措施的串联液压缸同步动作回路

如图 10—15 所示为两液压缸串联同步回路。在这个回路中，液压缸 5 有杆腔的有效面积与液压缸 7 无杆腔的有效面积相等，因而从液压缸 5 排出的油液进入液压缸 7 后，两液压缸便同步下降。回路中有补偿措施使同步误差在每一次下行运动中都得到消除，以避免误差的积累。其补偿原理如下：当三位四通换向阀 2 处于左位时，两液压缸活塞同时下行，若液压缸 5 的活塞先运动到底，它就触动行程开关 4 使电磁换向阀 3 的 1YA 通电，电磁换向阀 3 处在左位，压力油经电磁换向阀 3 和液控单向阀 6 向液压缸 7 的上腔补油，推动活塞继续运动到底，误差即被清除。若液压缸 7 先运动到底，则触动行程开关 8 使电磁换向阀 3 的 2YA 通电，电磁换向阀 3 处于右位，控制压力油使液控单向阀 6 反向通道打开，使液压缸 5 的下腔通过液控单向阀 6 回油，其活塞即可继续运动到底。这种串联式同步回路只适用于负载较小的液压系统。

2. 用同步缸或同步马达的同步动作回路

如图 10—16 所示为同步缸的同步回路。同步缸 3 是两个尺寸相同的缸体和两个活塞共用一个活塞杆的液压缸，活塞向左或向右运动时输出或接受相等容积的油液，在回路中起着配流的作用，使有效面积相等的两个液压缸实现双向同步运动。同步缸的两个活塞上装有双作用单向阀（图中未画出），可以在行程端点消除误差。

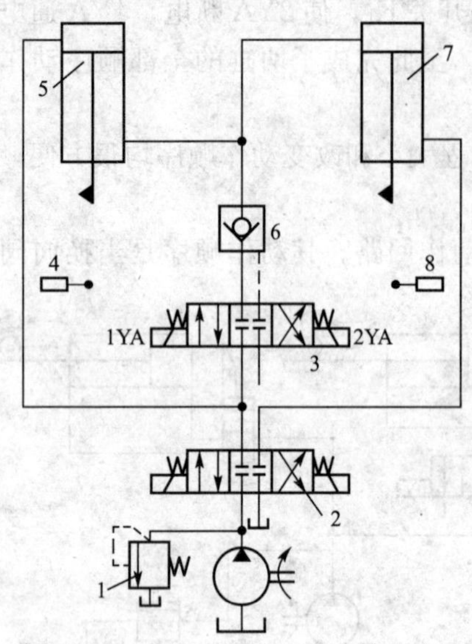

图 10—15　带补偿装置的串联液压缸回路
1—溢流阀；2，3—换向阀；4，8—行程开关；
5，7—液压缸；6—液控单向阀

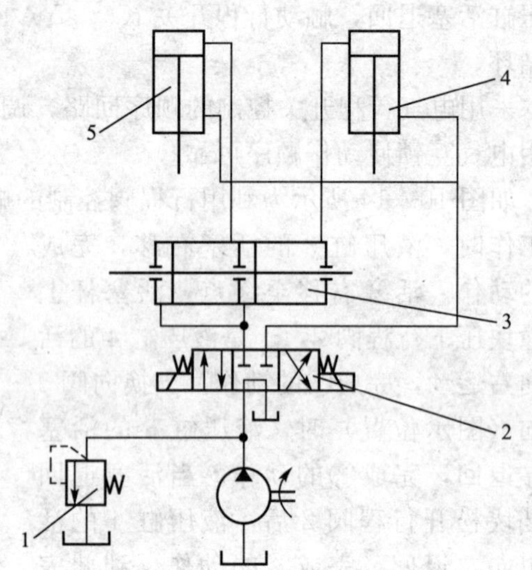

图 10—16　同步缸的同步回路
1—溢流阀；2—电磁换向阀；
3—同步缸；4，5—液压缸

这种回路的同步精度比采用流量控制阀的同步回路高，但专用的配流元件带来了系统制作成本高的缺点。

(三) 互不干扰回路

在多缸液压系统中，多数情况下各液压缸运动时的负载压力是不等的。这样，在负载压力小的液压缸运动期间，负载压力大的液压缸就不能运动。例如，在组合机床液压系统中，当某液压缸快速运动时，因其负载压力小，其他液压缸就不能工作进给（因为工进时负载压力大)。这种现象被称为各缸之间运动的相互干扰。因此，在工作进给要求比较稳定的多缸液压系统中，必须采用快慢速互不干涉回路。

在如图 10—17 所示的回路中，各液压缸分别要完成快进、工作进给和快速退回的自动循环。回路采用双泵的供油系统，泵 1 为高压小流量泵，供给各缸工作进给所需压力油；泵 2 为低压大流量泵，为各缸快进或快退时输送低压油，它们的压力分别由溢流阀 9 和 10 调定。

当开始工作时，电磁阀 1YA、2YA 断电且 3YA、4YA 通电时，液压缸的左、右腔连通，两个缸都进行差动连接，使活塞快速向右运动，高压油路分别被阀 5、阀 6 关闭。这时若某一个液压缸（如缸 A）先完成了快速运动，实现了快慢速换接（电磁铁 1YA 通电、3YA 断电)，阀 5 和阀 7 将低压油路关闭，所需压力油由高压泵 1 供给，由调速阀 3 调节流量获得工进速度。当两缸都转换为工进、都由泵 1 供油之后，如某个液压缸（如缸 A）先完成了工进运动，实现了反向换接（1YA、3YA 都通电），换向阀 7 将高压油关闭，大流量泵 2 输出的低压油经阀 7 进入缸 A 的右腔，左腔的回油经阀 7、阀 5 流回油箱，活塞快速退回。这时缸 B 仍由泵 1 供油继续进行工进，速度由调速阀 4 调节，不受缸 A 运动的影响。当所有电磁铁都断电时，两缸才都停止运动。这种回路可以用在具有多个工作部件各自分别运动的机床液压系统中。

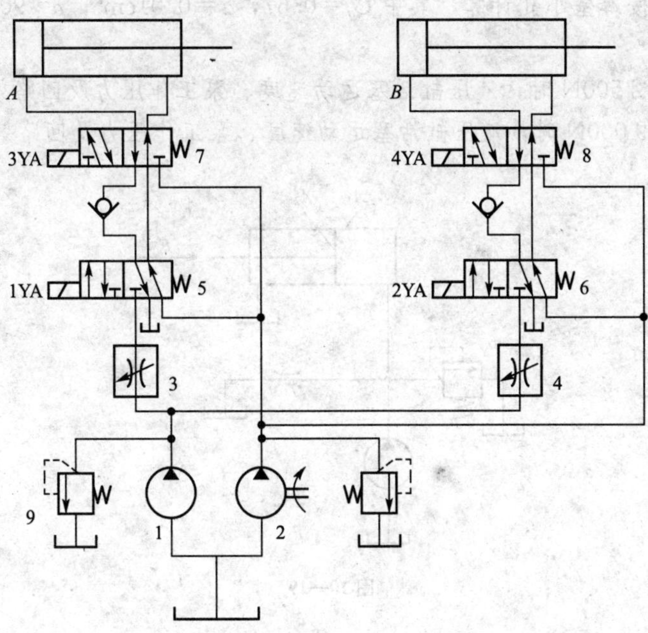

图 10—17 多缸快慢速互不干扰回路

思考与练习

10.1 比较节流调速、容积调速及容积节流调速三种方法的优缺点及应用场合。

10.2 如图 10—18 所示进口节流调速回路，液压缸有效面积 $A_1=2A_2=50\text{cm}^2$，泵输出流量 $q=10\text{L/min}$，溢流阀调整压力 $P_Y=2.4\text{MPa}$，节流阀流量按薄壁小孔计算，其中 $C_q=0.62$，$a=0.02\text{cm}^2$，$\rho=900\text{kg/m}^3$。不计管路损失，分别计算负载 F 为 10 000N、5 500N 和 0 三种负载情况时，液压缸运动速度。

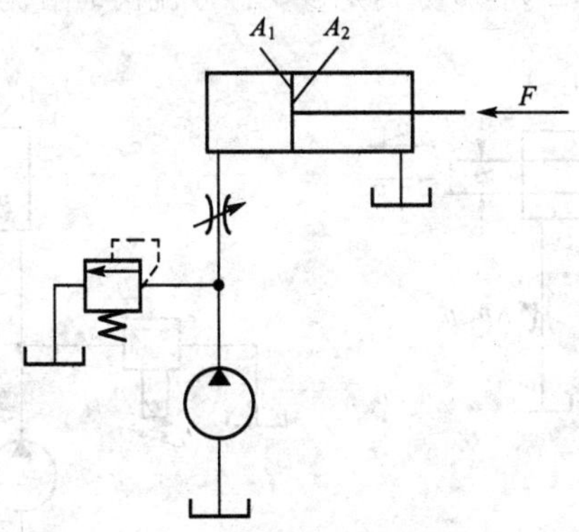

图 10—18

10.3 如图 10—19 所示，在旁路节流调速回路中，已知液压缸无杆腔面积 $A_1=100\text{cm}^2$，有杆腔面积 $A_2=50\text{cm}^2$，溢流阀调整压力 $P_Y=3\text{MPa}$，泵输出流量 $q_p=10\text{L/}$

min，节流阀流量按薄壁小孔计算，其中 $C_q=0.67$，$a=0.01\text{cm}^2$，$\rho=900\text{kg/m}^3$，不计管路损失。试求：

(1) 负载 $F=2\,500\text{N}$ 时，液压缸活塞运动速度、泵工作压力及回路效率；

(2) 负载 $F=9\,000\text{N}$ 时，液压缸活塞运动速度、泵工作压力及回路效率。

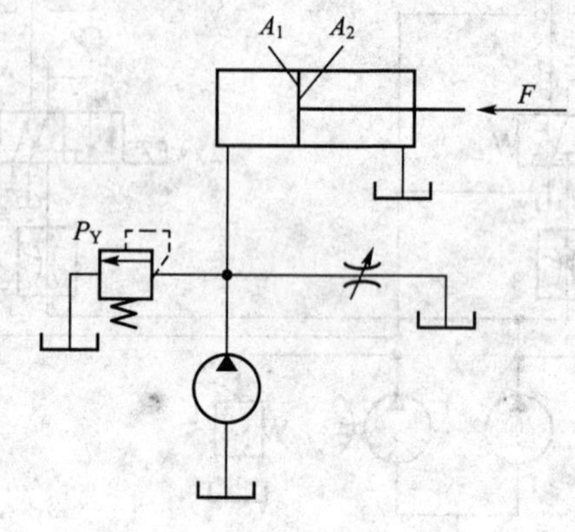

图 10—19

10.4　如图 10—20 所示回路，液压缸活塞直径 $D=100\text{mm}$，活塞杆直径 $d=70\text{mm}$，负载 $F=25\,000\text{N}$。试求：

(1) 为使节流阀前后压差为 0.3MPa，溢流阀调整压力应为多少？

(2) 溢流阀调定后，若负载降为 15 000N，节流阀前后压差为多少？

(3) 节流阀的最小稳定流量为 50mL/min，回路最低稳定速度为多少？

(4) 当负载 F 突然降为 0 时，液压缸有杆腔压力为多少？

(5) 若把节流阀装在进油路上，液压缸有杆腔接油箱，当节流阀的最小稳定流量仍为 50mL/min，回路的最低稳定速度为多少？

10.5　在如图 10—21 所示液压系统中，已知 $A_1=20\text{cm}^2$，$A_2=10\text{cm}^2$，$F=5\text{kN}$，$q_p=16\text{L/min}$，$q_T=0.5\text{L/min}$，$P_Y=5\text{MPa}$。若不计管路损失，问：电磁铁断电，P_1、P_2 和 v 分别是多少？电磁铁通电，P_1、P_2 和 v 分别是多少？溢流阀的溢流量 Δq 为多少？

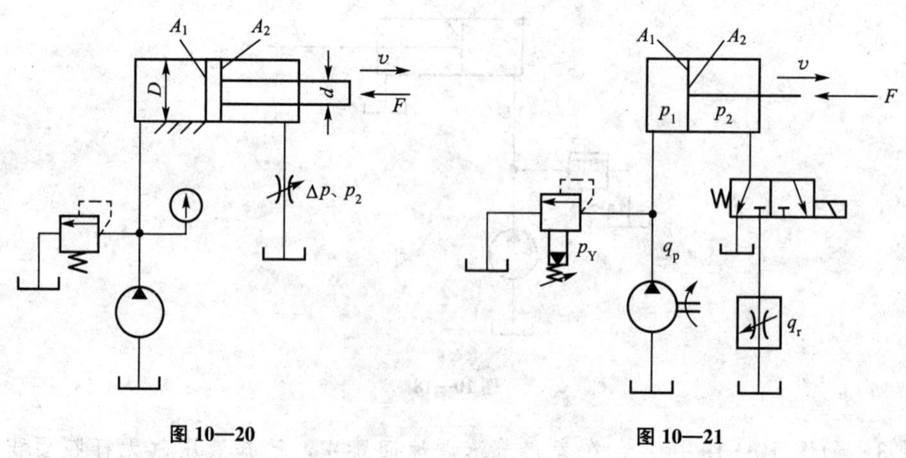

图 10—20　　图 10—21

模块 11　典型液压系统

【教学目的】

1. 了解阅读液压系统图的基本方法；

2. 通过系统分析，掌握归纳总结液压系统特点的方法；

3. 加深理解液压元件的功能和基本回路的合理应用。

【建议学时】

6 学时。

一、YT4543 型液压动力滑台液压系统

（一）概述

组合机床是适用于大批量生产的一种金属切削机床，它是由标准化、通用化的零部件和按零件形状、尺寸及加工工艺要求设计的专用部件组合而成的专用、高效、自动化程度较高的机床，广泛应用于机械制造业生产线中。组合机床的动力滑台是用来实现进给运动的通用部件。根据加工工艺要求，在动力滑台台面上配置动力箱、多轴箱及各种专用切削头等动力部件，可以完成钻、扩、绞、铣、镗和攻丝等加工工序，以及完成多种复杂的进给工作循环。由于液压动力滑台的机械结构简单，可与电气配合实现进给运动自动工作循环，又可以很方便地调节工进速度，因此它的应用比较广泛。

（二）液压系统工作原理

如图 11—1 所示为 YT4543 型液压动力滑台的液压系统及工作循环。该液压系统采用限压式变量叶片泵供油，用电液换向阀换向，用行程阀实现快慢速度的转换，用电磁阀实现两种工进速度的转换，用调速阀使进给速度稳定。该系统在机械和电气的配合下，实现的工作循环是：快进→第一次工作进给（一工进）→第二次工作进给（二工进）→死挡铁停留→快速退回→原位停止。下面就以它为例来说明液压系统的工作原理。

表 11—1 为该系统电磁铁和行程阀的动作顺序表。

1. 快进

按下启动按钮，电磁铁 1YA 通电，先导电磁阀 11（电磁换向阀）左位接入系统，液动换向阀 12 左位机能起作用，将主油路连通。此时动力滑台空载，系统压力低，液控顺序阀 2 处于关闭状态，液压缸 7 差动连接，且变量液压泵 13 输出最大流量，故液压缸快进。主油路的油液流动路线为：

进油路：变量液压泵 13→单向阀→液动换向阀 12（左位）→行程阀 8（右位）→液压缸 7（左腔）；

回油路：液压缸 7（右腔）→液动换向阀 12（左位）→单向阀 3→行程阀 8（右位）→液压缸 7（左腔）。

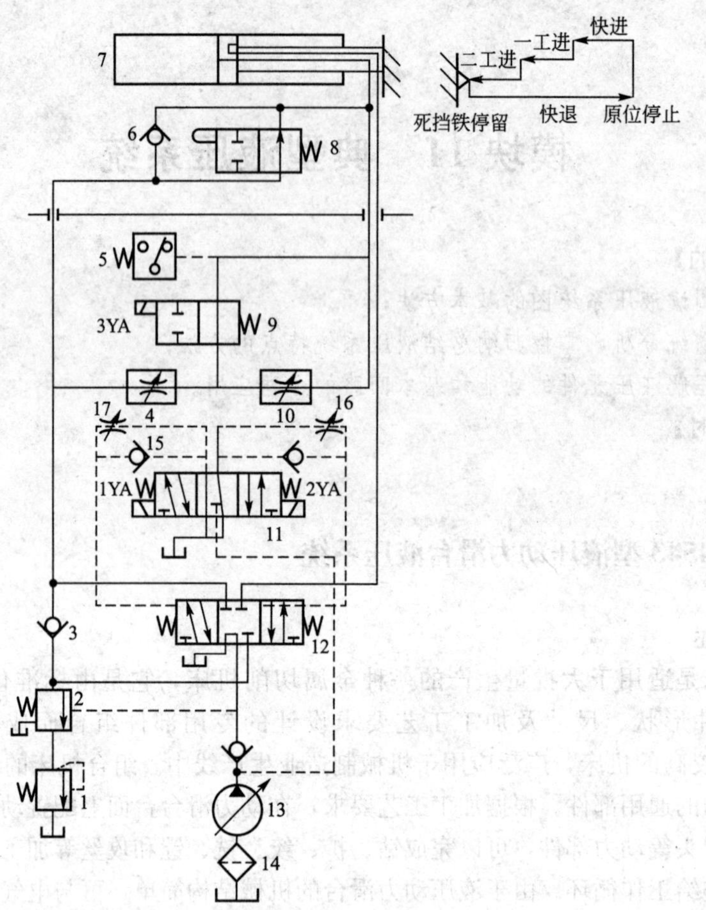

图 11—1 YT4543 型动力滑台液压系统图

1—背压阀；2—液控顺序阀；3，6，15，18—单向阀；4，10—调速阀；5—压力继电器；7—液压缸；8—行程阀；9—电磁换向阀；11—先导电磁阀；12—液动换向阀；13—变量液压泵；14—滤油器；16，17—节流阀

表 11—1 动力滑台液压系统电磁铁和行程阀的动作顺序表

动作名称	电磁铁			行程阀
	1YA	2YA	3YA	
快进	+	—	—	右位
一工进	+	—	—	左位
二工进	+	—	+	左位
死挡铁停留	+	—	+	左位
快速退回	—	+	—	左位→右位
原位停止	—	—	—	右位

注：“+”表示通电，“—”表示断电。

2. 第一次工作进给

当滑台快进到预定位置时，滑台上的行程挡块压下行程阀 8，切断行程阀 8 的通道，电磁铁 1YA 继续通电，液动换向阀 12 仍以左位接入系统。这时液压油只能经调速阀 4 和

电磁换向阀 9 进入液压缸 7 的左腔。由于工进时负载增加，系统压力升高，液控顺序阀 2 此时打开，单向阀 3 在两端压差作用下关闭。液压缸 7 右腔的回油最终经背压阀 1 流回油箱，这样就使滑台转为第一次工作进给运动。此时工作速度由调速阀 4 调定，而变量液压泵 13 则因压力升高而自动减少流量输出，并使输出流量与调速阀 4 所调整的流量相适应，这时主油路的油液流动路线为：

进油路：变量液压泵 13→单向阀→液动换向阀 12（左位）→调速阀 4→电磁换向阀 9（右位）→液压缸 7（左腔）；

回油路：液压缸 7（右腔）→液动换向阀 12（左位）→液控顺序阀 2→背压阀 1→油箱。

3. 第二次工作进给

当滑台以一工进的速度前进到预定位置时，行程挡块压下行程开关（图中未画出），使电磁铁 3YA 通电，则经电磁换向阀 9 的通道被切断。于是从调速阀 4 流出的油液改道经调速阀 10 进入液压缸左腔，液压缸右腔的回油路线和一工进相同。由于调速阀 10 的开口量调得比调速阀 4 小，故此时速度由调速阀 10 调定。这样就实现了滑台的一工进与二工进两种工作速度间的换接。这时主油路的油液流动路线为：

进油路：变量液压泵 13→单向阀→液动换向阀 12（左位）→调速阀 4→调速阀 10→液压缸 7 左腔；

回油路：液压缸 7 右腔→液动换向阀 12（左位）→液控顺序阀 2→背压阀 1→油箱。

4. 死挡铁停留

当滑台以二工进速度前进到预定位置后，碰上死挡铁，滑台停止运动，即实现死挡铁停留。滑台在死挡铁上停留片刻的目的是为了保证在加工盲孔、阶梯孔和刮端时，“清根”不留下刀痕。此时，由于滑台停止运动（相当于负载无穷大），泵的供油压力升高到最大值，而流量却减少到只能补偿泵和系统的泄漏，即泵处于保压卸荷（流量卸荷）状态。停留时间由时间继电器调定。

5. 快速退回

滑台碰上死挡铁后，停止运动，系统压力不断上升，当压力达到压力继电器 5 的调定数值时，它发出信号，使先导电磁阀 11 的电磁铁 1YA 断电、2YA 通电，液动换向阀 12 的右端接通控制油路，液动换向阀 12 的右位机能起作用。因为此时为空载，回油又没有背压，故系统压力很低，变量液压泵 13 输出流量最大，滑台快速退回。这时主油路的油液流动路线为：

进油路：变量液压泵 13→单向阀→液动换向阀 12（右位）→液压缸 7（右腔）；

回油路：液压缸 7（左腔）→单向阀 6→液动换向阀 12（右位）→油箱。

6. 原位停止

当滑台快退到原位时，行程挡铁压下终点行程开关，发出信号，使所有电磁铁都断电，液动换向阀 12 和先导电磁阀 11 都处于中位，液压缸 7 两腔油路封闭，滑台停止运动，变量液压泵 13 通过液动换向阀 12 中位卸荷。这时主油路的油液流动路线为：

变量液压泵 13→单向阀→液动换向阀 12（中位）→油箱。

从以上的叙述中可以看到，这个液压系统有以下特点：

(1) 系统采用了“限压式变量叶片泵—调速阀—背压阀”式调速回路，能保证稳定的低速运动（进给速度最小可达 6.6mm/min）、较好的速度刚性和较大的调速范围（$R\approx 100$）。

(2) 系统采用了限压式变量泵和差动连接式液压缸来实现快进，能量利用比较合理。滑台停止运动时，换向阀使液压泵在低压下卸荷，减小能量损耗。

(3) 系统采用了行程阀和顺序阀实现快进与工进的换接，不仅简化了电路，而且使动作可靠，换接精度亦比电气控制式高。至于两个工进之间的换接则由于两者速度都较低，采用电磁阀完全能保证换接精度。

二、SZ－250A 型注塑机液压系统

(一) 概述

塑料注射成型机（简称注塑机），是将颗粒状塑料加热熔化到流动状态，以快速高压注入模腔，经过一定时间的保压，冷却凝固成为一定形状的塑料制品的设备。由于注塑机具有成型周期短，对各种塑料的加工适应性强以及自动化程度高等优点，可以制造外形各异、复杂、尺寸较精确或带有金属镶嵌的制品，所以注塑机得到了广泛的应用。

塑料注射成型机主要由以下三部分组成：

(1) 合模部件。合模部件是注塑机的成型部件，主要由定模板、动模板、合模机构、合模缸和顶出装置等组成。

(2) 注射部件。注射部件是注塑机的塑化部件，主要由加料装置、料筒、螺杆、喷嘴、预塑装置、注射缸和注射座移动缸等组成。

(3) 液压传动及电气控制系统。该系统被安装在机身内外腔上，是注塑机的动力和操纵控制部件，主要由液压泵、液压阀、电动机、电气元件及控制仪表等组成。

根据注射成型工艺，注塑机的工作循环如图 11—2 所示。

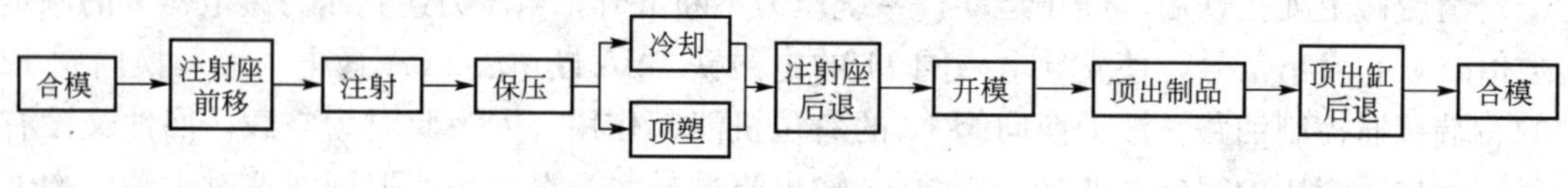

图 11—2 注塑机的工作循环图

(二) 注塑机液压系统工作原理

SZ－250A 型注塑机属于中小型注塑机，每次最大注射重量为 250g。该注塑机对液压系统的要求有：

(1) 要有足够的合模力。熔融的塑料通常以 4MPa～15MPa 的高压射注模腔，因此模缸必须有足够的合模力，否则在注射时导致模具离缝而产生塑料制品的溢边现象。

(2) 开、合模的速度可调节。在开、合模过程中，要求合模缸有慢—快—慢的速度变化，其目的是为了缩短空程时间，提高生产率和保证制品质量，并避免产生冲击。

(3) 注射座移动液压缸要有足够的推力。其目的是为了保证喷嘴与模具浇口紧密接触。

(4) 注射压力和速度可调节。其目的是为了适应不同塑料品种、注射成型制品几何形

状和模具浇注系统的要求。

(5) 保压功能。其目的是使塑料注满型腔以获得精确形状，另外在冷却凝固收缩过程中，熔融塑料可不断补入模腔，避免产生废品。根据需要保压压力可以调节。

(6) 预塑过程可以调节。在型腔熔体冷却凝固阶段，在料斗内的塑料颗粒通过筒内螺杆的回转卷入料筒，连续向喷嘴方向推移，同时加热塑化、搅拌和挤压为熔体。在注塑成型加工中，通常将料筒每小时塑化的重量（称塑化能力）作为生产力指标。当料筒的结构尺寸决定后，随塑料的熔点、流动性和制品不同，要求螺杆转速可以改变，以便使预塑过程的塑化能力可以调节。

(7) 顶出制品。顶出制品要求有足够的顶力和顶出速度平稳、可调。

如图 11—3 所示为 SZ－250A 型塑料注射成型机液压系统原理图。该注塑机采用了液压—机械式合模机构。合模液压缸通过对称五连杆机构，推动模板进行开模与合模。连杆机构具有增力和自锁作用，依靠连杆弹性变形所产生的预紧力来保证所需的合模力。液压系统多级压力是通过多个远程调压阀获得，压力值大小由压力表示出。多级速度是靠变量泵和节流阀组合而获得。表 11—2 是 SZ－250A 型注塑机动作循环及电磁铁动作顺序表。现将液压系统的工作原理说明如下。

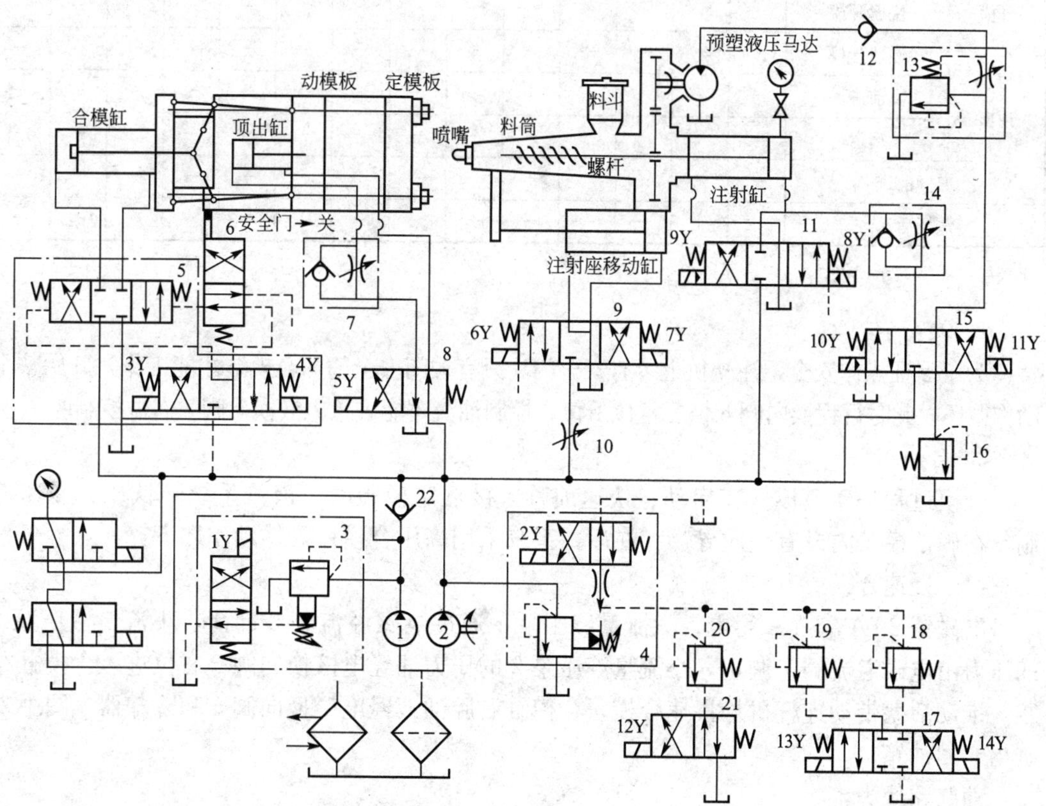

图 11—3　SZ－250A 型注塑机液压系统图

1—大流量液压泵；2—小流量液压泵；3，4—电磁溢流阀；5，11，15—电液换向阀；6—行程换向阀；7，14—单向节流阀；8，21—二位四通电磁换向阀；9，17—三位四通电磁换向阀；10—固定节流阀；12，22—单向阀；13—溢流节流阀；16—背压阀；18，19，20—远程调压阀

表 11—2　　SZ－250A 型注塑机动作循环及电磁铁动作顺序表

动作循环		电磁铁 YA													
		1	2	3	4	5	6	7	8	9	10	11	12	13	14
合模	慢速	—	+	+	—	—	—	—	—	—	—	—	—	—	—
	快速	+	+	+	—	—	—	—	—	—	—	—	—	—	—
	低压慢速合模	—	+	+	—	—	—	—	—	—	—	—	—	+	—
	高压合模	—	+	+	—	—	—	—	—	—	—	—	—	—	—
注射座整体前移		—	+	—	—	—	—	+	—	—	—	—	—	—	—
注射	慢速注射	+	+	—	—	—	—	+	—	—	+	—	+	—	—
	快速注射	+	+	—	—	—	—	+	+	—	+	—	+	—	—
保压		—	+	—	—	—	—	+	—	—	+	—	—	—	+
预塑		+	+	—	—	—	—	+	—	—	—	+	—	—	—
防流涎		—	+	—	—	—	—	+	—	+	—	—	—	—	—
注射座整体后退		—	+	—	—	—	+	—	—	—	—	—	—	—	—
开模	慢速开模	—	+	—	+	—	—	—	—	—	—	—	—	—	—
	快速开模	+	+	—	+	—	—	—	—	—	—	—	—	—	—
	慢速开模	+	—	—	+	—	—	—	—	—	—	—	—	—	—
顶出	前进	—	+	—	—	+	—	—	—	—	—	—	—	—	—
	后退	—	+	—	—	—	—	—	—	—	—	—	—	—	—
螺杆前进		—	+	—	—	—	—	—	+	—	—	—	—	—	—
螺杆后退		—	+	—	—	—	—	—	—	+	—	—	—	—	—

注：“+”表示通电，“—”表示断电。

1. 关安全门

为了保证操作安全，注塑机上装有安全门。只有关闭安全门，合模缸才能工作，开始整个动作循环，此时行程换向阀 6 恢复常位下位，控制油液才能进入电液换向阀 5 右位控制腔。

2. 合模

合模过程是动模板慢速启动、快速前移，接近定模板时，液压系统转低压、慢速控制，在确认模具内没有硬质导物存在后，系统采用高压合模。具体动作如下：

(1) 慢速合模。

电磁铁 2YA、3YA 得电，大流量液压泵 1 通过电磁溢流阀 3 卸荷，小流量液压泵 2 的压力由电磁溢流阀 4 调定，小流量液压泵 2 的压力油经电液换向阀 5 右位进入合模缸左腔，推动活塞带动连杆机构慢速合模，合模缸右腔油液经电磁换向阀 5 和冷却器（图中未画出）回油箱。

油路路线为：

进油路：小流量液压泵 2→电液换向阀 5（右位）→合模缸（左腔）；

回油路：合模缸（右腔）→电液换向阀 5（右位）→油箱。

(2) 快速合模。

慢速合模转为快速合模时，由行程开关发出指令使电磁铁 1YA 得电（电磁铁 2YA 和

3YA 得电），泵 1 不再卸荷，其输出压力油与泵 2 一起供油给合模缸，实现快速合模，其供油压力由电磁溢流阀 3 确定。

（3）低压慢速合模。

电磁铁 1YA 失电，电磁铁 2YA、3YA 和 13YA 得电。泵 1 卸荷，泵 2 的压力由远程调压阀 18 控制，因远程调压阀 18 压力调得较低，再加上只有泵 2 供油，使得合模缸在低压下慢速合模，这样即使两个模板间有硬质异物，也不致造成损坏模具，起到了保护模具的作用。

（4）高压合模。

当动模板越过保护段，压下高压锁模行程开关时，电磁铁 13YA 失电（电磁铁 2YA 和 3YA 得电）。泵 1 卸荷，泵 2 供油，系统压力由电磁溢流阀 4 控制进行高压合模，并使连杆产生弹性变形，使模具牢固地被锁紧。

3. 注射座整体前移

电磁铁 3YA 失电，电磁铁 2YA 和 7YA 得电，泵 2 的压力油进入注射座移动缸右腔，使注射座整体向前（左）移动，这样使喷嘴与模具贴紧。系统压力由电磁溢流阀 4 调节，速度由固定节流阀 10 控制。

油路路线为：

进油路：液压泵 2→固定节流阀 10→三位四通电磁换向阀 9（右位）→注射座移动缸（右腔）；

回油路：注射座移动缸（左腔）→三位四通电磁换向阀 9（右位）→油箱。

4. 注射

根据制品和注射工艺条件，注射螺杆以一定压力和速度将料筒前端的熔料经喷嘴注入模腔。其速度分慢速注射和快速注射两种。

（1）慢速注射。

电磁铁 1YA、2YA、7YA、10YA 和 12YA 得电，泵 1、2 的压力油通过单向节流阀 14 进入注射缸，其注射速度可由单向节流阀 14 调节，压力由远程调压阀 20 来控制。

油路路线为：

进油路：液压泵 1→远程调压阀 20→电液换向阀 15（左位）→单向节流阀 14→注射缸（右腔）；
液压泵 2————↑

回油路：注射缸（左腔）→电液换向阀 11（中位）→油箱。

（2）快速注射。

电磁铁 1YA、2YA、7YA、8YA、10YA 和 12YA 得电，泵 1、2 的压力油经电液换向阀 11 右位而不经过单向节流阀 14 进入注射缸右腔，使注射速度加快。快速注射时的压力仍由远程调压阀 20 来控制。

油路路线为：

进油路：液压泵 1→远程调压阀 20→电液换向阀 11（右位）→注射缸（右腔）；
液压泵 2————↑

回油路：注射缸（左腔）→电液换向阀 11（右位）→油箱。

5. 保压

电磁铁 1YA、8YA、12YA 失电，电磁铁 2YA、7YA、10YA 和 14YA 得电，泵 1 卸

荷，由泵 2 供油，其仅用于补充保压时泄漏量，使注射缸对模腔内保压并进行补塑。保压压力由远程调压阀 19 调节，泵 2 供油的多余的油液从电磁溢流阀 4 溢回油箱。

6. 预塑

电磁铁 10YA、14YA 失电，电磁铁 1YA、2YA、7YA 和 11YA 得电，泵 1、2 双泵供油，压力油经电液换向阀 15 右位、溢流节流阀 13 和单向阀 12 进入驱动螺杆的预塑液压马达，将料斗中塑料颗粒卷入料筒，塑料颗粒被转动的螺杆带到料筒前端加热预塑，并建立起一定压力，螺杆转速由溢流节流阀 13 来调节。当螺杆头部熔料压力达到能克服注射缸活塞退回的阻力时，也就是螺杆的反推力大于注射缸注射推力时，螺杆与其相连的注射缸活塞一起向后移，注射缸右腔的油液经单向节流阀 14 中的单向阀、电液换向阀 15 右位和背压阀 16 流回油箱，同时注射缸左腔产生局部真空，油箱的油液在大气作用下经电液换向阀 11 的中位进入其左腔。当螺杆向后移到预定位置，即螺杆头部熔料达到下次注射所需量时，螺杆便停止转动，准备下次注射。与此同时，在模腔内的制品处于冷却成型阶段。

油路路线为：

进油路：液压泵 1→运程调压阀 20→电液换向阀 15（右位）→溢流节流阀 13→单向阀 12→预塑液压马达。

液压泵 2——↑（接入运程调压阀 20 后）

7. 防流涎

电磁铁 1YA、11YA 失电，电磁铁 2YA、7YA 和 9YA 得电。泵 1 卸荷，泵 2 的压力油一方面经三位四通电磁换向阀 9 的右位进入注射座移动缸右腔，使喷嘴与模具保持接触，另一方面压力油经电液换向阀 11 的左位进入注射缸左腔，使螺杆强制向后移，减小料筒前端压力，防止在注射座整体后退时喷嘴端部物料流出。系统压力由电磁溢流阀 4 调节，速度由固定节流阀 10 控制。

油路路线为：

进油路：液压泵 2→固定节流阀 10→三位四通电磁换向阀 9（右位）→注射座移动缸（右腔）；

液压泵 2→电液换向阀 11（左位）→注射缸（左腔）。

回油路：注射座移动缸（左腔）→三位四通电磁换向阀 9（右位）→油箱；

注射缸（右腔）→电液换向阀 11（左位）→油箱。

8. 注射座整体后退

防流涎动作结束，电磁铁 7YA、9YA 失电，电磁铁 2YA 和 6YA 得电，泵 1 卸荷，泵 2 压力油经三位四通电磁换向阀 9 的左位进入注射座移动缸，使注射座整体后退。

油路路线为：

进油路：液压泵 2→固定节流阀 10→三位四通电磁换向阀 9（左位）→注射座移动缸（左腔）；

回油路：注射座移动缸（右腔）→三位四通电磁换向阀 9（左位）→油箱。

9. 开模

（1）慢速开模。

电磁铁 2YA 和 4YA 得电，泵 1 卸荷，泵 2 压力油经电液换向阀 5 左位进入合模缸右腔，而左腔油液经电液换向阀 5 左位流回油箱，这样得到一种慢速开模。若电磁铁 1YA

和 4YA 得电，则泵 2 卸荷，泵 1 供油又可得另一种慢速开模。

油路路线为：

进油路：液压泵 2→电液换向阀 5（左位）→合模缸（右腔）；

回油路：合模缸（左腔）→电液换向阀 5（左位）→油箱。

（2）快速开模。

电磁铁 1YA、2YA 和 4YA 得电，泵 1、2 双泵供油，经电液换向阀 5 的左位进入合模缸右腔，使开模速度提高，合模缸左腔的油经电液换向阀 5 的左位流回油箱。

油路路线为：

进油路：液压泵 1→液压泵 2→电液换向阀 5（左位）→合模缸（右腔）；

液压泵 2——↑

回油路：合模缸（左腔）→电液换向阀 5（左位）→油箱。

10. 顶出缸运动

（1）顶出缸前进。

电磁铁 2YA 和 5YA 得电，泵 1 卸荷，泵 2 压力油经二位四通电磁换向阀 8 的左位、单向节流阀 7 供给顶出缸，推动顶出杆顶出制品，其运动速度由单向节流阀 7 调节，此时压力由电磁溢流阀 4 调节。

油路路线为：

进油路：液压泵 2→二位四通电磁换向阀 8（左位）→单向节流阀 7 的节流阀→顶出缸（左腔）；

回油路：顶出缸（右腔）→二位四通电磁换向阀 8（左位）→油箱。

（2）顶出缸后退。

电磁铁 2YA 得电，泵 2 压力油经二位四通电磁换向阀 8 的右位进入顶出杆右腔，使顶出缸活塞杆快速后退。

油路路线为：

进油路：液压泵 2→二位四通电磁换向阀 8（右位）→单向节流阀 7 的节流阀→顶出缸（右腔）；

回油路：顶出缸（右腔）→单向节流阀 7 的单向阀→二位四通电磁换向阀 8（左位）→油箱。

11. 螺杆前进和后退

在拆卸和清洗螺杆时，螺杆要退出，此时电磁铁 2YA 和 9YA 得电。泵 2 的压力油经电液换向阀 11 的左位进入注射缸左腔，使螺杆后退。当电磁铁 2YA 和 8YA 得电，螺杆前进。

（三）注塑机液压系统的特点

（1）为了保证有足够的合模力，该注塑机采用了液压—机械增力合模机构，使模具锁紧可靠，并减小合模缸缸径尺寸。

（2）该注塑机液压系统动作较多，并且各个动作之间有严格的顺序要求，为此本系统采用以行程控制为主，实现顺序动作，通过电气行程开关与电磁阀来保证动作顺序可靠。

（3）安全性好，如果安全门不关闭，所有动作都无法进行。

（4）根据塑料注射成型工艺，注塑机工作循环中的各个阶段要求流量和压力各不相同并且经常是变化的。该系统采用双泵供油和节流阀的不同组合方式来调节流量；同时利用多个远程调压阀并联实现多级调压来控制系统压力，以便满足工艺要求。

三、YB32－200型液压机液压系统

(一) 概述

液压机是一种利用液体静压力来加工金属、塑料、橡胶、木材、粉末等制品的机械。它常用于压制工艺和压制成型工艺，如锻压、冲压、冷挤、校直、弯曲、翻边、薄板拉伸、粉末冶金、压装等。

液压机多为立式，其中以四柱式液压机的结构布局最为典型，应用也最广泛。这种液压机有4个立柱，在4个立柱之间安置上、下两个液压缸。上液压缸驱动上滑块，下液压缸驱动下滑块。为了满足大多数压制工艺的要求，上滑块应能实现快速下行→慢速加压→保压延时→快速返回→原位停止的自动工作循环。下滑块应能实现向上顶出→停留→向下退回→原位停止的工作循环。上、下滑块的运动依次进行，不能同时出现。

(二) 液压系统的工作原理

如图11—4所示为YB32－200型液压机的液压系统。液压泵为恒功率式变量轴向柱塞泵，用来供给系统高压油，其压力由远程调压阀调定。

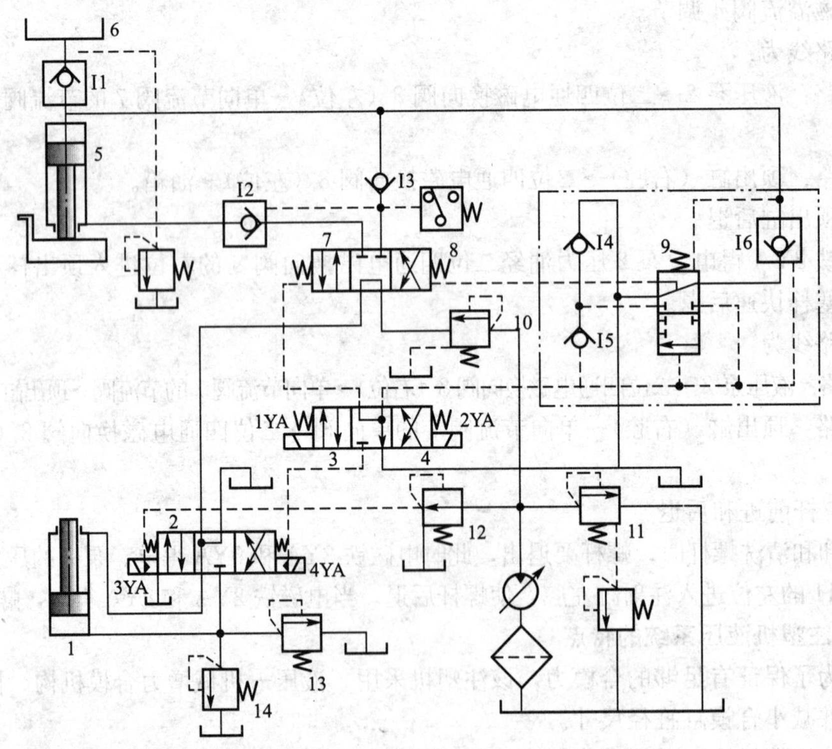

图11—4　YB32－200型液压机的液压系统

(1) 上滑块快速下行。当电磁铁1YA通电后，先导阀3和上缸换向阀7左位接入系统，液控单向阀I2被打开。则系统油路路线为：

进油路：液压泵→顺序阀10→上缸换向阀7（左位）→单向阀I3→上液压缸5（上腔）。

回油路：上液压缸5（下腔）→液控单向阀I2→上缸换向阀7（左位）→下缸换向阀2

(中位)→油箱。

上滑块在自重作用下快速下行。这时，上液压缸所需流量较大，而液压泵的流量又较小，其不足部分由充液筒（副油箱 6）经液控单向阀 I1 向液压缸上腔补油。

(2) 上滑块慢速加压。当上滑块下行到接触工件后，因受阻力而减速，液控单向阀 I1 关闭，液压缸上腔压力升高实现慢速加压。这时的油路走向与快速下行时相同。

(3) 上滑块保压延时。当上液压缸上腔压力升高到使压力继电器 8 动作时，压力继电器发出信号，使电磁铁 1YA 断电，则先导阀 3 和上缸换向阀 7 处于中位，保压开始。保压时间由时间继电器控制，可在 0～24min 内调节。

(4) 上滑块快速返回。在保压延时结束时，时间继电器使电磁铁 2YA 通电，先导阀 3 右位接入系统，使控制压力油推动预泄换向阀 9，并将上缸换向阀 7 右位接入系统。这时，液控单向阀 I1 被打开，其油路路线为：

进油路：液压泵→顺序阀 10→上缸换向阀 7（右位)→液控单向阀 I2→上液压缸 5（下腔)。

回油路：上液压缸 5（上腔)→液控单向阀 11→充液筒（副油箱)。

这时上滑块快速返回，返回速度由液压泵流量决定。当充液筒内液面超过预定位置时，多余的油液由溢流管流回油箱。

(5) 上滑块原位停止。当上滑块返回上升到挡块压下行程开关时，行程开关发出信号，使电磁铁 2YA 断电，先导阀和换向阀都处于中位，则上滑块在原位停止不动。这时，液压泵处于低压卸荷状态，油路路线为：

液压泵→顺序阀 10→上缸换向阀 7（中位）→下缸换向阀 2（中位)→油箱。

(6) 下滑块向上顶出。当电磁铁 4YA 通电使下缸换向阀 2 右位接入系统时，下液压缸 1 带动下滑块向上顶出。其油路路线为：

液压泵→顺序阀 10→上缸换向阀 7（中位)→下缸换向阀 2（右位)→下液压缸 1（下腔)。

(7) 下滑块停留。当下滑块上移至下液压缸活塞碰到上缸盖时，便停留在这个位置上。此时，液压缸下腔压力由下缸溢流阀 13 调定。

(8) 下滑块向下退回。使电磁铁 4YA 断电、3YA 通电，液压缸快速退回。此时的油路路线为：

进油路：液压泵→顺序阀 10→上缸换向阀 7（中位)→下缸换向阀 2（左位)→下液压缸 1（上腔)。

回油路：下液压缸 1（下腔)→下缸换向阀 2（左位)→油箱。

(9) 下滑块原位停止。原位停止是在电磁铁 3YA、4YA 都断电，下缸换向阀 2 处于中位的情况下实现的。

(三) 液压系统的主要特点

(1) 出力大。为了获得大的压制力，除采用高压泵提高系统压力之外，还常常采用大直径的液压缸。这样，当上滑块快速下行时，就需要大的流量进入液压缸上腔。假若此流量全部由液压泵提供，则泵的规格太大，不仅造价高，而且在慢速加压、保压和原位停止阶段，功率损失加大。由于液压机上滑块的重量均较大，足以克服摩擦力及回油阻力自行下落。因而本系统采用充液筒来补充快速下行时液压泵供油的不足，这样使系统功率利用更加合理。

（2）保压延时。本系统采用液控单向阀I1、I6，单向阀I3的密封性和液压管路及油液的弹性来保压。此方案结构简单，造价低，比用泵保压节省功率。但是，要求液压缸等元件密封性好。

（3）释压返回。对于高压系统，在液压缸以很高压力进行保压的情况下，假若立即启动换向阀使液压缸反向快速退回时，将会产生液压冲击。为防止这种现象发生，应对换向过程进行控制，先使高压腔压力释放，再切换油路。本系统采用预泄换向阀，先使液压缸上腔压力释放降低后，再使主油路换向。其原理是在保压阶段，预泄换向阀的上位接入系统。当电磁铁2YA通电后，控制压力油经减压阀和先导阀3右位进入预泄换向阀9的下端腔和液控单向阀I6的控制口。由于预泄换向阀上端腔与液压缸上腔油路连路，压力很高，其下端腔的控制压力油不能使阀芯向上移动。但是，液控单向阀I6可以在控制压力油作用下打开。I6被打开后，液压缸上腔油液经液控单向阀I6、预泄换向阀上位泄至油箱。这时，压力被释放降低，直至预泄换向阀9的阀芯被推移到使下位接入系统。接着，控制压力油经预泄换向阀9下位进入上缸换向阀7的右端腔，使其右位接入系统，切换主油路，实现液压缸快速退回。

（4）上滑块液压缸和下滑块液压缸的运动互锁，以确保操作安全。

（5）系统中的两个液压缸各有一个安全阀进行过载保护。

思考与练习

11.1 如何读液压系统图？

11.2 YT4543型液压动力滑台液压系统由哪些基本回路组成？说明各单向阀在系统中的作用。

11.3 YB32-200型液压机是如何实现主缸的泄压、快速返回的？如何实现顶出缸的顶出？

11.4 SZ-250A型塑料注射成型机液压系统中各压力阀分别用于哪些工作阶段？

模块 12　液压系统的维护和调试

【教学目的】

了解液压系统使用维护和调试的基本方法。

【建议学时】

2 学时。

一、液压系统的使用与维护

(一) 使用液压设备应具备的基本知识

(1) 液压系统是液压设备的重要组成部分，要正确使用液压设备，除了具有液压传动的基础知识，还应具有机械、润滑等管理、维修和检查方面的知识。

(2) 了解并会使用液压设备的使用说明书，同时要长期妥善地保存好使用说明书。

(3) 液压元件如果是单件购进，且由本厂自行装配到主机上时，必须了解其结构图，以便弄清液压元件的结构和工作原理。特别是复杂的液压元件，使用与维护者最好要直接接受使用操作的指导和培训，并学习使用、维护说明书，以便在操作、拆装时正确使用。

(4) 掌握易发生故障的部位和故障现象。

(5) 确立检查第一的思想，按时重点地进行检查，力争早期发现异常状态。对于大型的液压设备，应做检查日记，记录异常情况、修理、换油等内容以备查；对于新安装好的液压设备，至少在运转 6 个月后详细记录维护日记，对运转状态、必须检查的部分和检查周期进行研究或确定；对于重要的长期使用的液压设备，一年中应请专家诊断 1～2 次，同时接受专家关于操作和维护的适当指导并解决疑问。

(二) 使用与维护液压系统的注意事项

1. 保持液压油清洁

油液清洁程度是决定液压系统能否正常工作的重要因素。据资料统计，液压系统故障有 75%～80%是由于液压油不清洁造成的。因此使用过程中必须重视液压油的清洁，可以从以下几方面采取措施：

(1) 防止外界杂质进入系统。经常清洗油箱，灌新油时应使用过滤器过滤，并且一切工具都必须保持干净。液压元件不要轻易拆卸，卸下的元件必须严格保持干净，存放于无尘地点；清洗、检查和装拆液压零件时，也应在无尘地点进行，以尽量减少杂质进入系统的机会。

(2) 除去液压系统中产生的杂质，并且要防止油液变质产生沉积物。经常检查过滤器有无堵塞。对油箱中的沉积物，可趁换油机会进行清除。

(3) 定期检查油的污染度和物化性能，其检验主要有两个方面：一是油的物理和化学性能，如黏度、闪点、酸度、含水量、抗泡沫试验、防锈试验等；二是检查油中杂质颗粒大小和数量，即油的污染度检查。

2. 排除系统中的气体

空气进入系统和气穴现象都会在油液中形成气泡，并引起噪声、振动和爬行等。另外，油液中混入一定量空气后，油液容易变质，以致不能使用。系统中有气体的原因主要是管接头、液压泵、控制元件、蓄能器和液压缸等密封不好，以及油箱中有气泡或油液质量差（消泡性能不好）等因素所引起。

防止空气混入的方法是及时更换不良的密封元件，降低液压泵的高度，正确选择工作油液等，并随时注意各连接处的密封情况。液压系统应设立排气装置。

3. 系统油温适当

油温主要影响油的黏度。油温过低，黏度增大，会引起吸油困难。油温过高，黏度降低，将使泄漏增加，并对油液的老化和变质有较大影响，还能使密封件加速老化、变质和失效。油箱的油温一定不能超过 60℃，一般液压设备在 35℃～60℃范围内工作比较合适。

通常液压系统发热量增加或散热量减少会引起油温升高。其原因有：

(1) 液压泵输油量与系统用油量不匹配时，或在节流调速系统中，大量高压油将从溢流阀溢流，造成功率损失，转换成热量，促使油温升高。

(2) 环境温度升高，散热减少，造成油温升高。

(3) 冷却器水温过高，或致冷却水源堵塞等造成油温升高。

(4) 油的黏度太高，油箱容量太小，散热慢。

4. 保证系统中有足够的油量

输油量由执行装置的速度所决定，为此要求油箱的液面要尽量高些。特别是在第一次运行时，当各液压元件充满油液后，一定要注意观察油箱的液面高度，使液面处于允许的位置上。

(三) 使用液压系统应注意的其他问题

(1) 开车前应检查液压系统中各调节手轮、手柄是否正常，电器开关和行程挡铁位置是否牢固等，然后对导轨及活塞杆的外露部分进行擦净后才可开车。开车时，首先启动控制油路液压泵，没有控制油路液压泵时，可直接启动主液压泵。

(2) 液压油要定期检查更换，对于新投入使用的液压设备，使用三个月左右就应清洗油箱，更换新油。以后每隔半年至一年进行清洗和换油一次。

(3) 冬季由于天气冷，温度低、油液黏度较大，应设法升温。有时，也采用工作前启动机器，连续运转一段时间，以使油温升高。也可让全部油液在低压下全部通过溢流阀一段时间，使其升温。

(4) 工作中应随时注意油液温度，正常工作时，油箱中油液温度不超过 60℃。

(5) 注意过滤器的使用情况，滤网应在清洗油箱时清洗，过滤器的滤芯应定期清洗或更换。

(6) 熟悉液压元件控制机构的操作特点，严防调节错误造成事故。应注意各液压元件调节手柄、转动方向和压力、流量大小变化的关系等。

(7) 随时注意各种仪表的变化情况，遇到不正常变化，应立即停车检查。

(8) 设备若长期不用，应将各手轮全部放松，防止弹簧产生永久变形而影响元件性能。

(9) 检查油面高度，保证系统有足够的油量。

(10) 检查溢流阀的调定压力不要超过系统的最高工作压力。需要调整溢流阀时，应从零逐渐向高升压。

(11) 注意日常维护。为了使液压设备保持必要的工作精度，延长设备的使用寿命，经常性的维护保养工作是很重要的。对系统中连接件间有无松动和泄漏，阀的动作是否可靠，泵的噪声和发热，以及油的温升和污染等，应按时进行检查，有时对重要设备，每天都需要进行检查，并做记录。

二、液压系统的调试

液压系统的调试，包括空车运转调试（又称空载调试）和负载运转调试。对组成液压系统自动工作循环中各个工作部件的力（转矩）、速度、行程的始点和终点，各个动作的时间和整个循环的总时间等进行测试并调整到正确的数值，同时，还应检验力（转矩）、速度和行程的可调性，以及操纵方面的可靠性，否则应予以校正。此外，还应判定系统的功率损失和油温升高是否符合要求，否则应采取措施加以解决。

液压系统的运转调试应有书面记载，并纳入设备技术档案，作为设备投产使用和设备维修的原始技术依据。

(一) 空载调试

空载调试的作用是在空载运转条件下，全面检查液压系统的各个回路和液压元件、辅助装置的工作是否正常可靠，工作循环或各种动作的自动换接是否符合要求。在空载调试前应进行外观全面检查，其检查项目有：

(1) 各个液压元件及管道连接是否正确、可靠。例如液压泵的进、出油口及旋转方向是否与泵上标注的一致；各种阀的进油口、出油口及回油口的位置是否正确。

(2) 油箱、电动机及各个液压部件的防护装置是否具备和完善。

(3) 油箱中的油面高度及所用油液是否符合要求。

(4) 系统中各液压部件、油管及管接头的位置是否便于安装、调节、检查和维修；压力计等仪表是否安装在便于观察的地方。

(5) 液压泵转向是否正确。

(6) 油箱的油面高度是否达到。

外观检查发现的问题，应加以改正后才能进行运转试车。现以如图 12—1 所示的组合机床为例说明空载调试的一般步骤和方法。

(1) 将阀 3、4 的调压弹簧松开，向液压泵灌油，这样既容易吸出油，又防止损坏液压泵。然后启动电动机使泵运转（在短时间内先开、停泵几次，无问题时，再使泵连续运转），观察阀 3、4 的出油口有无油排出，如泵不排油，则应对泵进行检查，如有油且液压泵运转正常即可往下进行调试。

(2) 调系统压力。先调节卸荷阀 4，使压力 p_1 值达到说明书中的规定值（或根据空载压力来调节），然后调节溢流阀 3 的压力，逐渐拧紧弹簧，使压力计 p_1 值逐步升高至所需调定值（具体数值由液压缸工作压力和管路中损失决定）为止。

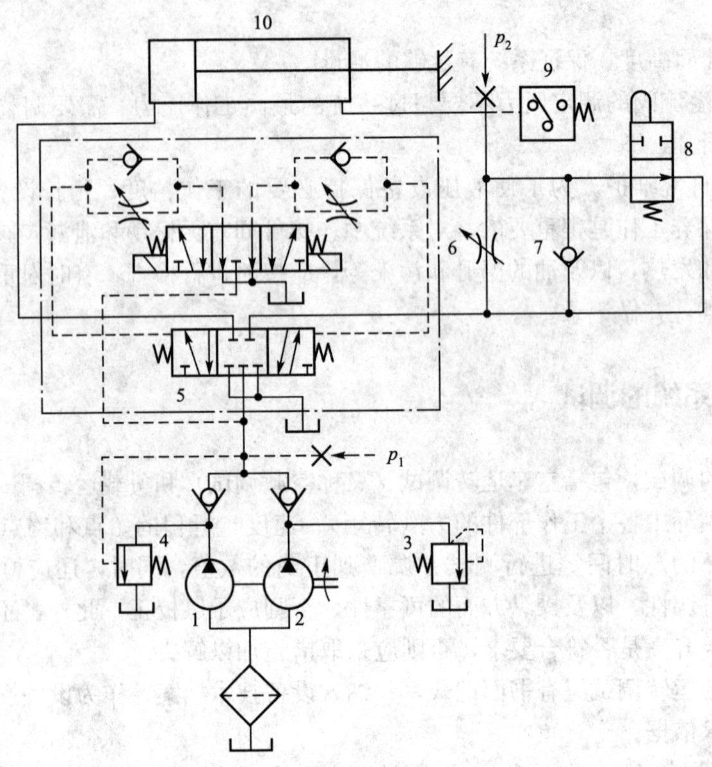

图 12—1　组合机液压系统图

1—大流量液压泵；2—小流量液压泵；3—溢流阀；4—卸荷阀；5—三位五通电液换向阀；6—节流阀；7—单向阀；8—二位二通机动换向阀；9—压力继电器；10—液压缸

（3）排除系统中的空气。将行程挡铁调开，按下电磁铁按钮，使工作液压缸以最大行程往复行程多次（或使液压马达在某转速下转动），这时由于空载，卸荷阀 4 和溢流阀 3 处于关闭状态，使双联泵的全部流量进入液压缸，于是液压缸在空载下做快速全行程往复运动，将液压系统的空气排出。液压系统如有排气装置，可使液压缸缓行，打开排气阀排气。然后根据工作行程大小，再将行程挡铁调好、紧固。这时应检查一下油面高度，若油面下降过多应向油箱注油。

（4）工作速度调节。应将二位二通机动换向阀 8 压下，调节节流阀 6，使其开口最大。此时液压缸的速度最大，再逐渐关小节流阀，减慢液压缸的速度。并且观察液压缸能否得到规定的最低速度，其平稳性如何。然后按工作要求的速度来调节节流阀，调好后要将节流阀的调节螺帽紧固。

（5）压力继电器的调节。图 12—1 中压力继电器 9 为失压控制，当压力低于回油路压力 p_2时，压力继电器使电磁换向阀换向，于是工作台返回。故压力继电器的动作压力应低于调速阀压力差和快进时的背压力。

（6）若系统启动和返回时冲击过大，可调节电液动换向阀的控制油路中的节流阀，使冲击减小。

以上空载调试步骤对不同液压系统，应有所区别，也可按产品技术调试要求进行调试。

（二）负载运转调试

负载运转调试（又称负载试车）在空载调试完成后进行，是使液压系统在设计规定的负载下工作，检查系统能否实现预定的工作要求：

(1) 能否实现设计对工作部件的力（或转矩）和运转特性等方面的要求。

(2) 噪声和振动是否在允许的范围内。

(3) 工作部件运动、换向和速度换接的平稳性是否合乎要求。

(4) 工作部件运动时是否有爬行、跳动和冲击现象。

(5) 各液压元件及管道是否有泄漏。

(6) 系统的功率损耗、油液温升是否在允许的范围内。

应当指出，在进行负载试车时，应先在低于最大负载的一、二种负载情况下试车，发现问题及时调整，当一切情况都正常后，才能在最大负载下试车。这样，可以避免出现设备损坏事故。

三、液压系统的故障分析与排除

液压系统的故障是各种各样的，而产生故障的原因也是多种多样的，因此设备上的液压系统出了故障，不可能将所有元件都拆下来检查，也不可能盲目地乱拆乱查，而是要根据故障现象，采用一定的方法，分析产生故障的原因，有针对性地采取措施，排除故障。

(一) 液压系统故障的特点

(1) 故障的多样性和复杂性。液压设备出现的故障是多种多样的，通常又是几个故障同时出现，例如系统的压力不稳定时，就常常伴有振动和噪声故障一起发生。

(2) 故障的隐蔽性。液压元件的内部结构和工作状态不能从外表直接观察，压力油又是在系统的管道内，这就使液压系统的故障具有隐蔽性，不易观察和发现。

(3) 很多原因都会引起同样的故障，例如液压泵、溢流阀、液压油的黏度以及系统泄漏等都会引起液压系统的压力达不到要求。

(4) 同一原因可引发多种故障，例如同样是系统吸入空气，严重时会使液压泵吸不上油，较轻时会引起流量、压力波动等。

(5) 系统中的故障有时是必然发生的，有时是偶然发生的。

(6) 故障的产生与使用条件密切相关，例如环境温度低，使液压油的黏度增大引起液压泵吸油困难，反之，若环境温度高，液压油黏度要下降，会引发泄漏和压力不足等故障。

(7) 分析判断故障较困难。液压系统出现故障，与机械传动和电气传动相比，分析判断比较困难。

(8) 排除故障较容易。一旦故障部位确定，产生故障的原因查明，故障的排除和处理相对来说就很容易。

(二) 液压系统产生故障的原因

1. 内在原因

(1) 设计时确定的技术参数不合适。

(2) 系统结构设计不合理。

(3) 所选用的元件质量不符合要求。

(4) 系统安装未能达到规定标准。

(5) 零件的加工质量不合格。

(6) 有关零部件的正常磨损。

2. 外在原因

(1) 设备运输或安装中引起的损坏。

(2) 使用环境恶劣。

(3) 调试、操作与维护不当。

(4) 电网电压异常。

(5) 元件质量不好。

(三) 液压系统故障分析与检查的一般方法

1. 四觉诊断法

所谓四觉诊断法，是指检修人员运用触觉、视觉、听觉和嗅觉来分析判断液压系统的故障。

(1) 触觉即检修人员根据触觉来判断油温的高低和元件及其管道振动的大小。

(2) 对于机构运动无力、运动不平稳、泄漏和油液变色等现象，倘若检修人员有一定的经验，完全可以凭视觉的观察，做出一定的判断。

(3) 听觉即指检修人员通过听觉，根据液压泵和液压马达的异常声响、溢流阀的尖叫声及油管的振动等来判断噪声和振动的大小。

(4) 嗅觉即指检修人员通过嗅觉，判断油液变质和液压泵发热烧结等故障。

2. 两种专门的检查方法

(1) 浇油法。即指对怀疑与进气有关的故障，寻找进气部位时，可用油浇淋怀疑部位，油浇到之处，如果故障现象消失，证明找到了故障的根源。该方法对查找液压泵和系统吸油部位进气造成的故障行之有效。

(2) 分段检查试验法。即对液压系统进行由外到内、由头到尾，以及各个回路的分段检查。一般应按照电动机—联轴节—液压泵的顺序，依次对每个有关环节进行检查；对多回路系统应依次对各有关回路分别进行检查。就这样，一直到查出故障部位为止。

3. 液压系统故障的逻辑分析法

所谓液压系统故障的逻辑分析法，是指根据液压系统的基本原理，进行逻辑分析减少怀疑对象，逐渐逼近，找出故障发生部位的方法。

故障逻辑分析的基本步骤如图 12—2 所示。

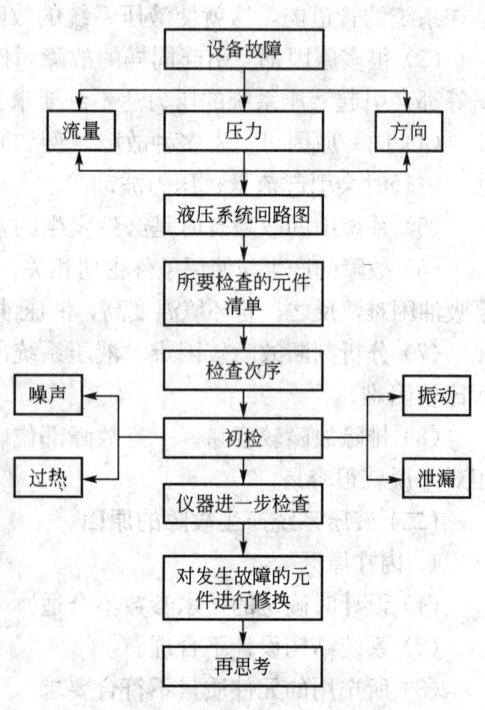

图 12—2 故障逻辑分析的基本步骤

故障逻辑分析基本步骤说明如下：

(1) 液压系统工作不正常，可归纳为压力、流量和方向三大问题。

(2) 审核液压系统图并检查各元件，确认其性能和作用，初步评定其质量状况。

(3) 列出故障有关元件清单。应当注意，要充分运用判断力，不要漏掉任何一个对故障有重要影响的元件。

(4) 对清单中所列出的元件，按其检查的难易程度进行排队，并列出重点检查的元件和部位。

(5) 初步检查，应判断元件的选用和装配是否合理，元件的测试方法是否正确；元件的外部信号是否合适，对外部信号是否有响应等；注意元件出现故障的先兆，如过热、噪声、振动和泄漏等。

(6) 如果未检查出引起故障的元件，则应用仪器反复检查，直到检查出引起故障的元件。

(7) 对发生故障的元件进行修理或更换。

(8) 在重新启动设备前要认真思考这次故障的前因和后果，并预测出可能出现故障的隐患，以便采取相应的技术措施。

液压系统故障逻辑分析法应用举例如下：

例 12—1 液压系统压力不足的逻辑分析诊断（见图 12—3）。

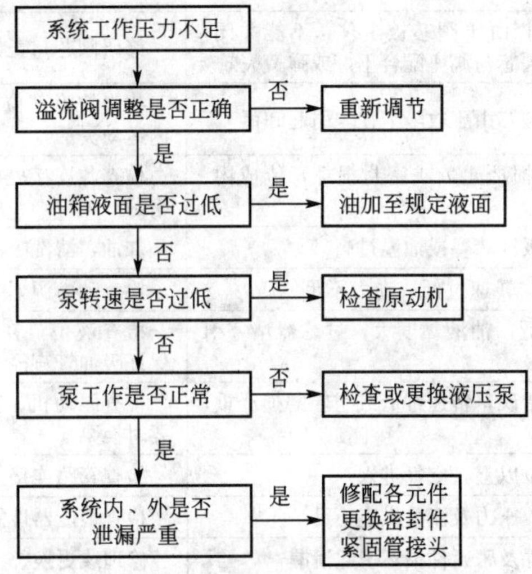

图 12—3 液压系统压力不足的逻辑分析诊断框图

例 12—2 液压系统流量不足的逻辑分析诊断（见图 12—4）。

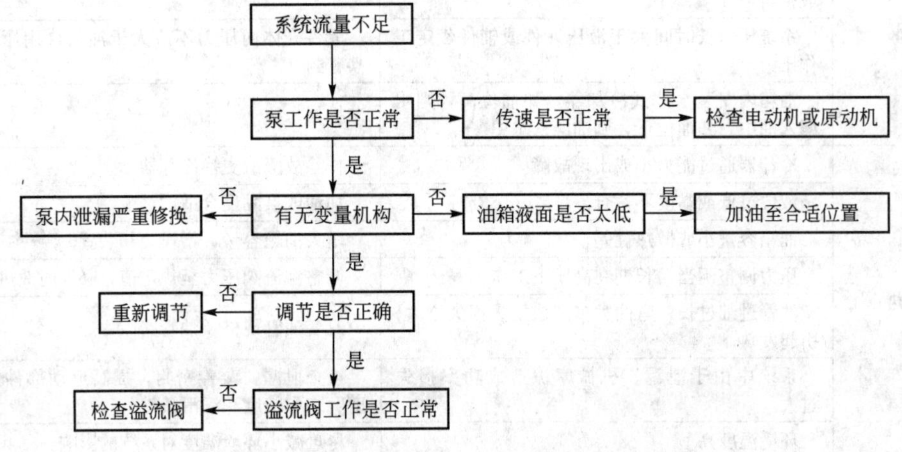

图 12—4 液压系统流量不足的逻辑分析诊断框图

4. 仪器诊断法

利用各种压力计、流量计和温度计可检查液压系统的压力、流量及温度是否正常。用显微镜和黏度计等可检测油液的状态。用声级计可测噪声大小。铁谱仪可把液压油中的磨损颗粒和其他污染颗粒分离出来，并制成铁谱片，然后置于铁谱显微镜或扫描电子显微镜下进行观察，或按尺寸大小依次沉积在玻璃管内，应用化学方法进行定量检测。这种铁谱技术适用于工程机械液压系统油液污染程度的检测、磨损过程的分析和故障的诊断。

四、液压系统常见故障及排除

液压系统常见故障及排除方法见表12—1。

表12—1　液压系统常见故障及排除方法

故障现象	产生原因	排除方法
系统无压力或压力不足	溢流阀开启，由于阀芯被卡住，不能关闭，阻尼孔堵塞，阀芯与阀座配合不好或弹簧失效	修研阀芯与壳体，清洗阻尼孔，更换弹簧
	其他控制阀阀芯由于故障卡住，引起卸荷	找出故障部位，清洗或修研，使阀芯在阀体内运动灵活
	液压元件磨损严重，或密封损坏，造成内、外泄漏	检查各连接处的密封性，修理或更换零件和密封
	液位过低，吸油堵塞或油温过高	加油，清洗吸油管或冷却系统
	泵转向错误，转速过低或动力不足	检查动力源
流量不足	油箱液位过低，油液黏度大，过滤器堵塞引起吸油阻力大	检查液位，补油，更换黏度适宜的液压油，保证吸油管直径
	液压泵转向错误，转速过低或空转磨损严重，性能下降	检查原动机、液压泵及液压泵变量机构，必要时换泵
	回油管在液位以上，空气进入	检查管路连接及密封是否正确可靠
	蓄能器漏气，压力及流量供应不足	检查蓄能器性能与压力
	其他液压元件及密封件损坏引起泄漏	修理或更换
	控制阀动作不灵活	调整或更换
泄漏	接头松动，密封损坏	拧紧接头，更换密封
	板式连接或法兰连接接合面螺钉预紧力不够或密封损坏	预紧力应大于液压力，更换密封
	系统压力长时间大于液压元件或辅件额定工作压力	元件壳体内压力不应大于油封许用压力，更换密封
	油箱内安装水冷式冷却器，如油位高，则水漏入油中，如油位低，则油漏入水中	拆修
过热	冷却器通过能力小或出现故障	排除故障或更换冷却器
	液位过低或黏度不适合	加油或换黏度合适的油液
	油箱容量小或散热性差	增大油箱容量，增设冷却装置
	压力调整不当，长期在高压下工作	调整溢流阀压力至规定值，必要时改进回路
	油管过细过长，弯曲太多造成压力损失增大，引起发热	改变油管规格及油管路
	系统中由于泄漏、机械摩擦造成功率损失过大	检查泄漏，改善密封，提高运动部件加工精度、装配精度和润滑条件
	环境温度高	尽量减小环境温度对系统的影响

（续前表）

故障现象	产生原因	排除方法
振动	液压泵：吸入空气，安装位置过高，吸油阻力大，齿轮齿形精度不够，叶片卡死断裂，柱塞卡死移动不灵活，零件磨损使间隙过大	更换进油口密封，吸油口管口至泵吸油口高度要小于500mm，保证吸油管直径，修复或更换损坏零件
	液压油：液位太低，吸油管插入液面深度不够，油液黏度太大，过滤堵塞	加油，吸油管加长浸到规定深度，更换合适黏度液压油，清洗过滤器
	溢流阀：阻尼孔堵塞，阀芯与阀座配合间隙过大，弹簧失效	清洗阻尼孔，修配阀芯与阀座间隙，更换弹簧
	其他阀芯移动不灵活	清洗，去毛刺
	管道：管道细长，没有固定装置，互相碰击，吸油管与回油管太近	增设固定装置，扩大管道间距离及吸油管和回油管距离
	电磁铁：电磁铁焊接不良，弹簧过硬或损坏，阀芯在阀体内卡住	重新焊接，更换弹簧，清洗及研配阀芯和阀体
	机械：液压泵与电机联轴器不同轴或松动，运动部件停止时有冲击，换向缺少阻尼，电动机振动	保持泵与电机轴同轴度不大于0.1mm，采用弹性联轴器，紧固螺钉，设阻尼或缓冲装置，电动机做平衡处理
冲击	蓄能器充气压力不够	给蓄能器充气
	工作压力过高	调整压力至规定值
	先导阀、换向阀制动不灵及节流缓冲慢	减小制动锥斜角或增加制动锥长度，修复节流缓冲装置
	液压缸端部没有缓冲装置	增设缓冲装置或背压阀
	溢流阀故障使压力突然升高	修理或更换
	系统中有大量空气	排除空气

思考与练习

12.1 在使用和维护液压系统时有哪些注意事项？

12.2 如何进行液压系统的调试？

第二部分

气 压 传 动

模块 13　气压传动基础知识

【教学目的】

1. 熟悉气压传动介质——压缩空气的特点；

2. 掌握正确应用方程解决具体问题的方法。

【建议学时】

4 学时。

气压传动是以压缩空气作为工作介质进行能量传递和控制的一种传动形式。其工作原理是利用空气压缩机将原动机供给的机械能转变为空气的压力能，压缩空气经管道及控制元件进入气缸，再将空气的压力能转变为机械能做功。除了具有与液压传动一样，操作控制方便，易于实现自动控制、中远程控制、过载保护等优点外，还具有工作介质来源方便，不污染环境，不存在介质变质等优势。但空气的压缩性极大地限制了气压传动传递的功率，一般工作压力较低（0.4MPa～1MPa），总输出力不宜大于 40kN，且空气介质没有自润滑性。

一、空气的物理性质

在空气的组成中，氮和氧是空气中比例最大的两种气体，其次是氩和二氧化碳，其他气体包括氖、氦、氪、氙以及水蒸气和砂土等细小颗粒。组成成分的比例与空气所处的状态和位置有关，例如位于地表的空气和高空的空气有差别，但在距离地表 20km 以内，其组成可以看做均一不变。表 13—1 列出了在基准状态（0℃，0.1MPa，相对湿度为 0）时地表附近空气的组成。

表 13—1　　空气的组成

空气的主要组成	N_2	O_2	Ar	CO_2	备注
质量组成（%）	75.5	23.1	1.28	0.045	其他气体约占 0.075%
容积组成（%）	78.09	20.95	0.93	0.03	
相对分子质量	28	32	40	44	

（一）空气的密度

单位体积空气的质量，称为空气的密度 ρ（kg/m^3），其公式为

$$\rho = m/V \tag{13—1}$$

式中，ρ 为空气密度；m 为空气的质量（kg）；V 为空气的体积（m^3）。

（二）空气的压力

空气的压力是指单位面积上承受的垂直作用于作用面的力，一般分为绝对压力和相对压力。绝对压力是以完全真空为基准计算的压力；相对压力是以大气压力为基准计算的压

力。通常压力表和真空表上显示的压力为相对压力，分别称为表压力和真空度。

(三) 空气的黏性

气体在流动过程中产生的内摩擦阻力的性质叫做气体的黏性，用黏度表示其大小。黏度大，内摩擦阻力大，气体流动相对困难；黏度小，内摩擦阻力小，气体流动相对容易。压力对空气黏度的影响甚微，通常可忽略不计。因此可以认为空气的黏度只随温度的变化而变化，并且随温度的升高，空气分子热运动加剧。黏度随温度的变化关系见表 13—2。

表 13—2　　空气的运动黏度 ν 随温度的变化值（压力为 0.101 3MPa）

t/℃	0	5	10	20	30	40	60	80	100
$\nu/(10^{-4}m^2/s)$	0.133	0.142	0.147	0.157	0.166	0.176	0.196	0.210	0.238

(四) 空气的压缩性和膨胀性

气体分子间距大，内聚力小，故分子可自由运动，因此气体的体积容易随压力和温度的变化而变化。气体体积随压力增大而减小的性质称为气体的压缩性，气体体积随温度的升高而增大的性质称为气体的膨胀性。与液体和固体相比，气体具有明显的压缩性和膨胀性。故研究气压传动时，应予以考虑，气体体积随压力和温度的变化规律服从气体状态方程。

(五) 空气的湿度

根据空气中是否含有水蒸气，可以将空气分为干空气和湿空气。含有水蒸气的空气为湿空气，大气中的空气基本上都是湿空气；而不含有水蒸气的空气为干空气。

由于湿空气中的水分对气动控制系统的稳定性和寿命有很大影响，因此对空气中的含水量应进行限定，气动系统也常常采取必要的措施防止带入水分。

空气的干湿程度、含水量的多少，常用湿度和含湿量来表示。

根据道尔顿（Dalton）法则，混合在一起的各种气体相互之间不发生化学反应时，各气体将互不干涉地单独运动。混合气体的压力（全压）等于各种气体的分压之和。因此，湿空气的压力 p 应为干空气的分压力 p_g 与湿空气的分压力 p_s 之和，即

$$p=p_g+p_s \tag{13—2}$$

1. 绝对湿度和饱和绝对湿度

每立方米的湿空气中，含有水蒸气的质量称为湿空气的绝对湿度，用 x 表示。即

$$x=m_s/V \tag{13—3}$$

式中，m_s为水蒸气的质量（kg）；V 为湿空气的体积（m^3）。

在一定的压力和温度下，含有最大限度水蒸气量的空气叫做饱和湿空气。

$1m^3$ 饱和湿空气中所含水蒸气的质量称为湿空气的饱和绝对湿度。

$$x_b=\frac{p_b}{R_s \cdot T} \tag{13—4}$$

式中，x_b为饱和绝对湿度（kg/m^3）；p_b 为饱和湿空气中水蒸气的分压力（Pa）；R_s 为水蒸气的气体常数，$R_s=462.05$ J/(kg·K)；T 为绝对温度（K）。

2. 相对湿度

在同一温度下，湿空气中水蒸气分压 p_s 和饱和湿空气水蒸气分压 p_b 的比值称为相对湿度，用 ϕ 表示。即

$$\phi=\frac{p_s}{p_b}\times 100\% \qquad (13—5)$$

通常，湿空气大多是处于未饱和状态，所以应了解它继续吸收水分的能力和离饱和状态的远近。引入相对湿度的概念清楚地说明了这个问题。

当空气绝对干燥时，$p_s=0$，则 $\phi=0$。

当湿空气饱和时，$p_s=p_b$，则 $\phi=100\%$，饱和湿空气吸收水蒸气的能力为零，此时的温度为露点温度，简称露点。达到露点后，湿空气将有水分析出。

一般 ϕ 在 0～1 之间变化，当空气的相对湿度 $\phi=60\%\sim70\%$时，人感觉舒适，而气动系统中元件使用的工作介质的相对湿度不得大于 90%，当然希望越小越好。

相对湿度既反映了湿空气的饱和程度，也反映了湿空气离饱和程度的远近。

有时 ϕ 也用同一温度下，湿空气的绝对湿度与饱和绝对湿度之比来确定，即

$$\phi=\frac{x}{x_b} \qquad (13—6)$$

3. 空气的含湿量

除了用绝对湿度、相对湿度表示湿空气中所含水蒸气的多少外，还可以用空气的含湿量 d 来表示。空气的含湿量是指在质量为 1kg 的湿空气中，混合的水蒸气质量与绝对干空气质量的比，即

$$d=\frac{m_s}{m_g} \qquad (13—7)$$

式中，m_s为水蒸气的质量（kg）；m_g为干空气的质量（kg）。

用单位体积干空气中混合的水蒸气质量表示的含湿量，称为容积含湿量，以 d' 表示。即

$$d'=\frac{m_s}{V_g}=\frac{d\cdot m_g}{V_g}=d\cdot\rho_g \qquad (13—8)$$

式中，d'为容积含湿量（kg/m^3）；ρ_g为干空气的密度；V_g为干空气的体积。

含湿量大小决定于温度 t、相对湿度 ϕ 和全压力 p。若 p 不变，$\phi=1$ 时，含湿量达到最大值。

二、气体状态方程

（一）理想气体状态方程

理想气体是一种假想没有黏性的气体，一定质量的理想气体，在状态变化的某一平衡瞬时，有如下气体状态方程。

$$pv=RT \qquad (13—9)$$

$$\frac{pV}{T}=常数 \qquad (13—10)$$

式中，p 为气体的绝对压力（N/m^2）；v 为比体积（m^3/kg）；V 为气体体积（m^3）；T 为热力学温度（K）；R 为气体常数［J/(kg·K)］。

气体常数 R 的物理意义是把 1kg 的气体在等压下加热，当温度上升 1℃时气体膨胀所做

的功。干空气的气体常数 $R=287.1\text{J}/(\text{kg}\cdot\text{K})$，水蒸气的气体常数 $R=462.05\text{J}/(\text{kg}\cdot\text{K})$。

将 p、v 和 T 称为气体的三个状态参数。从式 13—10 中可以看出只要其中两个参数确定就可以确定气体的状态。

(二) 气体状态变化过程

1. 等压过程

一定质量的气体，在压力保持不变时，从某一状态变化到另一状态的过程，则有

$$\frac{v_1}{T_1}=\frac{v_2}{T_2}=\frac{R}{p}=\text{常数} \tag{13—11}$$

式 13—11 说明，压力不变时，比体积和温度成正比。气体温度上升，体积膨胀；温度下降，体积缩小。

2. 等容过程

一定质量的气体在容积保持不变的条件下，p、v、T 间的关系由下式给出

$$\frac{p_1}{T_1}=\frac{p_2}{T_2}=\frac{R}{v}=\text{常数} \tag{13—12}$$

即压力和绝对温度成正比，气体温度随压力增加而增加，随压力下降而下降。

3. 等温过程

一定质量的气体，在其状态变化过程中，温度不变时，则有

$$p_1v_1=p_2v_2=RT=\text{常数} \tag{13—13}$$

即等温过程中，气体压力与比体积成反比。

4. 绝热过程

气体在状态变化过程中，与外界无热量交换，称这种变化过程为绝热过程。其状态变化方程为

$$pv^k=\text{常数} \tag{13—14}$$

式中，k 为绝热指数，对不同的气体有不同的值，对于空气，$k=1.4$。

5. 多变过程

在实际问题中，气体的变化过程往往不能简单地归属为上述几个过程中的任一个，不加任何条件限制的过程称为多变过程，可用下式表示，即

$$pv^n=\text{定值} \tag{13—15}$$

式中，n 为多变指数。

实际过程中气体状态参数的变化规律并不符合多变过程方程，即很难保持 n 为定值。但是，任何实际过程总能看做是由若干段过程所组成的，每一段中 n 接近某一常数，而各段中 n 值并不相同，这样，就可用多变过程的分析方法来研究各种实际过程。

值得指出的是，四个基本热力过程都是多变过程的特例，根据 $pv^n=$定值，不难看出：

当 $n=0$ 时，$pv^0=p=$定值　　等压过程

当 $n=1$ 时，$pv^1=pv=$定值　　等温过程

当 $n=k$ 时，$pv^k=$定值　　绝热过程（$k=1.4$）

当 $n=\infty$时，$pv^\infty=$定值，$p^{1/\infty}v=$定值　　等容过程

多变过程方程与绝热过程方程具有相同的形式，仅是指数不同而已。

三、气体流动的基本方程

在气压传动中，气体在管内流动，可按一维定常流动来处理。一般压缩气体在管道中流动时，其速度小于 30m/s，压力变化不大，密度变化很小，可当做不可压缩流体来处理，它的运动规律和液体一样。当速度较大，超过 70m/s 时，就要考虑密度的变化。此外，在某些场合，虽然气体流动的速度并不高，但因管道很长，存在压力损失，压力变化较大，此时气体的密度也随着变化，因此，也必须把气体当做可压缩流体来对待。本节只对某些问题做简单介绍。

(一) 连续性方程

根据质量守恒定律，当气体在管道中做稳定流动时，同一时间流过每一通流截面的质量为一定值，即为连续性方程

$$q_m = \rho A v = \text{常数} \tag{13—16}$$

式中，q_m为气体在管道中的质量流量（kg/s）；ρ 为流管的任意截面上流体的密度（kg/m^3）；A 为流管的任意截面面积（m^2）；v 为该截面上的平均流速（m/s）。

如果气体运动速度较低，可视为不可压缩，即 ρ 为常数，则式 13—16 变为

$$Av = \text{常数} \tag{13—17}$$

(二) 伯努利方程

在管道的任意截面上，根据能量守恒定律，单位质量稳定的空气流的流动压力 p、平均流速 v、位置高低 H 和阻力损失 h_f 满足下列方程（伯努利方程），即

$$\frac{v^2}{2} + gH + \int \frac{dp}{\rho} + gh_f = \text{常数} \tag{13—18}$$

思考与练习

13.1 简述气压传动的工作原理。

13.2 什么叫相对湿度？它的物理意义是什么？

13.3 在 15℃时，将空气从 0.1MPa（绝对压力）压缩到 0.7MPa（绝对压力），体积压缩为原来的 1/6，求温升为多少？

13.4 有一储气罐，容积为 60L，罐内装有 10℃的空气，罐内顶部压力表指示为零，现对储气罐加热到 40℃，问此时压力表指示值为多少？

模块 14　气源装置和气压传动元件

【教学目的】

1. 了解气源装置的组成原理及性能特点；
2. 了解气缸原理及选用原则；
3. 掌握阀的工作原理、结构及其图形符号；
4. 了解常用逻辑元件。

【建议学时】

6 学时。

一、气源装置

气源装置是一种动力源装置，为各种气动设备提供具有一定压力和流量的压缩空气。为了满足气动设备对空气质量的要求，往往还需要加入辅助设备对压缩空气进行降温、净化和稳压等一系列处理。因此，气源装置通常包括空气压缩机（即气压产生装置）、空气净化与处理装置、储存装置、传送管道等气源设备，其主体是空气压缩机，主要的净化处理装置有过滤器、油水分离器、干燥器等，如图 14—1 所示。

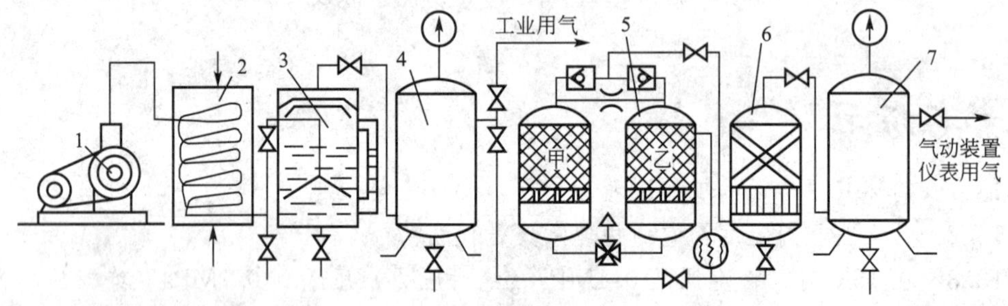

图 14—1　气源装置

1—空气压缩机；2—后冷却器；3—油水分离器；4，7—储气罐；5—干燥器；6—过滤器

如图 14—1 所示的气源装置的工作原理是：空气压缩机 1 将大气状态的空气压缩成具有较高压力气流，气流经后冷却器 2 和油水分离器 3 进入储气罐 4 即分两路，一路直接引出作空气质量要求不高的工业用气，一路则进入干燥器 5 和过滤器 6 得到进一步净化处理，为气动装置和仪表用气而保证空气质量。

（一）空气压缩机

空气压缩机是将机械能转换成气体压力能的能量转换装置。空气压缩机的种类有很多，按工作原理可分成容积型和速度型压缩机；按排气压力可分低压、中压、高压和超高压压缩机，如表 14—1 所示；按排气量（自由空气流量）可分为微型、小型、中型和大型压缩机，如表 14—2 所示。

表 14—1　　压缩机按排气压力分类

名　　称	排气压力（10^{-1}MPa）
低压压缩机	$0.2<p\leqslant 1$
中压压缩机	$1<p\leqslant 10$
高压压缩机	$10<p\leqslant 100$
超高压压缩机	$p>100$

表 14—2　　压缩机按排气量分类

名　　称	排气量 V（m^3/min）
微型压缩机	$V\leqslant 1$
小型压缩机	$1<V\leqslant 10$
中型压缩机	$10<V\leqslant 100$
大型压缩机	$V>100$

在气压传动中，一般采用容积型压缩机，其原理是通过体积压缩，使单位体积内气体分子的密度增加以提高压缩空气的压力，同时实现气体的顺序吸入和排出。容积型压缩机按结构可分为往复式和旋转式压缩机。常见的往复式压缩机有活塞式和膜片式压缩机，旋转式压缩机有叶片式和螺杆式压缩机。

工业上应用最普遍的是活塞式压缩机。活塞式压缩机是通过曲柄连杆机构使活塞做往复运动而实现吸气、压气，并达到提高气体压力的目的。如图 14—2 所示为单级活塞式压缩机工作原理图。它主要由气缸 2、活塞 3、活塞杆 4、连杆 7、曲柄 8、吸气阀 9、排气阀 1 组成。工作时，曲柄 8 由原动机（电动机）带动旋转，驱动活塞 3 在缸体 2 内做往复运动。当活塞向右运动时，气缸内容积增大而形成真空，外界空气在大气压力作用下推开吸气阀 9 而进入气缸中，这个过程称为吸气过程；当活塞反向运动时，吸气阀 9 关闭，随着活塞的左移，缸内空气受到压缩而使压力升高，这个过程称为压缩过程。当气缸内压力增高到略高于输气管路中的压力时，排气阀 1 打开，气体便被排入输气管路内，这个过程称为排气过程。曲柄旋转一周，活塞往复运动一次，即完成一个工作循环。活塞式压缩机具有结构简单，使用寿命长，维修容易，活塞的密封性好等优点，容易实现大排气量和高压输出。其缺点是振动大，噪声大；排气为断续进行，输出有脉动，需要设置储气罐。

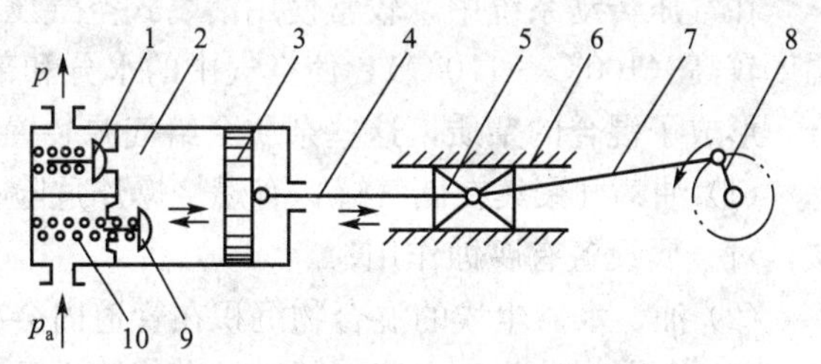

图 14—2　活塞式压缩机工作原理图

1—排气阀；2—气缸；3—活塞；4—活塞杆；5，6—十字头与滑道；7—连杆；8—曲柄；9—吸气阀；10—弹簧

膜片式压缩机、叶片式压缩机和螺杆式压缩机的工作原理图及优缺点详见表 14—3。

表 14—3　　膜片式、叶片式和螺杆式压缩机的工作原理图及优缺点

名称	工作原理	优点	缺点	用途
膜片式压缩机		无须油润滑，无污染	提供 0.5MPa 的压缩空气	广泛应用于食品、医药和类似的工业中

（续前表）

名称	工作原理	优点	缺点	用途
叶片式压缩机	输出 Output Input 输入	能连续排出脉动小的额定压力的压缩空气，不需要设置储气罐，且结构简单、制造容易，操作维修方便，运转噪声小	叶片、转子和机体之间机械摩擦较大，产生较高的能量损失，因而效率也较低	适用于低压范围
螺杆式压缩机		排气压力脉动小，输出流量大，不需要设置储气罐，结构中无易损件，寿命长，效率高	制造精度要求高，运转噪声大	适用于中低压范围

选择空气压缩机主要是确定空气压缩机的排气压力和排气流量。通常空气压缩机的额定压力（0.7MPa～0.8MPa）应略高于气动系统的工作压力（0.5MPa～0.6MPa），额定流量应等于设备最大耗气量并考虑管路系统的泄漏。

（二）空气的净化

在气压传动系统中，较常使用活塞式空气压缩机，其多用油润滑，它排出的压缩空气温度较高（100℃～170℃），使空气中的水分和部分润滑油变成气态，再与吸入的灰尘混合，形成了混合的杂质，这些杂质会给气源装置及气动系统带来以下不良影响：

（1）油蒸气聚集在储气罐，有燃烧爆炸危险；同时油分被高温汽化后会形成一种有机酸，对金属设备有腐蚀作用；

（2）油、水、尘埃的混合物沉积在管道内会减小管道流通面积，增大气流阻力；

（3）在寒冷季节，水蒸气凝结后会使管道及附件冻结而损坏，或使气流不通畅；

（4）颗粒的杂质会引起气缸、马达、阀等相对运动表面间的严重磨损，破坏密封，降低设备使用寿命，可能堵塞控制元件的小孔，影响元件的工作性能，甚至使控制失灵等。

因此，必须设置气源净化设备去除油、水和灰尘等，使之具有一定的清洁度和干燥度，以满足气动装置对压缩空气的质量要求。气源的清洁度是指所含杂质（油分及灰尘）的粒径大小在一定的范围，粒径越小则清洁度越高，通常使用过滤方法实现。气源的干燥度是指所含水分的程度。通常水分以液滴状态和水蒸气状态与空气混合在一起，对前者可用冷却器和油水分离器排除，对后者需用冷冻式干燥器或吸附式干燥器来排除。气动装置要求压缩空气的含水量越小越好。

压缩空气的净化过程包括冷却、过滤和干燥三个环节，相应的执行元件是后冷却器、过滤器（油水分离器）和干燥器。首先，后冷却器将空气压缩机排出的高温压缩气体由120℃～170℃降至40℃～50℃，使压缩空气中的油雾和水汽以液滴形式凝聚出来；然后，过滤器将水滴和油滴及灰尘等杂质滤除，使压缩空气达到一定的清洁度；最后，通过干燥器进一步地吸收和排除其中的水分和油分，使压缩空气达到一定的干燥度，从而符合质量要求。

经净化处理后的压缩空气并不能直接供给气动装置和仪表使用，应考虑安装储气罐，以调节气流、消除输出气流的压力波动，使输出气流流量连续、压力稳定。此外，压缩空气在储气罐中还能进一步分离其中的水分和油分。

（三）气动“三大件”

在气动技术中，将分水滤气器、减压阀和油雾器统称为气动“三大件”。

1. 分水滤气器

分水滤气器（又称空气过滤器）就是将空气中的水分和灰尘等杂质过滤分离的仪器，其工作原理是根据杂质和空气分子的质量、大小不同，利用惯性、阻隔和吸附的方法将杂质与空气分离。分水滤气器的核心部件是滤芯。空气压缩机中普遍采用纸质滤芯和金属滤芯的过滤器。这种过滤器通常又称为一次过滤器，其滤灰效率为50%～70%；在空气压缩机的输出端使用的为二次过滤器（滤灰效率为70%～90%）和高效过滤器（滤灰效率大于99%）。

典型的分水滤气器如图14—3所示。压缩空气进入后，被引入旋风叶子1并经其导向，由于旋风叶子上有很多小缺口，使空气沿切线反向产生强烈的旋转，这样夹杂在气体中的较大水滴、油滴、灰尘便获得较大的离心力，并高速与水杯3内壁碰撞，而从气体中分离出来，在重力作用下沿壁面沉降于水杯3中，然后气体通过中间的滤芯2，部分灰尘、雾状水被滤芯2拦截而滤去，洁净的空气便从输出口输出。挡水板4可防止气流的旋涡卷起沉积的污水，造成二次污染。

2. 减压阀

减压阀（又称调压阀）的作用是降低并维持空气压缩机输出气流的压力，使之满足气动装置的用气需求。按调节压力方式不同，减压阀有直动型和先导型两种。如图14—4所示为直动型减压阀，由于在工作过程中常常会从溢流口4中排出少量气体，因此它属于溢流减压阀，不能用于有害工作介质的气路中。在工作介质为有害气体时，为了防止大气污染，应选用非溢流式减压阀。

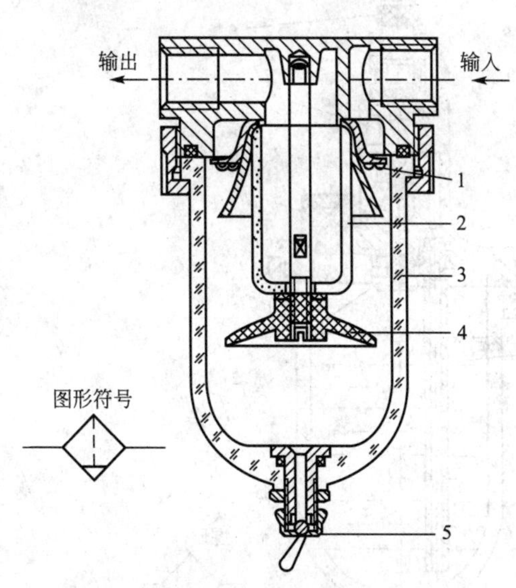

图14—3 分水滤气器的结构原理与图形符号

1—旋风叶子；2—滤芯；3—水杯；
4—挡水板；5—手动排水阀

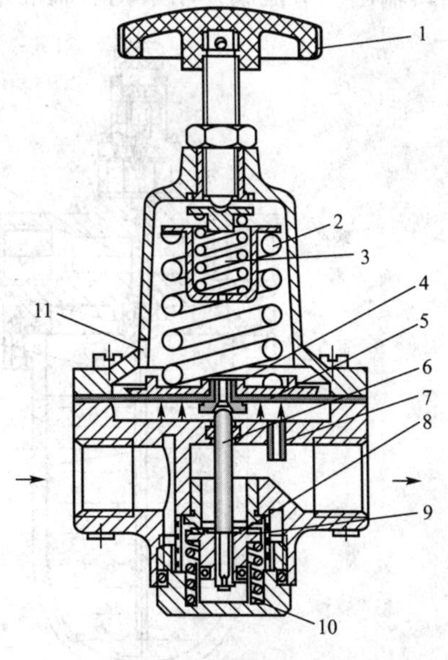

图14—4 直动型减压阀

1—手柄；2，3—调压弹簧；4—溢流口；5—膜片；
6—阀杆；7—阻尼孔；8—阀座；9—阀芯；
10—复位弹簧；11—排气孔

如图 14—4 所示的直动型减压阀的工作原理是：当顺时针旋转手柄 1，调压弹簧 2、3 推动膜片 5 下凹，再通过阀杆 6 带动阀芯 9 下移，打开进气阀口，压缩空气通过阀口的节流作用，使输出压力低于输入压力，以实现减压作用。与此同时，有一部分气流经阻尼孔 7 在膜片下部产生一向上的推力。当推力与弹簧的作用相互平衡后，阀口开度稳定在某一值上，减压阀就输出一定压力的气体。阀口开度越小，节流作用越强，压力下降也越多。若输入压力瞬时升高，输出压力随之升高，膜片向上的推力也相应升高，原有的平衡被破坏，于是膜片上移，有部分气流经溢流口 4、排气孔 11 排出。在膜片上移的同时，阀芯在复位弹簧 10 的作用下也随之上移，减小进气阀口开度，节流作用加大，输出压力下降，直至达到膜片两端作用力重新平衡为止，输出压力基本上又回到原数值上。相反，输入压力下降时，进气节流阀口开度增大，节流作用减小，输出压力上升，使输出压力基本回到原数值上。

3. 油雾器

气动系统中使用的油雾器是一种特殊的注油装置，它利用压缩空气将润滑油喷射成雾状，压缩空气携带油雾进入到需要润滑的部件；从而达到润滑的目的。目前，气动控制阀、气缸和气马达主要是靠这种方式进行润滑，具有方便、干净、润滑效果好等优点。

如图 14—5 所示为普通油雾器的结构原理图与图形符号。在油雾器的气流通道中有一个立杆 1，立杆上有两个通道口，上面背向气流的是喷油口 B，下面正对气流的是油面加压通道口 A。其工作原理为，压缩空气从输入口进入后，一小部分进入 A 口的气流经加压通道至截止阀 2，在压缩空气刚进入时，钢球被压在阀座上，但钢球与阀座密封不严，有点漏气（将截止阀 2 打开），可使储油杯 3 上腔 C 的压力逐渐升高，使杯内油面受压，迫使储油杯内的油液经吸油管 4、单向阀 5 和节流阀 6 滴入透明视油器 7 内，然后从喷油口 B 被主气道中的气流引射出来，在气流气动力和油黏性力对油滴的作用下，润滑油雾化后随气流从输出口输出。节流阀 6 用来调节滴油量，滴油量可在 0～200 滴/min 内变化。

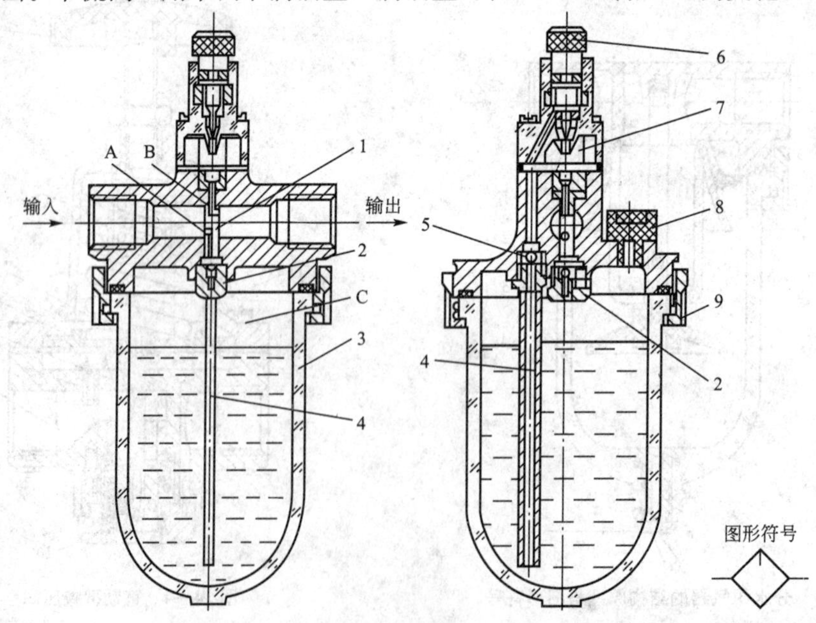

图 14—5　油雾器的结构原理图与图形符号

1—立杆；2—截止阀；3—储油杯；4—吸油管；5—单向阀；
6—节流阀；7—视油器；8—油塞；9—螺母

油雾器一般安装在空气过滤器和减压阀之后，尽量靠近换向阀。安装时应注意进出口不能接错，垂直设置，不可倒置或倾斜，油面不应过高或过低。

上述气动“三大件”虽然都是独立的气源处理元件，可以单独使用，但在实际应用时却又常常组合在一起作为一个组件使用，形成无管化连接，俗称气动三联件，如图 14—6 所示。其工作原理是：压缩空气首先进入空气过滤器，经除水滤灰净化后进入减压阀，经减压后控制气体的压力以满足气动系统的要求，输出的稳压气体最后进入油雾器，将润滑油雾化后混入压缩空气一起输往气动装置，从而保证气动系统使用压缩空气的质量。气动三联件结构紧凑、装拆与更换方便，因此得到广泛应用。

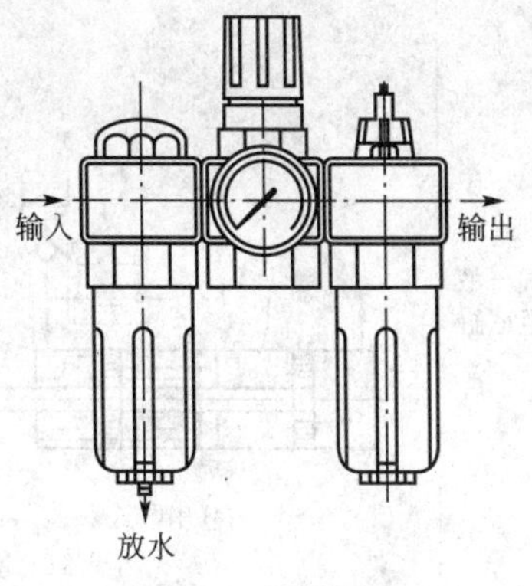

图 14—6 气动三联件

二、气动执行元件

与空气压缩机相仿，气动执行元件也是一种能量转换装置，只不过前者是将机械能转换成空气压力能，而后者则是将气源装置输出气流的压力能转变成驱动机构做直线或回转运动的机械能。按运动形式不同，气动执行元件可分为气缸和气动马达两大类，其中气缸可实现直线往复运动与摆动，气动马达可实现连续回转运动。

（一）气缸

如图 14—7 所示为弹簧复位式单作用气缸的结构原理图，由缸筒、前后缸盖、活塞、活塞杆以及其他零件组成。压缩空气由缸盖上的气孔进入无杆腔，推动活塞向右直线运动；而活塞返回则依靠复位弹簧实现。气缸有杆腔始终与大气相通。这类气缸称为单作用气缸。

若活塞左右方向的运动皆由压缩空气推动，则称为双作用气缸，如图 14—8 所示。这是使用最为广泛的一种普通气缸。

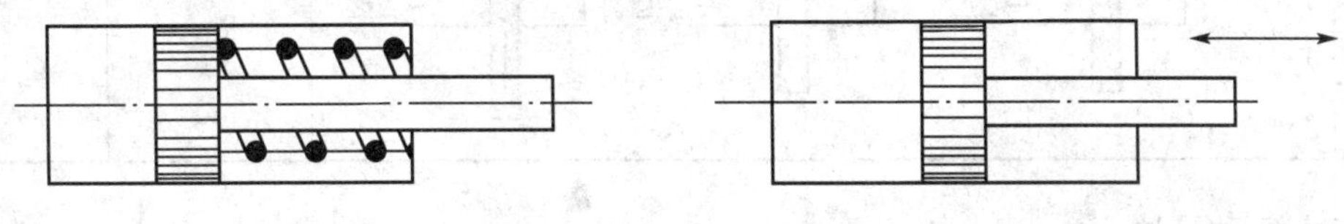
图 14—7 弹簧复位式单作用气缸　　图 14—8 双作用气缸

气缸的工作原理和液压缸十分相似，其优点亦十分突出：结构简单、成本低、工作可靠、动作迅速，在有可能发生火灾和爆炸的危险场合使用安全。然而，由于空气的压缩性大，导致输出推力小、运动平稳性差，这为使用空气做工作介质的气缸带来了固有的局限性。通常，气缸广泛应用于轻载系统。

为了满足某些特殊场合的使用要求，逐渐发展起了许多具有特殊功能的气缸，如气—液阻尼缸、薄膜气缸和冲击气缸等。各种特殊气缸的结构原理图、应用特点和用途范围见表 14—4。

表 14—4 各种特殊气缸的结构原理图、应用特点和用途范围

类别	结构原理图	应用特点	用途范围
气—液阻尼缸	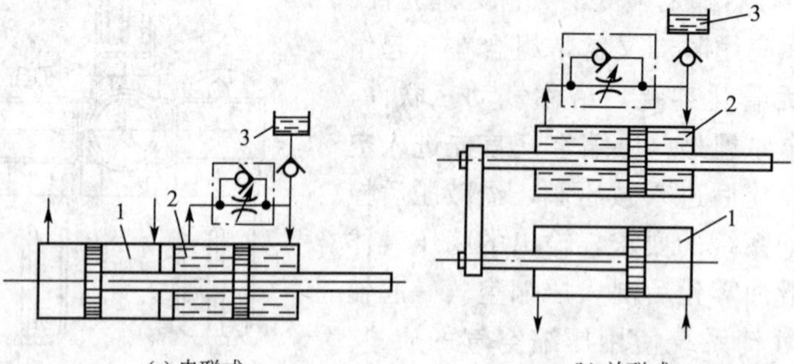 (a) 串联式 (b) 并联式 1—气缸；2—液压缸；3—高位油箱	以压缩空气为能源，利用油液的不可压缩性和控制流量来获得活塞的平稳运动和调节活塞的运动速度；具有气动和液压的双重优点	应用范围广
薄膜气缸	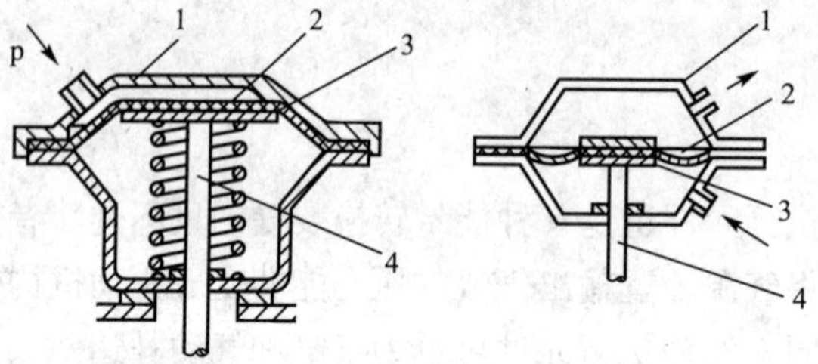 (a) 单作用式 (b) 双作用式 1—缸体；2—膜片；3—膜盘；4—活塞杆	结构简单，成本低；行程短（一般不超过 40mm～50mm），输出力随行程加大而减小	主要应用于化工生产过程的调节器
冲击气缸	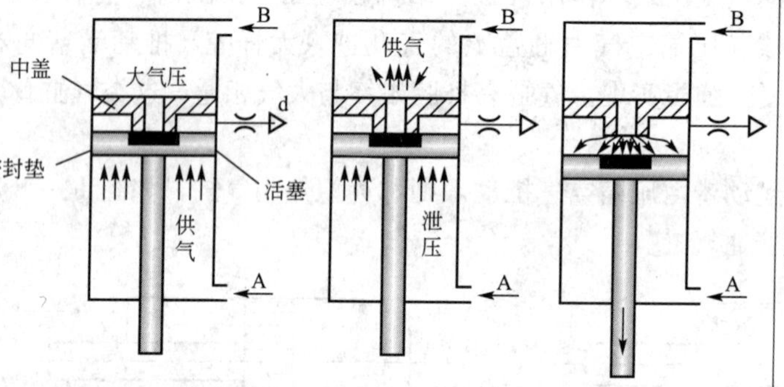 中盖 大气压 密封垫 活塞 供气 泄压 B A d	结构简单，成本低，耗气功率小，能产生较大的冲击力	型材下料、打印、铆接、弯曲、冲孔、镦粗、破碎、模锻等作业

（二）气动马达

气动马达的作用相当于电动机或液压马达，即输出转矩以驱动机构做旋转运动。相比液压马达，气动马达具有以下特点：

（1）由于工作介质在工作中不产生火花，因而气动马达更适于高温、多尘、易爆、潮湿等场合；

（2）可以长时间满载工作而温升较小，且有过载保护的性能；

（3）具有较高的启动转矩，可直接带负载启动；

（4）结构简单，操纵方便，维护容易，成本低；

（5）转速受负载变化的影响大，输出功率小；

(6) 耗气量大，效率低，噪声大，易产生振动。

表 14—5 列出了各种气动马达的特性及应用范围。

表 14—5 各种气动马达的特性及应用范围

类型	转矩	速度	功率/kW	特性及应用范围
叶片式	转矩小	高速	1～3	制造简单、结构紧凑，低速启动，转矩小，低速性能不好。适用于要求低、中功率的机械，如升降机、泵、拖拉机等。
活塞式	转矩较大	低速或中速	0.7～25	在低速时有较大的输出功率和较好的转矩特性，启动准确。适用于载荷较大和要求低速、转矩较高的机械，如起重机、绞车拉管机等。
薄膜式	转矩大	低速	<1	适用于控制要求很精确、启动转矩极高和速度低的机械。

如图 14—9 所示为叶片式气动马达的工作原理图。压缩空气由孔 A 输入时分为两路。一路经定子两端密封盖的槽进入叶片底部将叶片推出而紧贴定子内壁；另一路经孔 A 进入相应的密封工作空间而作用在两个叶片上，由于两叶片伸出长度不等，就产生了转矩差，使叶片与转子按逆时针方向旋转，之后气体从孔 C 和孔 B 排出。

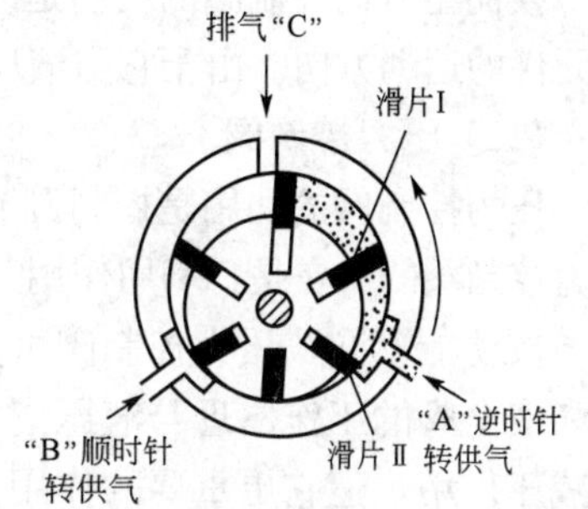

图 14—9 叶片式气动马达的工作原理图

三、气动控制阀

气动控制阀的功用、工作原理与液压控制阀相似，即靠方向控制阀、压力控制阀和流量控制阀分别实现对输出力的大小、运动方向和运动速度三个传动要素的控制。与液压控制阀相比，气动控制阀在结构上有所不同。

(一) 方向控制阀

按作用特点分，方向控制阀可分为单向型控制阀和换向型控制阀，其中单向型控制阀又可分为单向阀、梭阀、快速排气阀。单向阀是指气流只能向一个方向流动而不能反向流动的阀。梭阀相当于两个单向阀组合的阀，可实现气流正反方向流动，如图 14—10 所示。当气流经 P_1 口或（和）P_2 口通入时，阀芯将被推向气压小的一侧而封堵该侧的进气口，气流由 A 口排出。随着左右进气口的气压大小交替变化，阀芯在缸体内像织布梭子一样随之左右移动，故而得名梭阀。

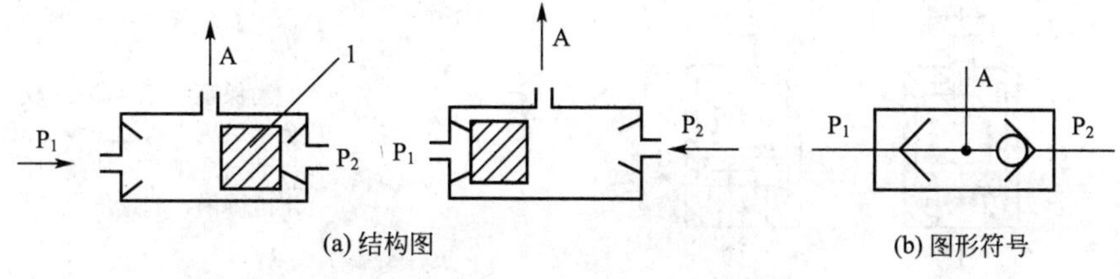

图 14—10 梭阀的结构图与图形符号

快速排气阀是为加快气缸运动速度做快速排气用的，如图 14—11 所示。当气流进入进气口 P 时，膜片 1 发生弹性变形向下弯曲，不仅封堵了 T（O）口，还使 P 口与 A 口连通；当 P 口一旦泄压，膜片的变形发生弹性恢复，从而关闭 P 口，使 A 口与 T 口连通，实现 A 口气流经 T 口快速排气。

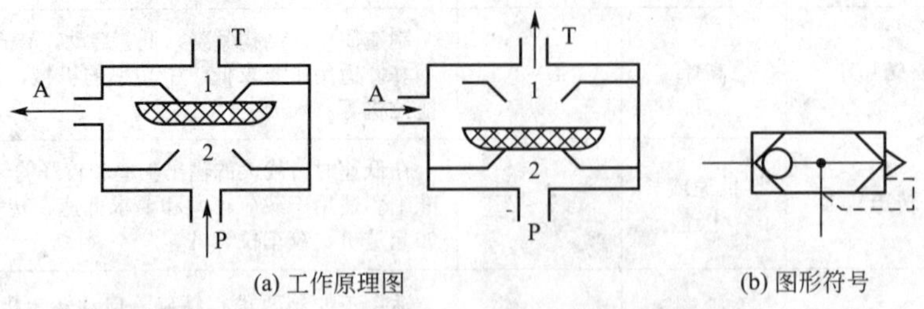

(a) 工作原理图　　(b) 图形符号

图 14—11　快速排气阀的工作原理图与图形符号

换向型方向控制阀的功用是改变气流通道，使气体流动方向发生变化，从而改变气动执行元件的运动方向。由于它与液压的同类阀相似，操作方式也大致相同，在此不再赘述。

(二) 压力控制阀

压力控制阀的功用是控制调节压缩空气以实现执行元件顺序动作的阀。与液压阀一样，压力控制阀的特点是：利用作用于阀芯上的气压力和弹簧力相平衡的原理进行工作。

按功能不同，压力控制阀可分为减压阀（又称调压阀）、顺序阀和安全阀，其中顺序阀和安全阀的工作原理与液压同类阀的工作原理基本相同。减压阀与液压同类阀一样，都起减压作用，但它更重要的作用是调节和稳定气压，表 14—6 列出了三种压力控制阀的图形符号及特点。

表 14—6　　减压阀、顺序阀、安全阀的图形符号及特点

名称	结构原理图与图形符号	特点
减压阀		调整或控制气压的变化，保持压缩空气减压后稳定在需要值。一般与分水滤气器、油雾器共同组成气动“三大件”。对低压系统则需用高精度的减压阀，即定值器。
顺序阀	P　A　P　A　P　A (a)　(b)	依靠气路中压力的作用，按调定的压力控制执行元件顺序动作或输出压力信号。与单向阀并联可组成单向顺序阀。
安全阀	1　2　3　O　P　P　P　O (a)　(b)	为保证气动回路或储气罐的安全，当压力超过一调定值时，实现自动向外排气，使压力回到某一调定范围内，起过压保护作用。

（三）流量控制阀

流量控制阀的功用就是靠调节气体流量来实现控制气动执行元件的运动速度，它包括节流阀、单向节流阀和排气节流阀。节流阀是通过改变阀的流通面积来实现流量调节。它与单向阀并联组成单向节流阀，常用于气缸的调速和延时回路中。

如图 14—12 所示为节流阀的结构图与图形符号。气体由输入口 P 进入阀内，经阀座与阀芯间的节流通道从输出口 A 流出，通过调节螺杆使阀芯上下移动，改变节流口通流面积，实现流量的调节。

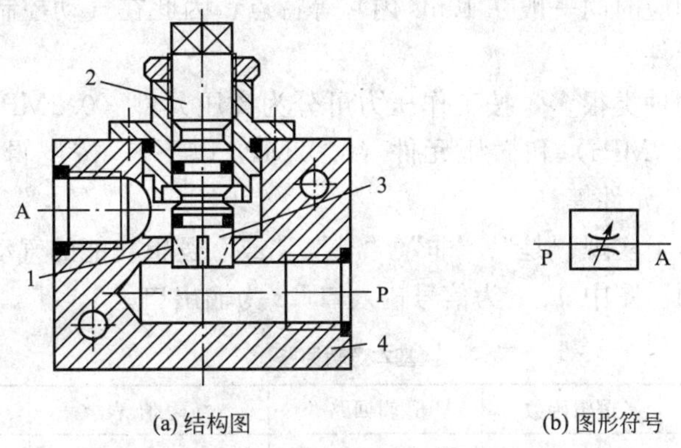

(a) 结构图　　(b) 图形符号

图 14—12　节流阀的结构图和图形符号

1—阀座；2—调节螺杆；3—阀芯；4—阀体

如图 14—13 所示为单向节流阀的工作原理图，当气流由 P 至 A 正向流动时，单向阀在弹簧和气压作用下关闭，气流经节流阀节流后流出；而当由 A 至 P 反向流动时，单向阀打开，不节流。

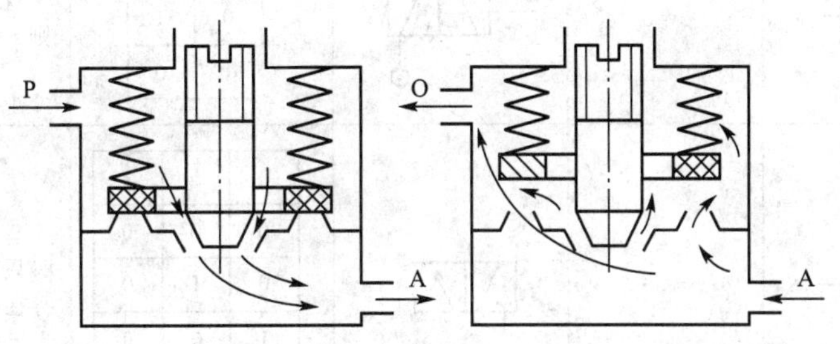

图 14—13　单向节流阀的工作原理图

排气节流阀安装在执行元件的排气口，不仅能调节执行元件的运动速度，还能降低排气噪声。如图 14—14 所示为排气节流阀的结构图。

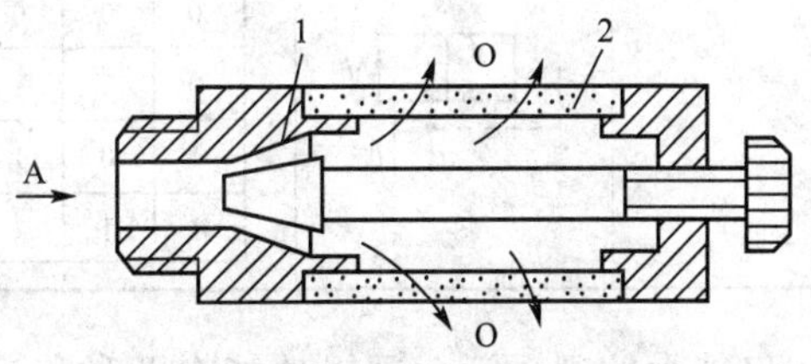

图 14—14　排气节流阀的结构图

1—节流口；2—消声套

四、气动逻辑元件

气动逻辑元件是以压缩空气为工作介质，在气控信号的作用下，通过元件内部可动部件的动作改变气流方向，以实现一定逻辑功能的流体控制元件。实际上，气动方向控制阀也具有逻辑元件的各种功能，所不同的是它的输出功率较大，尺寸也较大；而气动逻辑元件的尺寸则较小，具有气流通道孔径较大，抗污染能力强，结构简单，成本低，工作寿命长，响应速度慢（响应时间一般在 10ms 内）等特点，因此在气动控制线路中广泛采用各种形式的气动逻辑元件。

气动逻辑元件的种类很多，按工作压力可分为高压元件（0.2MPa～0.8MPa）、低压元件（0.02MPa～0.2MPa）和微压元件（0.02MPa 以下）；按逻辑功能又分为“或”、“与”、“非”、“双稳”元件等。

表 14—7 中列出了实现“是”、“非”、“与”、“或”逻辑功能的气动逻辑元件符号、真值表和相应的回路图。图中 a、b 为信号输入口，s 为输出口。

表 14—7　基本逻辑回路

名称	逻辑符号	逻辑函数	逻辑回路	真值表	说　明
是回路	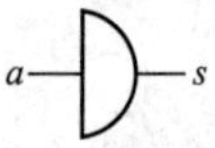 a—◗—s	$s=a$	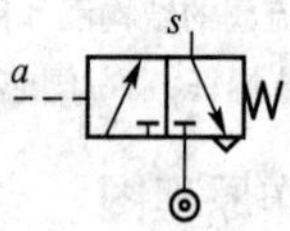	a s 0 0 1 1	有信号 a 则 s 有输出；无 a 则 s 无输出
非回路	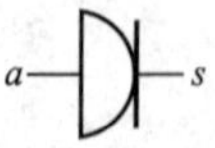 a—◗—s	$s=\bar{a}$	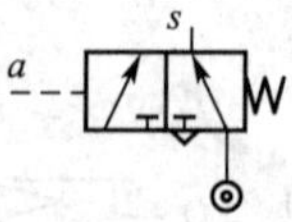	a s 0 1 1 0	有 a 则 s 无输出；无 a 则 s 有输出
与回路	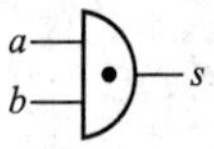 a, b—(•)—s	$s=a\cdot b$	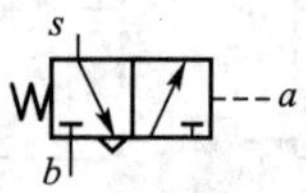	a b s 0 0 0 0 1 0 1 0 0 1 1 1	只有当信号 a 和 b 同时存在时，s 才输出
或回路	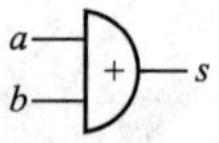 a, b—(+)—s	$s=a+b$	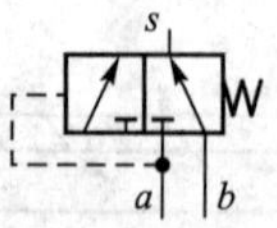	a b s 0 0 0 0 1 1 1 0 1 1 1 1	有 a 或 b 任一个信号，s 就输出

“双稳”是一种具有记忆能力的逻辑门，逻辑功能有两种稳定状态，平时总是处在两种稳定状态的某一状态上，只有外界用某种方式输入一个“切换”信号时，才会从一种稳

态“切换”成另一种稳态，切换信号撤销后，能保持输出稳态不变，这样就把切换信号的作用“记忆”下来了，直至另一个切换信号到来，再稳定到另一种状态上。

如图 14—15 所示为“双稳”元件的原理图。a、b 分别称为置“1”信号输入端和置“0”信号输入端。置 1 就是“双稳”处于 1 状态：s_1 有输出，s_2 无输出；反之，置 0 就是“双稳”处于 0 状态：s_2 有输出，s_1 无输出。其工作原理是：当 a 有输入信号时，阀芯 2 被推向右端，压缩空气便由气源孔 p 至 s_1 输出；而 s_2 与排气孔相通，此时“双稳”处于“1”状态。在控制端 b 的输入信号到来之前，a 的信号即使消失，阀芯 2 仍能保持在右端位置，s_1 总有输出。当 b 有输入信号时，阀芯 2 被推向左端，此时压缩空气由 p 至 s_2 输出，而 s_1 与排气孔相通，于是“双稳”处于“0”状态。在控制端 a 的信号到来之前，b 的信号即使消失，阀芯 2 仍处于左端位置，s_2 总有输出。

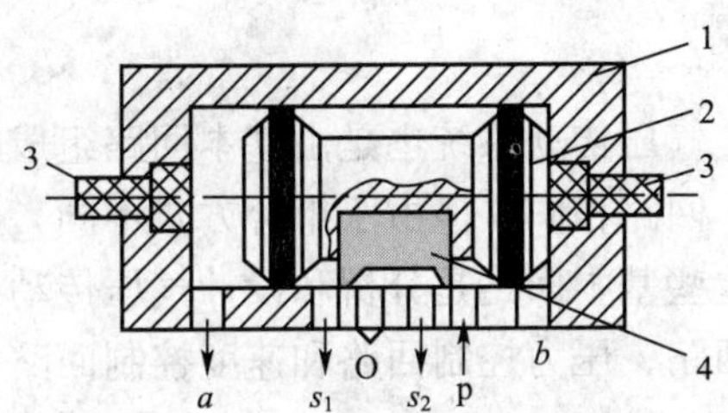

图 14—15 “双稳”元件的原理图

1—阀体；2—阀芯；3—手动按钮；4—滑块

思考与练习

14.1 气源装置由哪些元件组成？

14.2 试述活塞式空气压缩机的工作原理。

14.3 常用气动“三大件”是指哪些元件，安装顺序如何？

14.4 简述气动马达的特点。

14.5 快速排气阀为什么能快速排气？

模块 15 气压传动基本回路

【教学目的】

1. 掌握方向控制回路、压力控制回路、速度控制回路、安全保护回路的原理及应用；
2. 学会设计常用液压回路。

【建议学时】

6 学时。

与液压传动系统相同，气压传动系统也是由基本回路组成的。一般组成气动系统的基本回路比较简单。虽然基本回路相同，但由于组合方式不同，所组成气动系统的性能也有所差别。因此，熟悉掌握这些基本回路是分析和设计气压传动系统的基础。基本回路按功能与用途可分为方向控制回路、压力控制回路和速度控制回路等。

一、方向控制回路

（一）单作用气缸换向回路

如图 15—1（a）所示为由二位三通电磁阀控制的换向回路，当电磁铁通电时，压缩空气进入气缸无杆腔，活塞杆伸出；断电时，在有杆腔弹簧力作用下活塞杆缩回。

如图 15—1（b）所示为由三位五通电磁换向阀控制的换向回路，换向阀处于中位时，可使气缸停止，这种回路可使气缸停留在任意位置，但定位精度不高、定位时间不长。

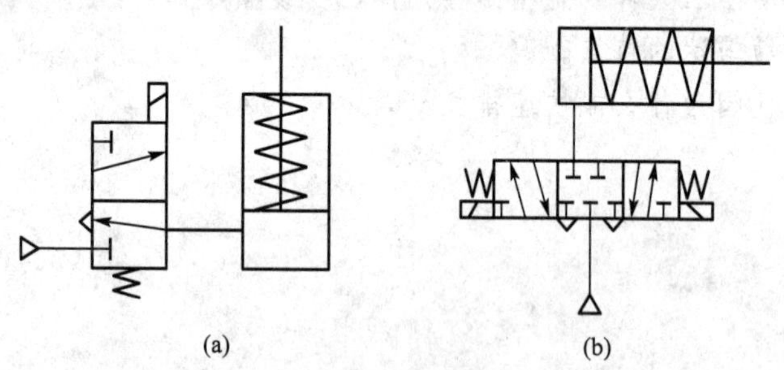

图 15—1 单作用气缸换向回路

（二）双作用气缸换向回路

如图 15—2（a）所示为三位五通电磁换向阀控制的双作用气缸换向回路，通过控制两个电磁铁的通、断电，即可使气缸实现换向，该回路还具有中停功能，但定位精度不高。如图 15—2（b）所示为小通径的手动换向阀控制二位五通主控阀操纵气缸换向。如图 15—2（c）所示为两个小通径的手动阀控制二位五通主控阀操纵气缸换向，回路中通过对主阀左右两侧分别输入控制信号，来控制活塞杆的伸出和缩回。此回路不允许左右两侧同时加等压的控制信号，否则气缸无法正常工作。

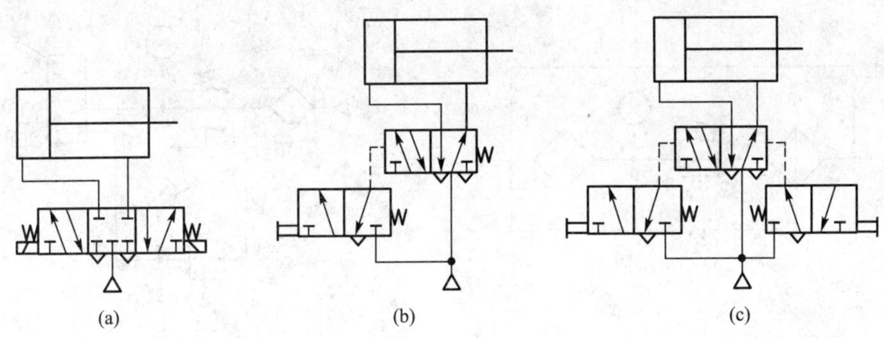

图 15—2 双作用气缸换向回路

二、压力控制回路

如气动系统中，压力控制不仅是维持系统正常工作所必须的条件，并且也关系到系统的经济性、安全性。常用的压力控制回路有一次压力控制回路、二次压力控制回路以及高低压转换回路。

(一) 一次压力控制回路

如图 15—3 所示为一次压力控制回路。此回路主要用于把空气压缩机的输出压力控制在一定压力范围内。因为系统中压力过高，除了会增加压缩空气输送过程中的压力损失和泄漏以外，还会使管道或元件破裂而发生危险。因此，压力应始终控制在系统的额定值以下。该回路中常用外控型溢流阀 1 保持供气压力基本恒定，以及用电触点式压力表 2 来控制空气压缩机的转、停，使储气罐内的压力保持在规定的范围内。一般情况下，空气压缩机的出口压力为 0.8MPa 左右。

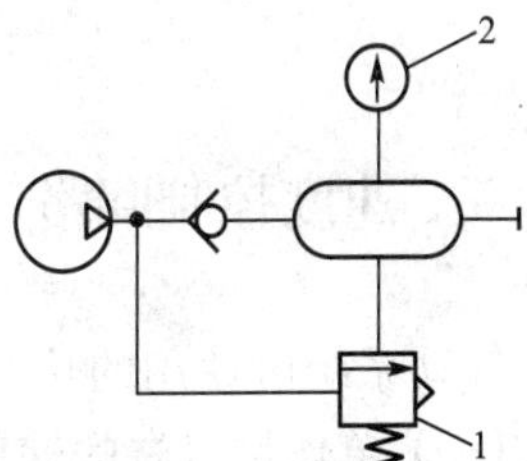

图 15—3 一次压力控制回路

1—外控型溢流阀；
2—电触点式压力表

(二) 二次压力控制回路

二次压力控制主要指对气动控制系统的气源入口处的压力控制。如图 15—4 所示为二次压力控制回路，如图 15—4（a）所示为气动调节装置（气动三联件），由空气过滤器、减压阀和油雾器组成，主要由减压阀来调节压力并使其稳定；如图 15—4（b）所示为由减压阀和换向阀构成的对同一系统实现输出高低压力 p_1、p_2 的控制；如图 15—4（c）所示为由减压阀来实现对不同系统输出不同压力 p_1、p_2 的控制。为保证气动系统使用的气体压力为一稳定值，多用气动三联件组成的二次压力控制回路。

(三) 高低压转换回路

如图 15—4（b）所示的回路主要用于某些气动设备时而需要高压，时而需要低压的场合。该回路用两个减压阀 1 和 2 调出两种不同的压力 p_1 和 p_2，再利用二位三通换向阀 3 实现高低压转换。如果回路中同时需要多种不同的压力，可采用如图 15—4（c）所示的高低压切换输出回路。

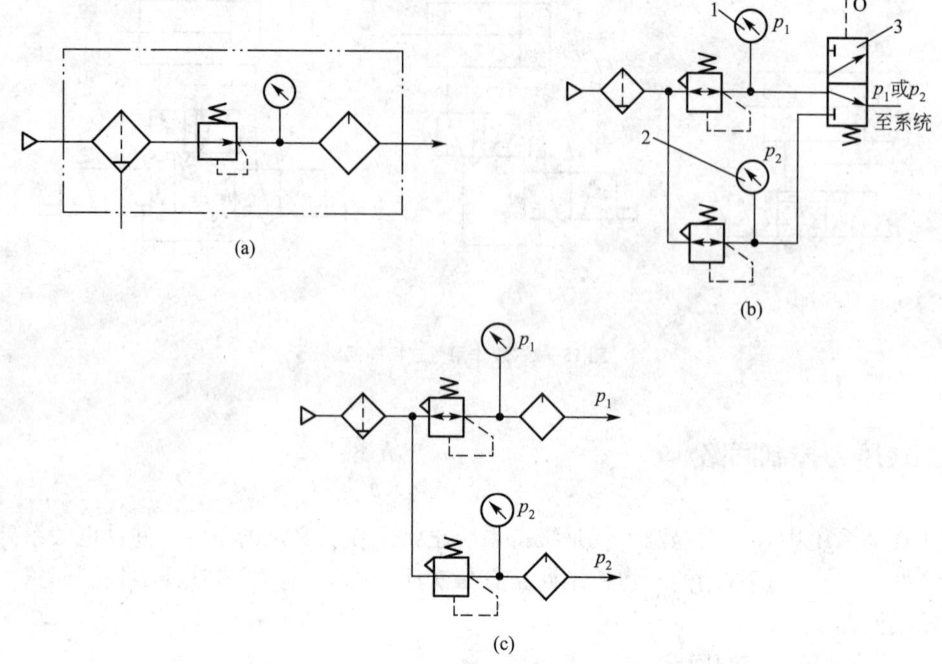

图 15—4　二次压力控制回路

三、速度控制回路

气动系统因使用的功率都不大，所以主要的调速方法是节流调速。

(一) 单作用气缸的速度控制回路

如图 15—5 所示为单作用气缸的速度控制回路。其中，如图 15—5（a）所示为利用两个反接的单向节流阀控制活塞杆伸出和缩回的速度；如图 15—5（b）所示为利用一个节流阀和一个快速排气阀串联来控制活塞杆的慢速伸出和快速返回。

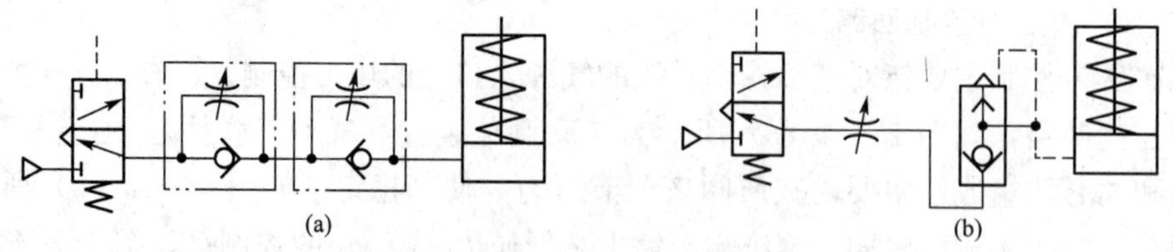

图 15—5　单作用气缸的速度控制回路

(二) 双作用气缸的速度控制回路

同液压系统相同，气动系统的进气节流调速回路，气缸排气腔压力很快降至大气压，而进气腔压力的升高比排气腔压力的降低缓慢，这种调速回路的运动平稳性很差，一般用于垂直安装的气缸；排气节流调速回路中排气腔压力与负载相适应，在保持负载不变的情况下，运动比较平稳，因此，双作用气缸多用排气节流调速回路来控制气缸的运动速度，如图 15—6 所示。如图 15—6（a）所示为采用单向节流阀的双向调速回路；取消图中任意一个单向节流阀，便得到单向调速回路。如图 15—6（b）所示为采用排气节流阀的双向调速回路。

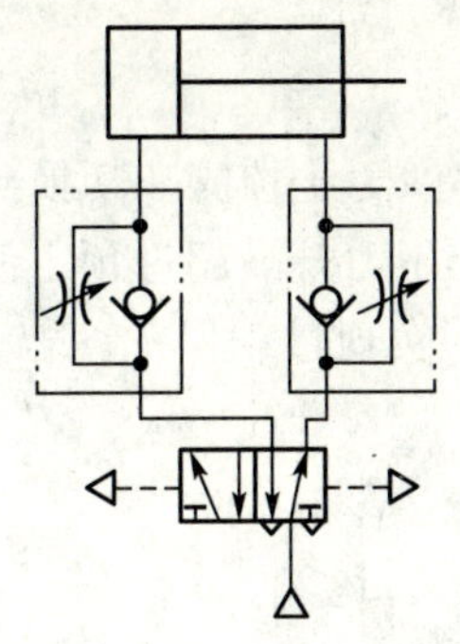

(a) 用单向节流阀的双向调速回路

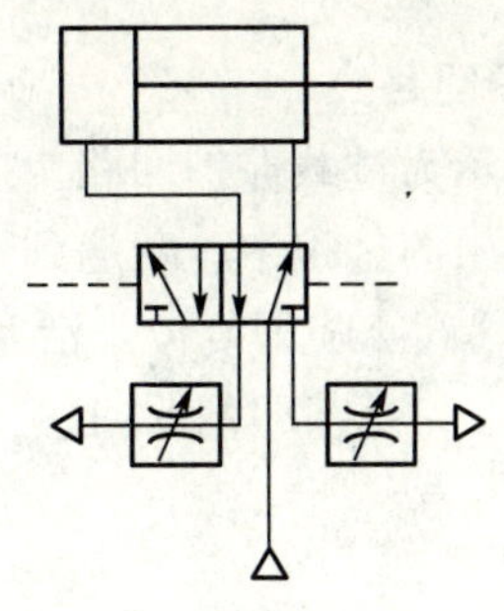

(b) 用排气节流阀的双向调速回路

图 15—6 双作用气缸的速度控制回路

(三) 气—液调速回路

如图 15—7 所示为气—液调速回路。当电磁阀处于下位接通时，气压作用在气缸无杆腔活塞上，有杆腔内的液压油经机控换向阀进入气—液转换器，活塞杆快速伸出。当活塞杆压下机控换向阀时，有杆腔油液只能通过节流阀到气—液转换器，从而使活塞杆伸出速度减慢，而当电磁阀处于上位时，活塞杆快速返回。此回路可实现快进、工进、快退工况。因此，在要求气缸具有准确而平稳的速度时（尤其是在负载变化较大的场合），就要采用气—液相结合的调速方式。

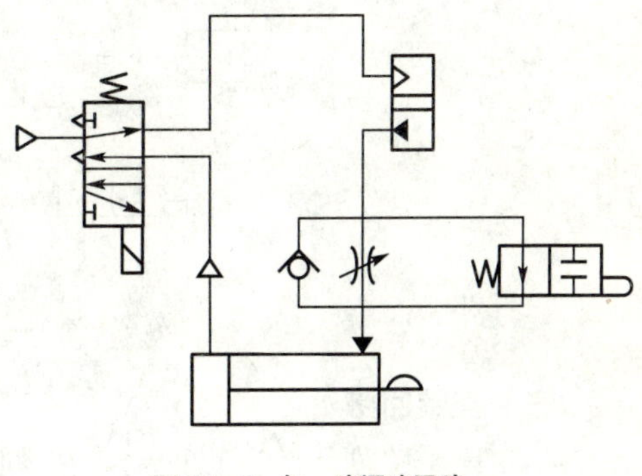

图 15—7 气—液调速回路

四、安全保护回路

气动机构负荷过载或气压的突然降低以及气动执行机构的快速动作等原因都可能危及操作人员或设备的安全，因此在气动回路中，常常要加入安全保护回路。下面介绍几种常用的安全保护回路。

(一) 双手同时操作回路

如图 15—8 所示为双手同时操作回路，只有同时按下两个启动阀的手动阀，执行气缸

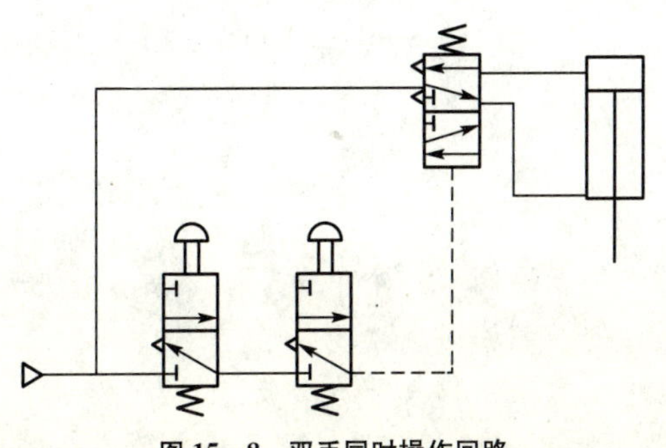

图 15—8 双手同时操作回路

才会动作，这种回路可确保安全。常用在锻造、冲压机械上，可避免产生误动作，以保护操作者的安全。

（二）过载保护回路

如图 15—9 所示为过载保护回路。按下手动换向阀 1，主控阀 4 切换到左位，活塞杆伸出。在活塞杆伸出的过程中，若遇到障碍 6，无杆腔压力升高超过预定值时，打开顺序阀 3，使阀 2 换向，阀 4 随即复位，活塞杆立即退回，实现过载保护。若无障碍 6，气缸向前运动时压下阀 5，活塞即刻返回。

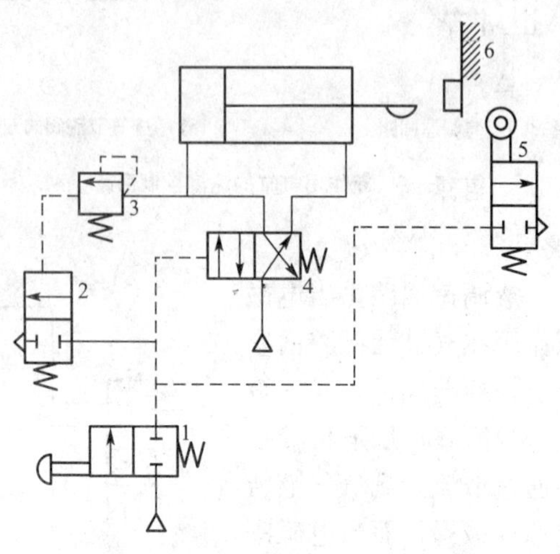

图 15—9　过载保护回路

（三）互锁回路

如图 15—10 所示为互锁回路。在该回路中，二位四通主控阀受三个机动换向阀的控制，只有三个机动换向阀同时被压下，主阀才换向，气缸才能动作。

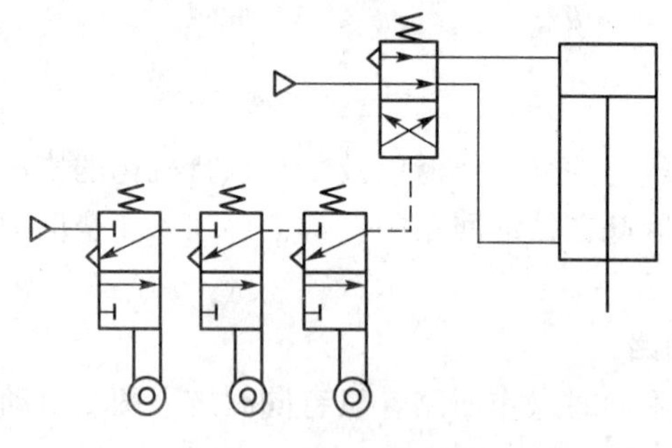

图 15—10　互锁回路

思考与练习

15.1　用一个单电控二位五通阀、一个单向节流阀、一个快速排气阀，设计一个可使双作用气缸慢进—快速返回的控制回路。

15.2　气动控制回路中，常采用排气节流阀调速，为什么？

15.3　如图 15—11 所示为双手操作回路，用于设备的安全保护，试分析其工作原理。

15.4 如图15—12所示为过载保护回路，试分析此回路的工作原理。

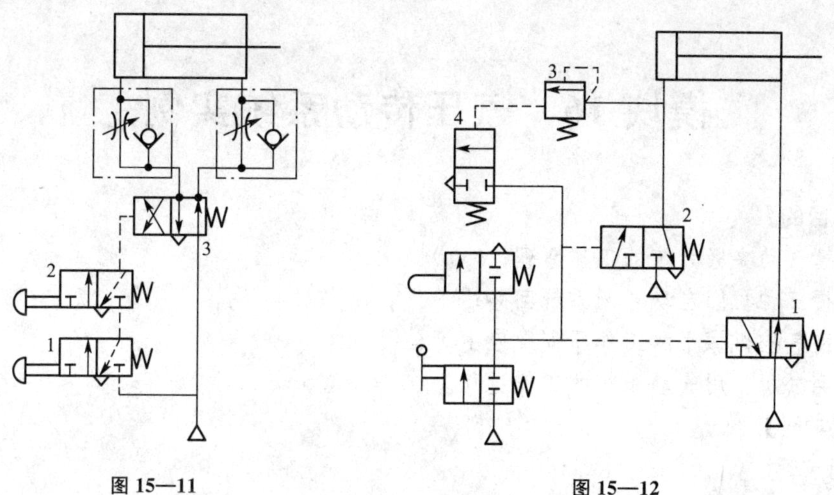

图 15—11　　　　图 15—12

15.5 试利用两个双作用气缸、一个顺序阀、一个二位四通单电控换向阀设计顺序动作回路。

模块 16　气压传动系统实例

【教学目的】

1. 掌握气动夹紧系统的工作原理；
2. 掌握三种拉门自动开闭系统回路；
3. 掌握气控机械手的工作原理及应用场合；
4. 学会分析常用气动系统的工作过程。

【建议学时】

4 学时。

一、气动夹紧系统

如图 16—1 所示为机械加工自动线、组合机床中常用的工件夹紧气动系统图，其中缸 A 为定位缸，缸 B、C 为夹紧缸，阀 1 为脚踏换向阀，阀 5 为延时用的单向节流阀。该系统可以实现定位→夹紧→延时→松开→复位的动作循环。其气压传动系统的动作如下：

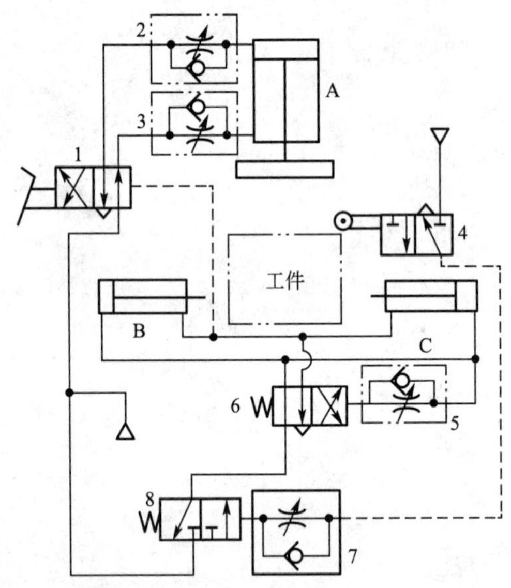

图 16—1　工件夹紧气动系统

1—脚踏换向阀；2，3，5，7—单向节流阀；4—二位三通行程阀；6—主控阀；8—中继阀；A—定位缸；B，C—夹紧缸；

(1) 定位：当踏下脚踏换向阀 1 后，压缩空气经阀 1 左位、单向节流阀 2 进入气缸 A 的无杆腔，缸 A 的活塞推动夹紧头下降，使工件定位。

(2) 夹紧：夹紧头在对工件逐渐夹紧的同时压下行程阀 4，使其换向，左位工作，此时，压缩空气就经行程阀 4（左位）、单向节流阀 7 进入中继阀 8 的右侧，使中继阀 8 换向至右位，压缩空气就可以经中继阀 8 通过主控阀 6（左位）进入气缸 B 和 C 的无杆腔，使 B、C 气缸的活塞杆同时伸出，夹紧工件。

(3) 延时、松开：B、C 夹紧工件的同时，有一部分压缩空气进入延时单向节流阀 5（阀 5 延迟的时间可根据工件加工时间调定），经阀 5 延时后使主控阀 6 换向到右位，则 B 和 C 活塞杆返回，松开工件；在 B、C 两气缸返回的过程中，其与有杆腔相通的压缩空气使脚踏换向阀 1 复位（右位），则气缸 A 松开工件返回，恢复到原位置。

(4) 复位：由于 A 缸夹紧头上升，行程阀 4 也回复原位（右位），使中继阀 8 复位（左位），气缸 B 和 C 的无杆腔通大气，主控阀 6 自动复位，这样就完成了定位→夹紧→

延时→松开→复位的动作循环。

二、拉门自动开闭系统

（一）拉门自动开闭回路（一）

如图 16—2 所示为拉门自动开闭回路之一。1 为检测用阀，X 为推动拉门开闭的气缸，2 为主控阀。门前后装有略微浮起的踏板，当行人踏上踏板，踏板下沉至检测用阀 1 时，控制气体使主控阀切换至上位工作，此时门自动打开。行人走过去后，检测阀自动复位换向，门自动关闭。通过阀 3、4 可以调节拉门开闭的速度。

（二）拉门自动开闭回路（二）

如图 16—3 所示为拉门的另一种自动开闭回路。该装置是通过连杆机构将气缸活塞杆的直线运动转换成拉门的开闭运动，利用超低压气动阀来检测行人的踏板动作。在拉门内外装踏板 6 和 11，踏板下方装有完全封闭的橡胶管，管的一端与超低压气动阀 7 和 12 的控制口连接。当人站在踏板上时，橡胶管里压力上升，超低压气动阀开始动作。气缸 4 的活塞杆伸出时关门，活塞杆缩回时开门。

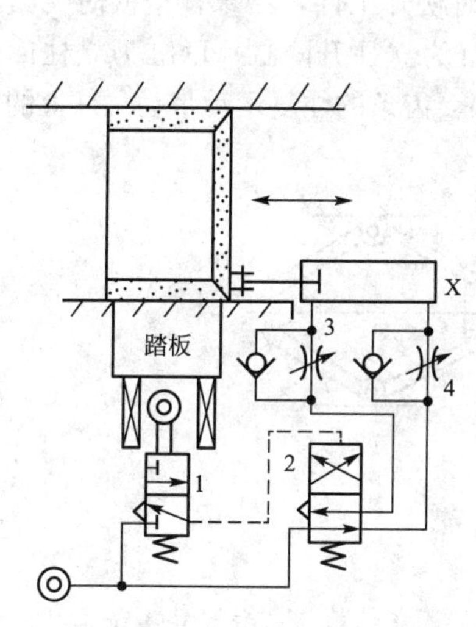

图 16—2　拉门自动开闭回路（一）

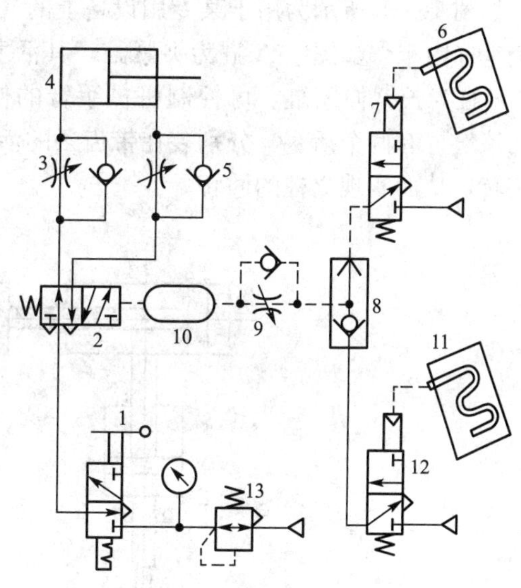

图 16—3　拉门自动开闭回路（二）

首先按下手动阀 1，压缩空气依次由气源经过减压阀 13、手动阀 1（上位）、换向阀 2（左位）、单向节流阀 3 进入气缸 4 的左腔，推动活塞杆伸出，关门；若有人站在踏板 6 或 11 上，则超低压气控阀 7 或 12 动作，使气动阀 2 换向，气缸 4 的活塞杆缩回，门打开；当行人走过踏板 6 或 11 时，阀 2 控制腔的气体经气容 10 和阀 9、8 组成的延时回路排气，阀 2 复位，气缸 4 活塞杆伸出，门关闭。

通过调节减压阀 13 的压力，使由于某种原因把行人夹住时不至于夹伤。若将手动阀 1 复位，则变成手动门。

（三）旋转门的自动开闭回路

如图 16—4 所示为旋转门自动开闭回路，左右两扇门可绕两端的旋转轴旋转而开。此回路只能单方向开启，为防止发生危险只用于单向通行的地方。

LX为检测用阀，当行人踏上踏板，压下阀LX时，气控阀1左位工作，气控阀2右位工作，压缩气体分别进入气缸1、2的无杆腔，通过齿轮齿条机构，两扇门同时向一方向打开。行人通过后，检测阀自动复位，阀1右位工作、阀2左位工作，两气缸活塞杆回退，两扇门自动关闭。

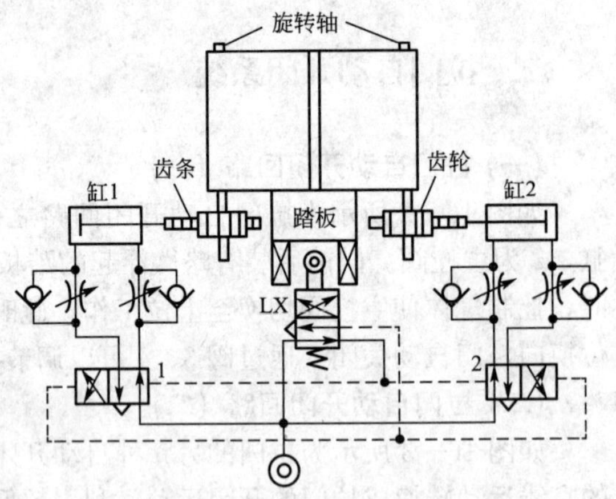

图16—4 旋转门自动开闭回路

三、气控机械手

气控机械手具有结构简单、制造成本低等优点，并可以根据各种自动化设备的工作需要，按照设定的程序动作，例如可以完成自动取料、上料、卸料和自动换刀等功能。因此，它在自动生产设备和生产线上被广泛地采用。

如图16—5所示为用于某专用设备上的气控机械手示意图，它由四个气缸组成，可在三个坐标内工作。图中A缸为夹紧缸，其活塞杆伸出时松开工件，活塞杆退回时夹紧工件；B缸为长臂伸缩缸，可控制机械手臂的伸缩；C缸为立柱升降缸；D缸为立柱回转缸，该气缸有两个活塞，分别装在带齿条的活塞杆两头，齿条的往复运动带动立柱上的齿轮旋转，从而实现立柱的回转。

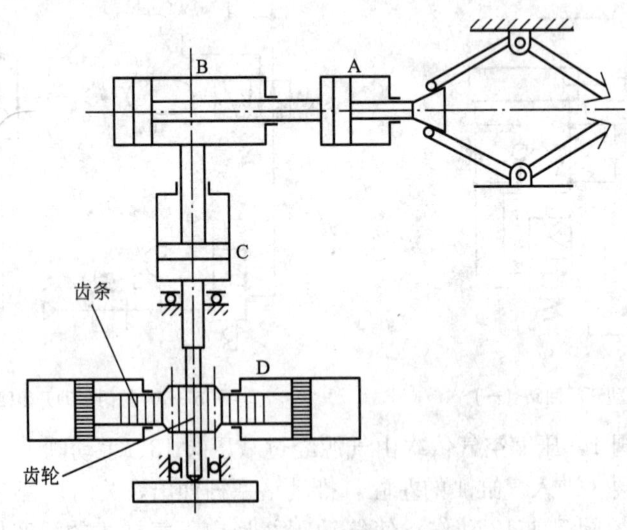

图16—5 气控机械手示意图

如图16—6所示为气控机械手气压传动系统，该机械手可完成如下动作顺序：启动—立柱C_0下降—伸臂B_1—夹紧工件A_0—缩臂B_0—立柱D_1顺时针转—立柱C_1上升—松开工件A_1—立柱D_0逆时针转，完成一个动作循环。

具体工作过程如下：

(1) 按下启动阀q，主控阀C将处于左位，C缸活塞杆退回，立柱C_0下降；

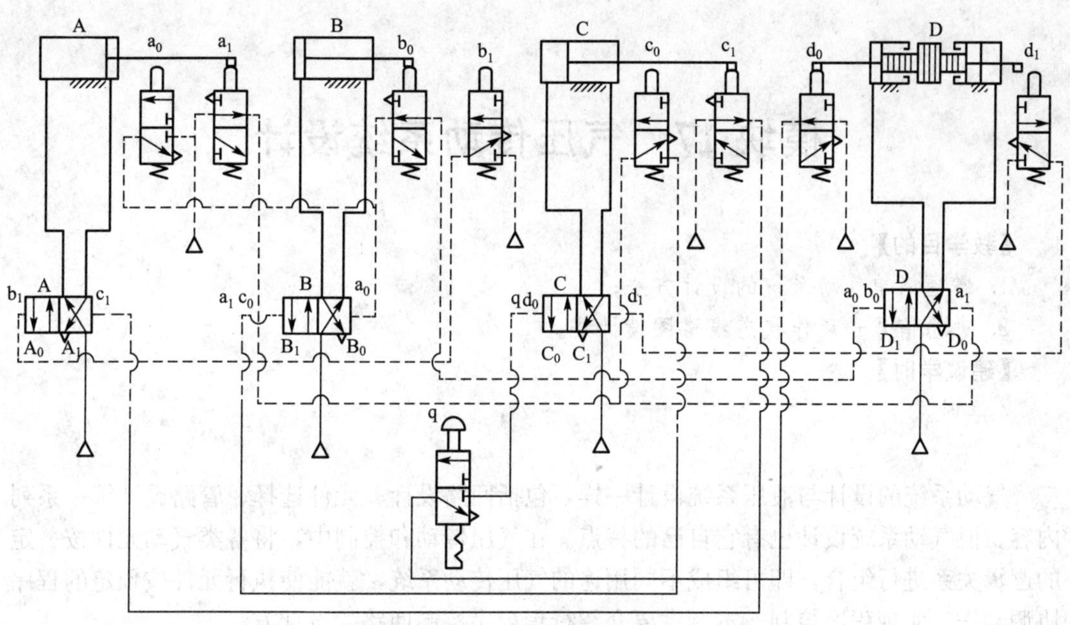

图 16—6 气控机械手气压传动系统

(2) 当C缸活塞杆上的挡铁碰到行程阀 c_0，则控制气将使主控阀B处于左位，使B缸活塞杆伸出，完成伸臂 B_1；

(3) 当B缸活塞杆上的挡铁碰到 b_1，则控制气将使主控阀A处于左位，A缸活塞杆退回，完成夹紧工件 A_0；

(4) 当A缸活塞杆上的挡铁碰到 a_0，则控制气将使主控阀B处于右位，B缸活塞杆退回，完成缩臂 B_0；

(5) 当B缸活塞杆上的挡铁碰到 b_0，则控制气使主控阀D处于左位，D缸活塞杆往右，完成立柱顺时针转 D_1；

(6) 当D缸活塞杆上的挡铁碰到 d_1，则控制气使主控阀C处于右位，使C缸活塞杆伸出，完成立柱上升 C_1；

(7) 当C缸活塞杆上的挡铁碰到 c_1，则控制气使主控阀A处于右位，使A缸活塞杆伸出，完成松开工件 A_1；

(8) 当A缸活塞杆上的挡铁碰到 a_1，则控制气使主控阀D处于右位，使D缸活塞杆往左，完成立柱逆时针转 D_0；

(9) 当D缸活塞杆上的挡铁碰到 d_0，则控制气经启动阀q又使主控阀C处于 C_0 位，于是又开始新的一轮工作循环。

思考与练习

16.1 气控拉门采取了什么措施防止夹伤上车的乘客？

16.2 简述气控机械手的用途和工作原理。

模块 17　气压传动系统设计

【教学目的】

1. 掌握简单气动系统的设计方法；
2. 熟悉信号—动作状态线路图设计法。

【建议学时】

4 学时。

气动系统的设计与液压系统设计一样，包括回路设计、元件选择、管路设计等一系列内容。但气动系统设计也有它自己的特点。在气压传动和控制中，将各类气动元件按一定的逻辑关系进行组合，即可组成不同用途的气压传动系统，就能使执行元件按预定的程序协调动作，实现程序控制。本章主要介绍行程程序控制回路的设计方法。

行程程序控制是以执行元件的位移变化为信号，来控制各执行元件按预定顺序协调动作的一种自动控制方式。其设计方法有：信号—动作状态线路图法（简称 $X-D$ 线图法）和卡诺图法。其中 $X-D$ 线图法直观、简便，是一种常见的设计方法。因此本章主要介绍此种方法，以及运用此种方法的设计实例。

一、$X-D$ 线图法的设计步骤

$X-D$ 线图法是利用绘制信号—动作线图的办法设计出气动控制回路。此方法的一般设计步骤如下：

(1) 根据生产自动化的工艺要求，编制工作程序；

(2) 绘制 $X-D$ 线图；

(3) 分析并消除障碍信号；

(4) 绘制逻辑原理图；

(5) 绘制气动回路原理图。

二、在分析 $X-D$ 线图法时常用的符号规定

为了使用方便，对常用的符号规定如下：

(1) 用大写字母 A、B、C 等表示气缸，用下标 1 和 0 分别表示气缸的伸出和缩回。如 A_1 表示气缸 A 活塞杆伸出，B_0 表示气缸 B 活塞杆缩回。

(2) 用带下标的小写字母 a_1、b_0 等分别表示与动作 A_1、B_0 等相对应的机控阀（行程阀）及其输出信号。如 a_1 既表示活塞杆伸出终点的行程阀，又表示 A_1 动作完成后发出的信号。

(3) 控制气缸换向的主控阀，也用其控制气缸相应的文字符号表示。

(4) 右上角带“*”号的信号表示执行信号，不带“*”号的信号则表示原始信号。原始信号必须经逻辑处理消除障碍后才能成为执行信号。

三、气动顺序控制回路设计举例

如图 17—1 所示为气控冲孔机结构示意图。其工作顺序是：气缸 A 夹紧工件 A_1→气缸 B 冲孔 B_1→气缸 B 带冲头退回 B_0→气缸 A 松开工件 A_0，即完成一个动作循环。

(一) 编制工作程序

如图 17—2 所示为气控冲孔机工作程序示意图，q 为外部输入启动信号。

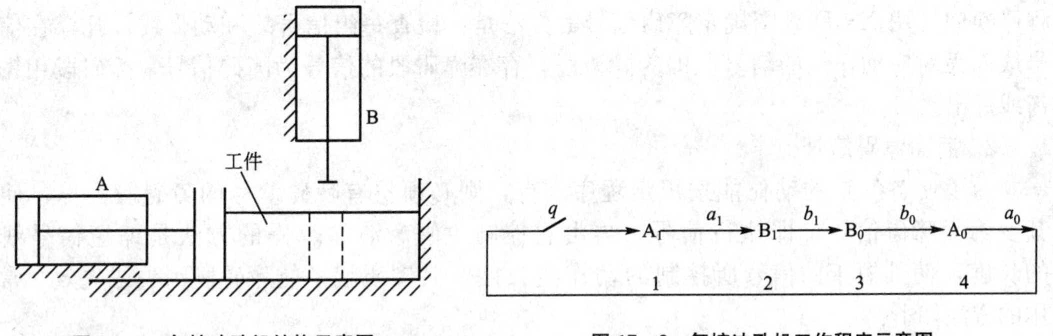

图 17—1 气控冲孔机结构示意图　　图 17—2 气控冲孔机工作程序示意图

(二) 绘制 X-D 线图

1. 画方格图（见图 17—3）

根据动作顺序第一行填入程序序号，第二行填入气缸动作状态，最左边一列按程序填入气缸动作及控制信号，最右边一列留做填入经消除障碍后的执行信号表达式。表的下端留有备用格，可填入消除障碍过程中引入的辅助信号等。

X-D 组 \ 程序	1	2	3	4	执行信号表达式
	A_1	B_1	B_0	A_0	
$a_0(A_1)$ A_1					$a_0^*(A_1)=qa_0$
$a_1(B_1)$ B_1					① $a_1^*(B_1)=\Delta a_1$ ② $a_1^*(B_1)=a_1\cdot K_{b_1}^{a_0}$
$b_1(B_0)$ B_0					$b_1^*(B_0)=b_1$
$b_0(A_0)$ A_0					① $b_0^*(A_0)=\Delta b_0$ ② $b_0^*(A_0)=b_0 K_{a_0}^{b_1}$
备用格 $K_{b_1}^{a_0}$					
备用格 $K_{a_0}^{b_1}$					

图 17—3 气控冲孔机的 X-D 线图

2. 画动作状态线（D 线）

用粗实线画出各个气缸的动作区间，它以行列中大写字母相同、下标也相同的行列交叉方格左端的格线为起点，一直画到字母相同但下标相反的方格。

3. 画主令信号线（X 线）

用细实线画出主令信号线，起点与所控制的动作线起点相同，用符号“○”表示，终点在该信号同名动作线的终点，用符号“×”表示。若终点和起点重合，用符号“¤”表示。

（三）分析并消除障碍信号

1. 判别障碍信号

所谓障碍信号是指在同一时刻，阀的两个控制侧同时存在控制信号，妨碍阀按预定程序换向。用 $X-D$ 线图确定障碍信号的方法是：检查每组信号线和动作线，凡存在信号线而无对应动作线的信号段即为障碍段，存在障碍段的信号为障碍信号，障碍段用锯齿线标出。

2. 消除障碍信号

为了使各气缸的动作能按规定程序进行，则必须将有障碍信号的障碍段去掉，使其变为无障碍信号，即执行信号，再由它控制主阀。消除障碍的方法是缩短信号线的长度，使其短于此信号所控制的动作线长度，其实质就是使障碍段消失或失效。常用的方法如下：

(1) 脉冲信号法。

如图 17—4 所示为采用活络挡铁或可通过式机控阀使气缸在一个往复动作中只发出一个短脉冲信号，缩短了信号长度，以达到消除障碍的目的。如图 17—4（a）所示为采用活络挡铁的示意图，如图 17—4（b）所示为采用可通过式行程阀的示意图，当活塞杆伸出，压下行程阀时，有脉冲信号发出；当活塞杆返回，松开行程阀时，不发出信号。

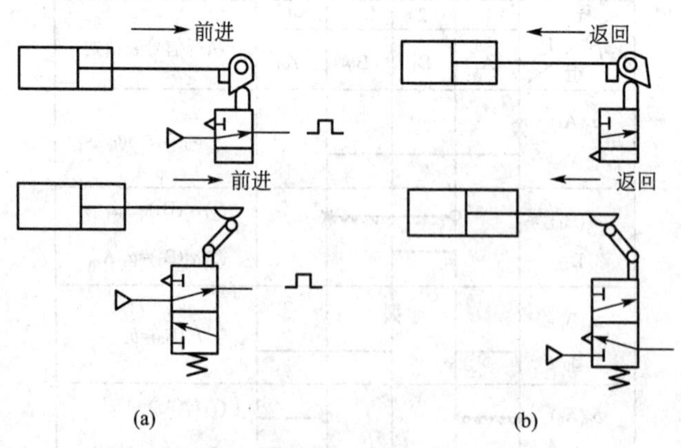

图 17—4　脉冲消障法（一）

对于定位精度要求较高时，可采用如图 17—5 所示的脉冲回路或脉冲阀消除障碍。如图 17—5 (c)所示为避免启动瞬间脉冲阀产生脉冲信号引起系统误动作，而设计的具有启动保护功能的脉冲形成回路。

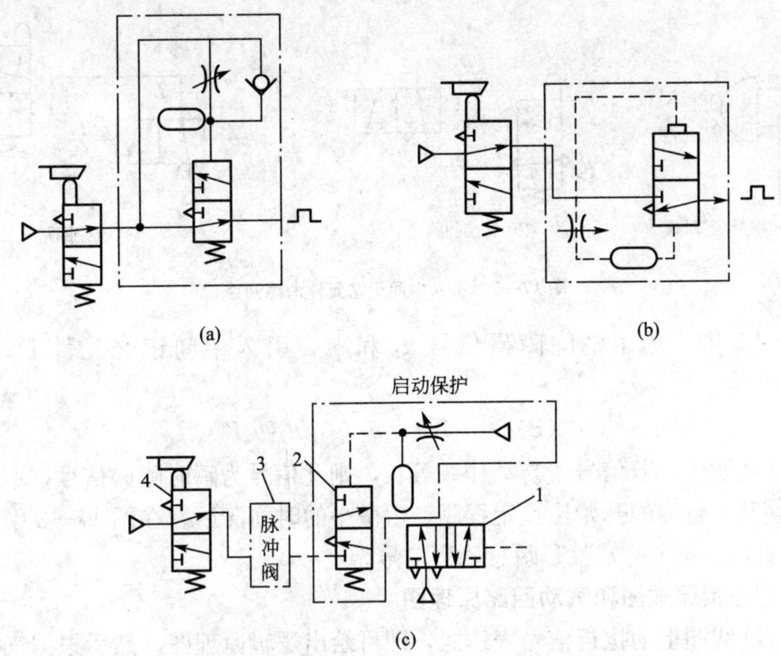

图 17—5 脉冲消障法（二）

(2) 逻辑回路法。

逻辑回路消除障碍可采用“与门”消障法，即选择一个制约信号 y 与有障信号 e 相“与”，以缩短信号长度达到消障目的。其逻辑表达式为

$$z=ey$$

如图 17—6（b）、图 17—6（c）所示为“与门”消障回路图。

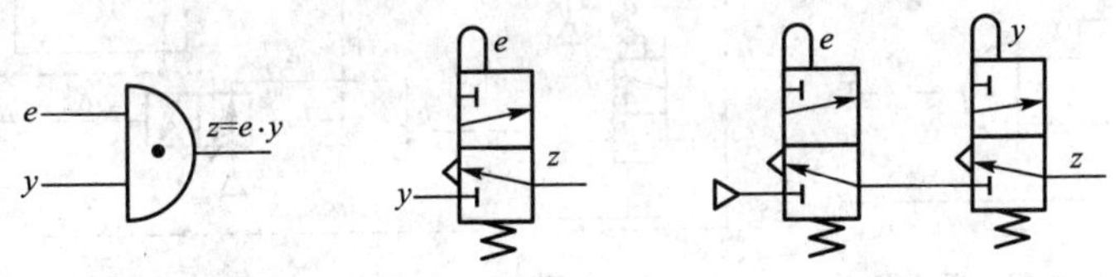

(a) 消障逻辑式　(b)“与门”消障回路之一　(c)“与门”消障回路之二

图 17—6 “与门”消障法

制约信号应尽量选取 $X-D$ 线图中的原始信号，这样可不增加气动元件。选取的原则是：此信号出现在有障信号之前，终止在有障信号的障碍段前。

若在 $X-D$ 线图中找不到可选用的制约信号时，可引入中间记忆元件，借用它的输出作为制约信号，用它和有障信号相“与”，以消除障碍，如图 17—7 所示。其逻辑表达式为

$$z=eK_d^t$$

式中，K_d^t为中间记忆元件的输出信号；t 为使 K 阀“通”的信号，其起点应在有障信号起点之前或同时，终点应在 t 起点至有障信号的无障碍段之中；d 为使 K 阀“断”的信号，其起点应在有障信号无障碍段上，其终点应在 t 起点之前。

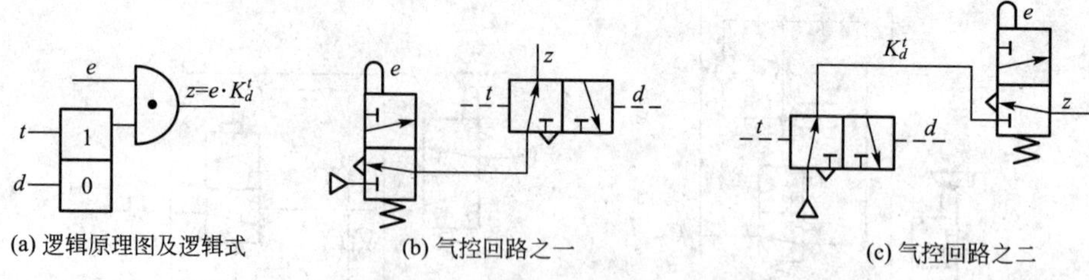

(a) 逻辑原理图及逻辑式　　(b) 气控回路之一　　(c) 气控回路之二

图 17—7　引入中间记忆元件消障回路

在图 17—3 中，为了消除障碍信号 a_1 和 b_0，引入中间记忆元件 K，消障后的执行信号分别为

$$a_1^*(\mathrm{B}_1)=a_1K_{b_1}^{a_0}；\ b_0^*(\mathrm{A}_0)=b_0K_{a_0}^{b_1}$$

在 X-D 线图中，若信号线与动作线等长，则此信号为瞬时障碍信号，不消除也能自动消失，仅使某个行程的开始比预定程序产生微小的时间滞后。在图 17—3 中，消障后的执行信号 $a_1^*(\mathrm{B}_1)$、$b_0^*(\mathrm{A}_0)$ 就是瞬息障碍信号。

（四）绘制逻辑原理图和气动回路原理图

根据 X-D 线图上的执行信号表达式，即可绘出逻辑原理图，然后根据气控逻辑原理图便可绘出气动控制系统图。本例只绘出引入中间记忆元件消障的气控冲孔机逻辑原理图及气动回路原理图，如图 17—8 和图 17—9 所示。

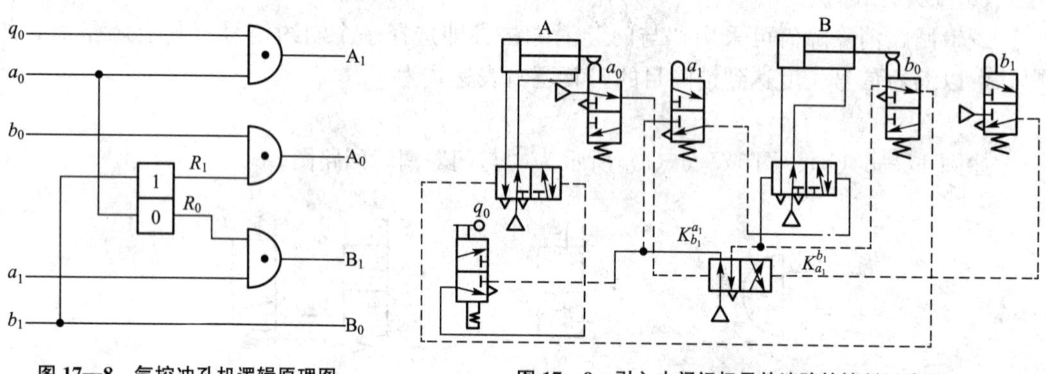

图 17—8　气控冲孔机逻辑原理图　　**图 17—9　引入中间记忆元件消障的控制回路图**

思考与练习

17.1　什么是障碍信号？排除方法有哪些？

17.2　绘制 $\mathrm{A}_1\mathrm{B}_1\mathrm{C}_1\mathrm{B}_0\mathrm{A}_0\mathrm{B}_1\mathrm{C}_0\mathrm{B}_0$ 的 X-D 线图和逻辑原理图。

17.3　如图 17—10 所示为一个半自动装置的工作行程顺序图，试用 X-D 线图法设计其气动控制系统。

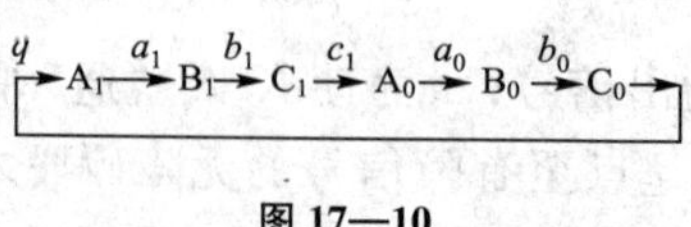

图 17—10

附录　常用液压与气压传动元件图形符号

附表 1　　基本符号和管路及连接

名　称	符　号	名　称	符　号
工作管路	b	管端连接于油箱底部	
控制管路	约$=\frac{1}{3}b$	密闭式油箱	
连接管路		直接排气	
交叉管路		带连接措施的排气	
柔性管路		带单向阀快换接头	
组合元件线		不带单向阀快换接头	
管口在液面以上的油箱		单通路旋转接头	
管口在液面以下的油箱		三通路旋转接头	

附表 2　　控制机构和控制方法

名　称	符　号	名　称	符　号
按钮式人力控制		单作用电磁控制	
手柄式人力控制		双作用电磁控制	
踏板式人力控制		电动机旋转控制	M
顶杆式机械控制		加压或泄压控制	
弹簧控制	W	内部压力控制	
滚轮式机械控制		外部压力控制	
单向滚轮式机械控制		气压先导控制	

（续前表）

名　称	符　号	名　称	符　号
液压先导控制	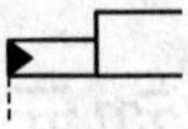	电—气先导控制	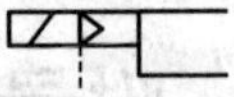
液压二级先导控制	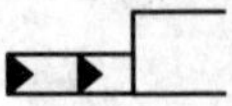	液压先导泄压控制	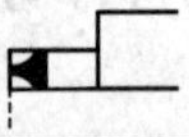
气—液先导控制	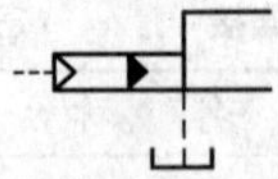	电反馈控制	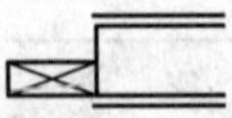
电—液先导控制	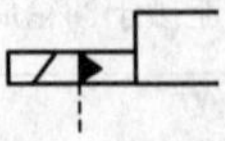	差动控制	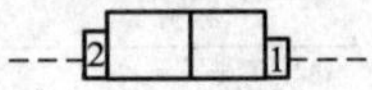 2　1

附表 3　泵、马达和缸

名　称	符　号	名　称	符　号
单向定量液压泵	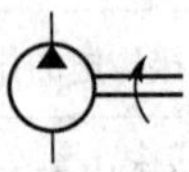	液压整体式传动装置	
双向定量液压泵	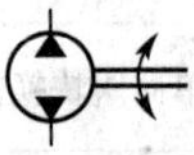	摆动马达	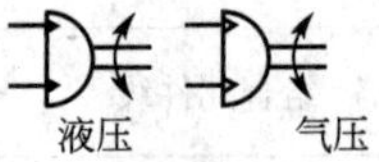 液压　气压
单向变量液压泵	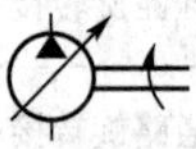	单作用弹簧复位缸	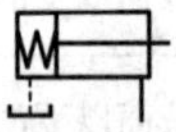
双向变量液压泵	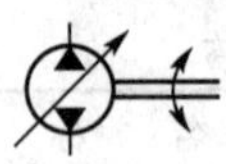	单作用伸缩缸	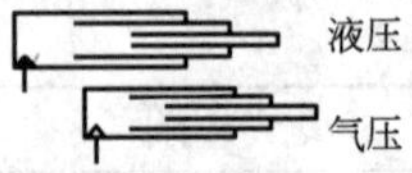 液压 气压
单向定量马达	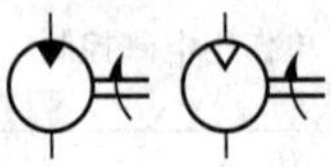	双作用单活塞杆缸	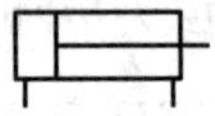
双向定量马达	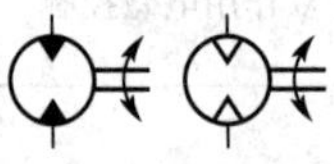	双作用双活塞杆缸	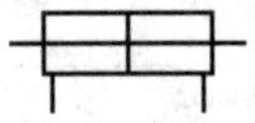
单向变量马达	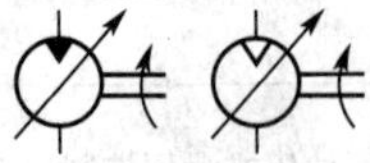	单向缓冲缸	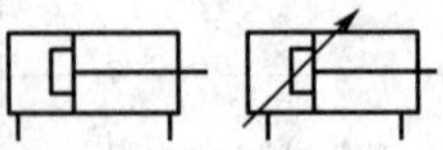
双向变量马达		双向缓冲缸	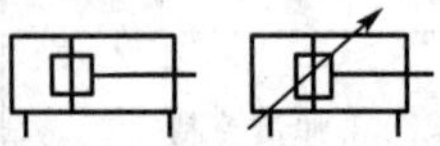
定量液压泵—马达	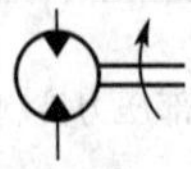	双作用伸缩缸	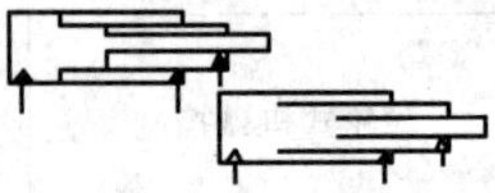
变量液压泵—马达	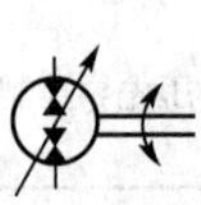	增压器	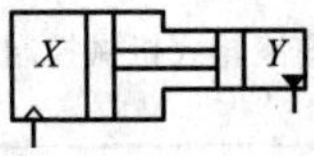 *X*　*Y*

附表 4　　控制元件

名称	符　　号	名称	符　　号
直动型溢流阀	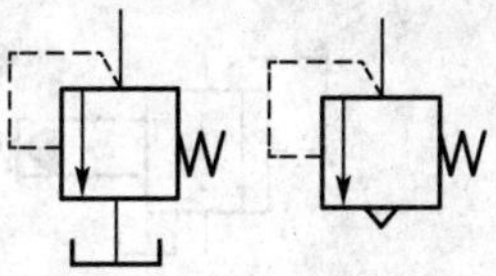	不可调节流阀	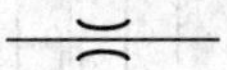
先导型溢流阀	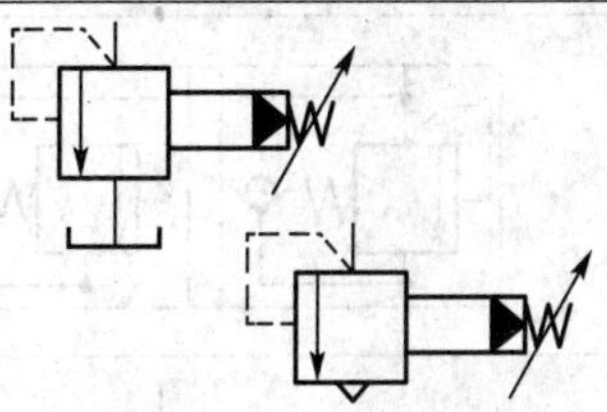	可调节流阀	
先导型比例电磁溢流阀	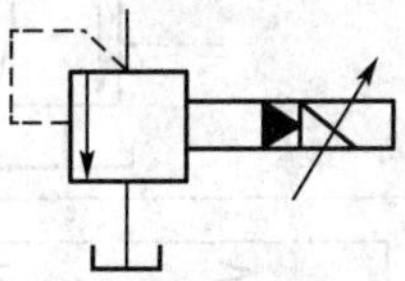	可调单向节流阀	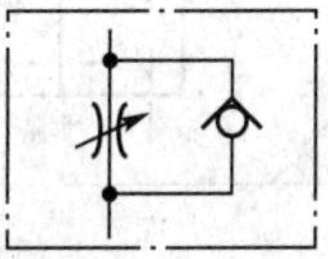
卸荷溢流阀	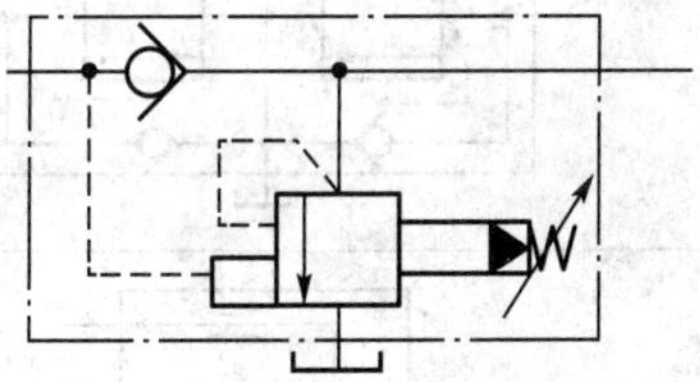	滚轮控制可调节流阀	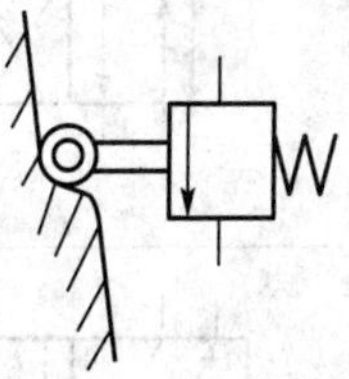
双向溢流阀	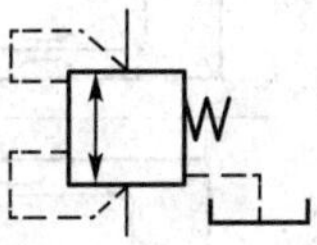	带消声器的节流阀	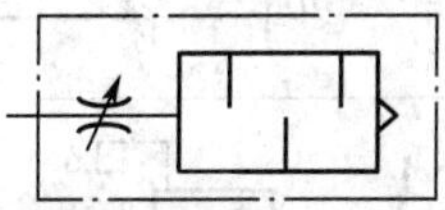
直动型减压阀	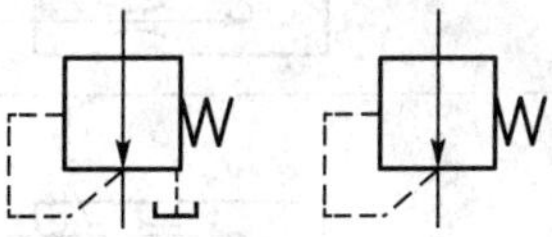	调速阀	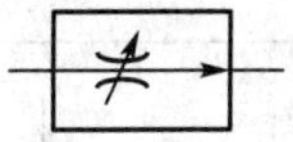
先导型减压阀	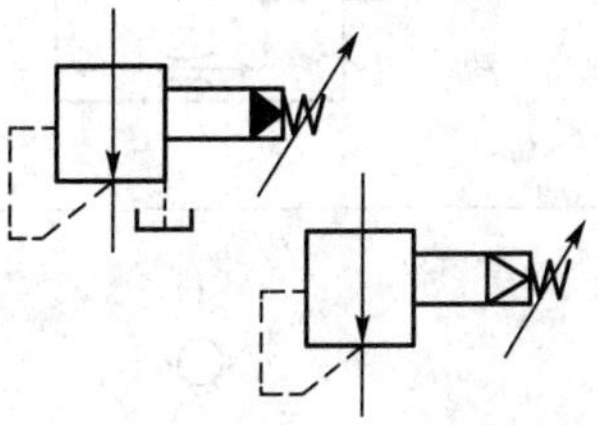	温度补偿调速阀	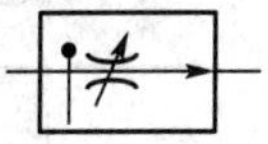
溢流减压阀	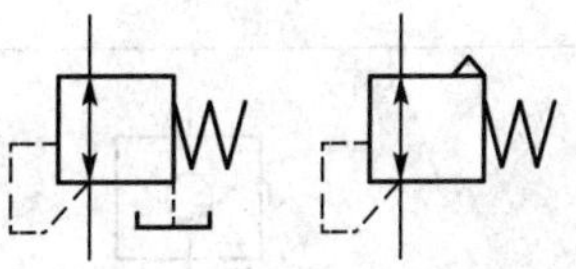	旁通型调速阀	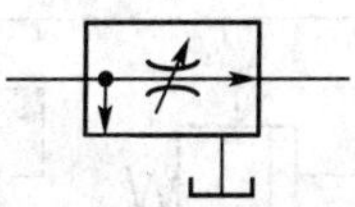

（续前表）

名称	符　号	名称	符　号
单向调速阀	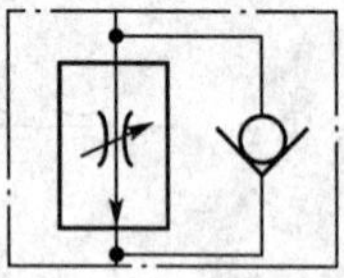	先导型顺序阀	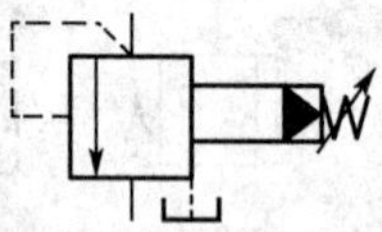
二位二通换向阀	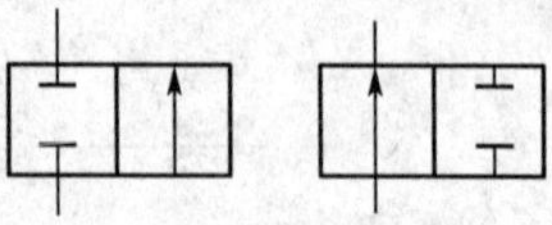	单向顺序阀（平衡阀）	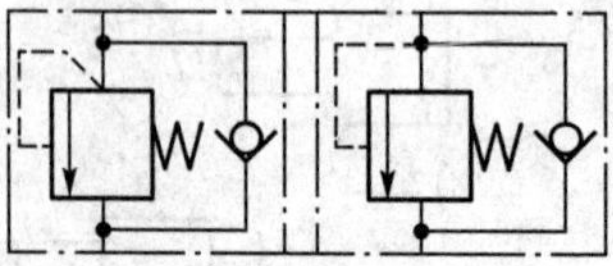
二位三通换向阀	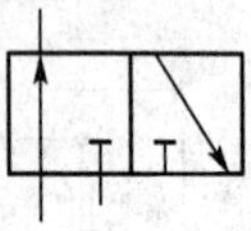	直动型卸荷阀	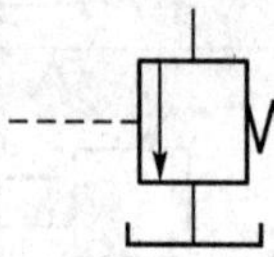
二位四通换向阀	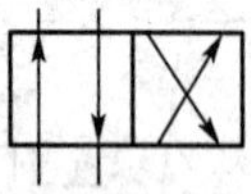	制动阀	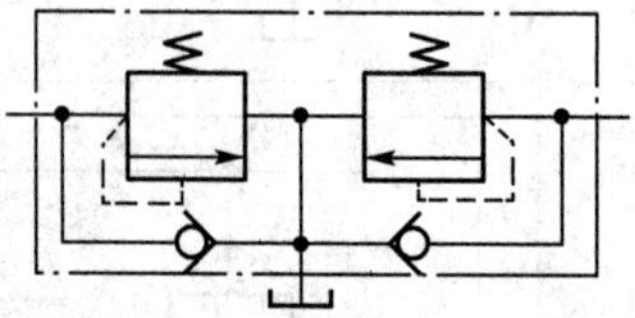
二位五通换向阀	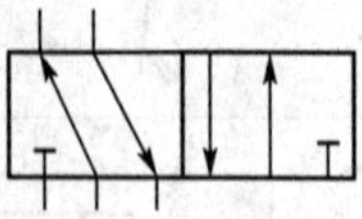	分流阀	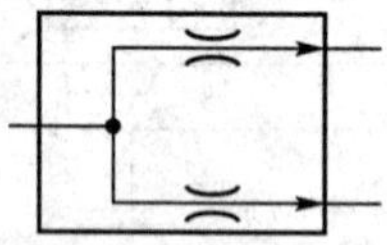
先导型比例电磁式溢流阀	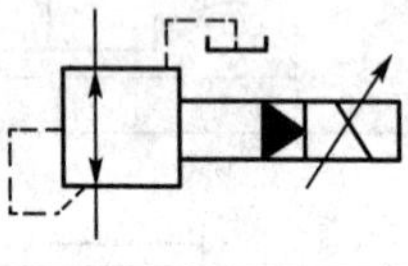	集流阀	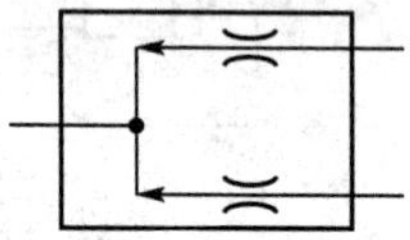
定比减压阀	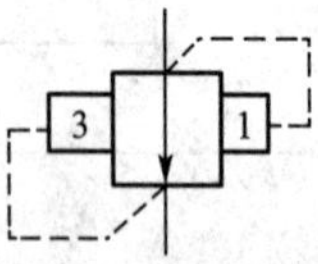 3　1 减压比1/3	分流集流阀	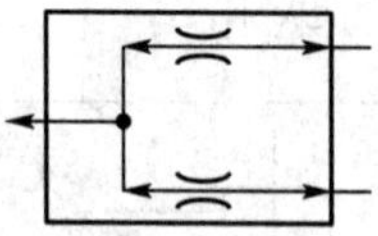
定差减压阀	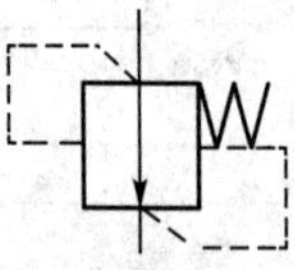	单向阀	
直动型顺序阀	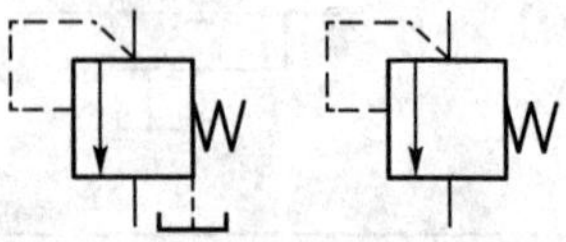	液控单向阀	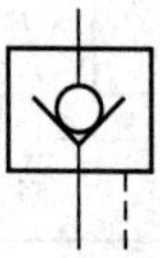

（续前表）

名称	符号	名称	符号
液压锁	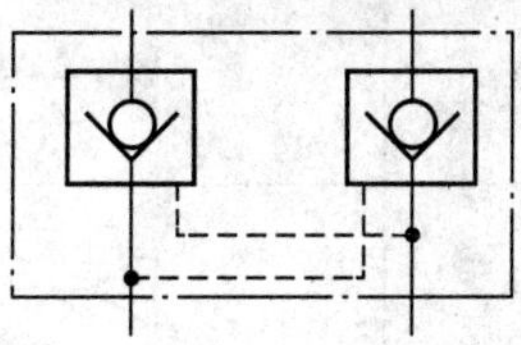	三位四通换向阀	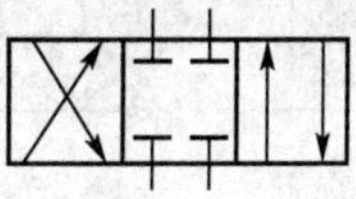
或门型梭阀	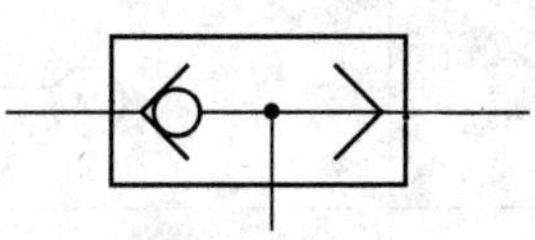	三位五通换向阀	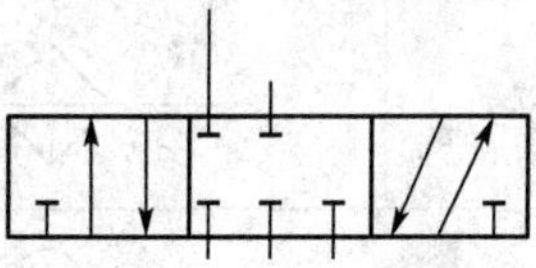
与门型梭阀	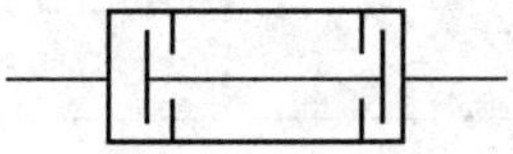	三位四通伺服阀	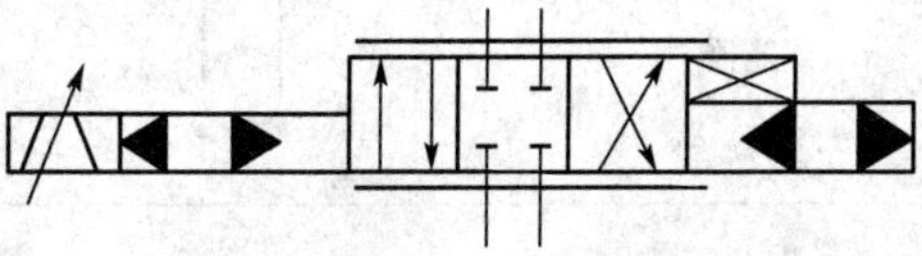 （三级电液伺服阀，带电反馈）
快速排气阀	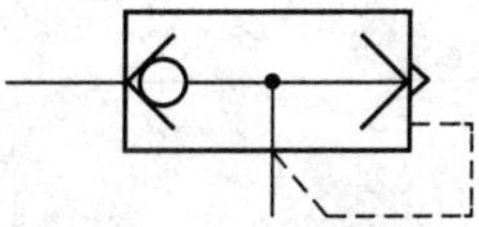		

附表 5　　流体调节器及辅助元件

名　称	符　号	名　称	符　号
过滤器	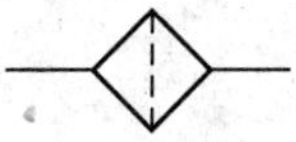	压力计	
磁芯过滤器	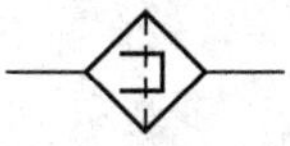	液位计	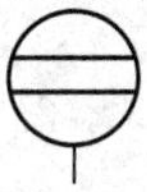
污染指示过滤器	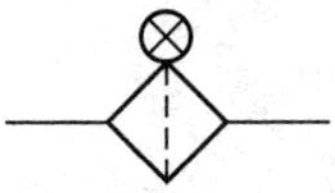	温度计	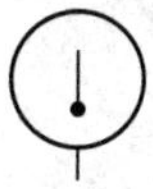
分水排水器	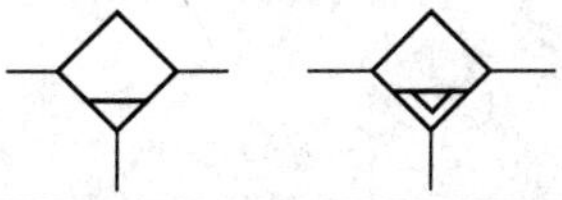	流量计	
空气过滤器	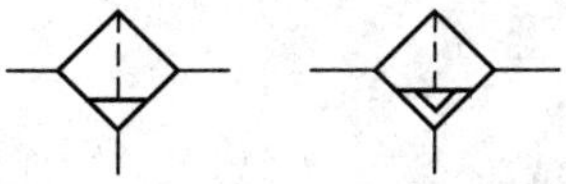	压力继电器	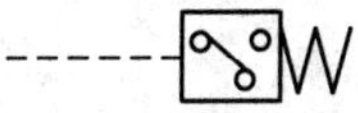
除油器	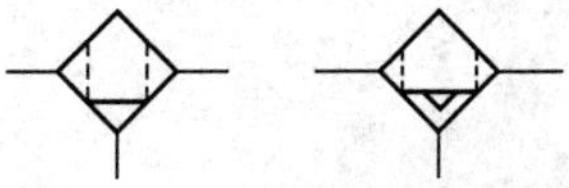	空气干燥器	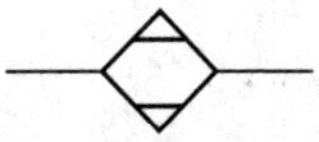
气罐	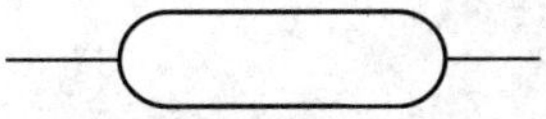	油雾器	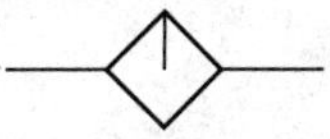

（续前表）

名　称	符　号	名　称	符　号
气源调节装置	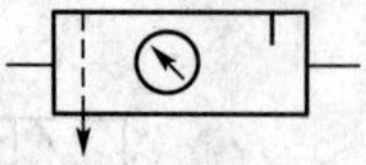	液压源	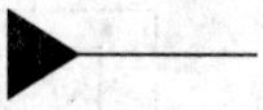
冷却器		气压源	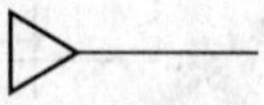
加热器		电动机	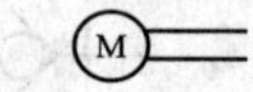 M
蓄能器		原动机	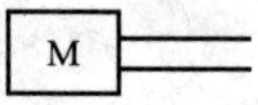 M
消声器	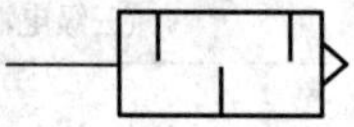	气—液转换器	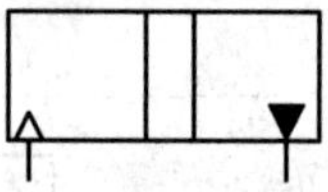

参 考 文 献

[1] 丁树模主编. 液压传动. 北京：机械工业出版社，1998

[2] 章宏甲主编. 液压传动. 北京：机械工业出版社，1999

[3] 俞启荣主编. 液压传动. 北京：机械工业出版社，1990

[4] 丁树模，姚如一主编. 液压传动. 北京：机械工业出版社，1992

[5] 俞启荣主编. 机床液压传动. 北京：机械工业出版社，1984

[6] 章宏甲，黄谊，王积伟主编. 液压与气压传动. 北京：机械工业出版社，2000

[7] 左健民主编. 液压与气压传动. 北京：机械工业出版社，1996

[8] 许福玲，陈尧明主编. 液压与气压传动. 北京：机械工业出版社，2000

[9] 王孝华，赵中林，周瑞章，刘延俊编著. 气动元件与系统的使用与维修. 北京：机械工业出版社，1996

[10] 薛祖德主编. 液压传动. 北京：中央广播电视大学出版社，1995

[11] 姜继海，宋锦春，高常识主编. 液压与气压传动. 北京：高等教育出版社，2002

[12] 刘忠伟主编. 液压与气压传动. 北京：化学工业出版社，2005

[13] 章宏甲主编. 机床液压传动习题集. 北京：机械工业出版社，1990

[14] 阎祥安，曹玉平主编. 液压传动与控制习题集. 天津：天津大学出版社，2004

[15] 王积伟主编. 液压与气压传动习题集. 北京：机械工业出版社，2006

[16] 陈蓉林，张磊主编. 液压技术与应用. 北京：电子工业出版社，2002

[17] 刘延俊主编. 液压与气压传动. 北京：机械工业出版社，2004

[18] 张全安主编. 液压气动技术与实训. 北京：人民邮电出版社，2007

图书在版编目（CIP）数据

液压与气压传动/雷萍，孙晓辉主编
北京：中国人民大学出版社，2010
21世纪高职高专规划教材·机械专业基础课系列
ISBN 978-7-300-11187-2

Ⅰ.液…
Ⅱ.①雷…②孙…
Ⅲ.①液压传动—高等学校：技术学校—教材
②气压传动—高等学校：技术学校—教材
Ⅳ.TH137 TH138

中国版本图书馆CIP数据核字（2009）第154551号

21世纪高职高专规划教材·机械专业基础课系列
液压与气压传动
主　编　雷　萍　孙晓辉
副主编　张金明　丑幸荣
主　审　张宝忠

出版发行	中国人民大学出版社		
社　址	北京中关村大街31号	邮政编码	100080
电　话	010-62511242（总编室）		010-62511398（质管部）
	010-82501766（邮购部）		010-62514148（门市部）
	010-62515195（发行公司）		010-62515275（盗版举报）
网　址	http://www.crup.com.cn		
	http://www.ttrnet.com（人大教研网）		
经　销	新华书店		
印　刷	三河市汇鑫印务有限公司		
规　格	185mm×260mm　16开本	版　次	2010年7月第1版
印　张	11.25	印　次	2010年7月第1次印刷
字　数	258 000	定　价	23.00元
